低热值煤燃烧污染控制技术及原理

程芳琴　主　编
杨凤玲　张培华　副主编

科学出版社
北京

内 容 简 介

本书在低碳环保和资源循环利用的时代背景下,为满足广大读者的需要编著而成。全书系统总结了前人的研究成果和编者多年来的科研积累,侧重从低热值煤的燃烧中、燃烧后污染物的控制进行介绍。全书围绕低热值煤燃烧生成污染物的控制,系统阐述了燃烧中与燃烧后污染物控制的技术原理和技术工艺与装置,并收集超低排放背景下低热值煤清洁燃烧炉型、污染物控制技术,烟气净化的工艺流程及工程实例,各章之后还附有思考题,供读者复习所介绍内容并拓展相关知识领域,对清洁发电,实现超低排放提供技术支撑,具有重要的理论和现实意义。

本书可作为高等学校环境科学与工程、资源循环科学与工程、能源与动力工程等专业的本科生、研究生的教材,也可供从事能源与动力工程、燃烧污染控制、环境保护等工作的科研设计人员及生产和管理人员阅读参考。

图书在版编目(CIP)数据

低热值煤燃烧污染控制技术及原理/程芳琴主编.—北京:科学出版社,2017.2

ISBN 978-7-03-051816-3

Ⅰ.①低… Ⅱ.①程… Ⅲ.①燃煤发电厂–低热值燃料–燃烧–污染控制 Ⅳ.①X773

中国版本图书馆 CIP 数据核字(2017)第 032156 号

责任编辑:霍志国/责任校对:张小霞
责任印制:肖 兴/封面设计:东方人华

科 学 出 版 社 出版

北京东黄城根北街 16 号
邮政编码:100717
http://www.sciencep.com

新科印刷有限公司 印刷

科学出版社发行 各地新华书店经销

*

2017 年 4 月第 一 版 开本:720×1000 1/16
2017 年 4 月第一次印刷 印张:22 1/4 插页:1
字数:440 000

定价:128.00 元
(如有印装质量问题,我社负责调换)

作 者 简 介

程芳琴，女，教授，博士生导师，现任山西大学副校长、资源与环境工程研究所所长。国家"新世纪百千万人才工程"入选者，山西省"三晋学者"特聘教授，享受国务院特殊津贴专家。兼任全国生态工业及循环经济学会常务理事等职务。曾获"山西省五一劳动奖章"、"全国三八红旗手"等荣誉称号。1986 年至 2002 年在运城盐化局/南风化工集团工作，曾担任钾肥公司总工程师、集团公司首席工程师等职务。2002 年至今在山西大学工作，曾任科学技术处处长等职。

程芳琴教授长期从事低品位废弃资源循环利用和污染控制的研究及工业化应用，在低品位盐湖资源高值利用、劣质煤燃烧利用与污染控制和低质煤高值利用等方面取得了显著进展。先后主持国家科技支撑计划项目、国家"863"计划项目、国家国际科技合作项目、国家科技惠民计划、国家自然科学基金等国家级项目 7 项，国家环保部公益项目、山西省重大专项等省部级项目 15 项。在国际重要学术期刊 *Desalination*、*Bioresource Technology*、*Industrial & Endineering Chemistry Research* 等以及国内核心刊物上发表学术论文 150 余篇，其中 SCI 50 篇。授权发明专利 27 项（含 PCT 1 项），出版专著 3 部，编制地方标准 3 项，6 项科技成果实现产业化。以第一完成人荣获国家科技进步二等奖 1 项，山西省科技进步一、二等奖各 2 项。联合中国科学院过程工程研究所、北京科技大学等单位建设"低附加值煤基资源高值利用协同创新中心"。通过产学研合作，建成了国家环境保护煤炭废弃物资源化高效利用技术重点实验室、国家发改委煤化工废弃物综合利用技术国家地方联合工程实验室、煤电污染控制及资源化利用山西省重点实验室，带领的团队被评为"工业废弃资源高效利用技术山西省科技创新重点团队"，逐渐成为山西省资源型经济转型发展中的重要科研力量。

序

随着煤炭开采加工过程中排放的煤矸石、煤泥量逐年递增，长期堆存，已成为制约煤炭行业发展的重要瓶颈。低热值煤燃烧利用是最基本的资源综合利用。"十二五"国家鼓励低热值煤发电，其装机容量迅猛增长，低热值煤发电助推了企业坑口发电工程的建设。低热值煤燃烧过程中释放出的污染物质的有效控制，及多措并举的实现超低排放约束指标是煤电企业可持续发展的迫切需求。

《低热值煤燃烧污染控制技术及原理》一书系统地介绍了低热值煤（煤矸石、煤泥）燃烧过程中污染物（硫氧化物、氮氧化物、粉尘、颗粒物、汞等）形成的机理分析，分析了低热值煤燃烧中燃烧后烟气中污染物控制、脱除技术及工艺，并收集了超低排放背景下低热值煤清洁燃烧炉型、污染物控制技术，烟气净化的工艺流程及工程实例。对清洁发电，实现超低排放提供技术支撑，具有重要的理论和现实意义。

山西大学程芳琴教授科研团队在煤矸石、煤泥燃烧利用过程中以产学研合作为抓手与企业合作，根据实际需求，深入研究了煤矸石破碎、煤泥加入、配煤等技术，有效提高了煤矸石的入炉量，使炉内脱硫效率大幅提高，实现了综合治理、协同脱除和优化运行，相关成果应用于企业，促进了企业的安全、稳定、低成本运行。

本书编著团队由高校和企业人员共同组成，理论与实践紧密结合、原理与工艺更相匹配。内容丰富、图文并茂，可作为高等院校能源与动力工程、燃烧污染控制、环境保护等交叉学科的专业教材；同时也可作为从事燃烧污染物控制和烟气污染物脱除工作的运行、维护及管理人员的工作指导手册，科研设计人员的专业参考资料。

本书的发行将会为低热值煤发电实现超低排放机组工艺路线的选择提供技术支撑，为优化运行指明方向，做清洁空气的助推者，为天更蓝，空气更清洁贡献力量。

山西国际能源集团公司（格盟国际）董事长
2017 年 2 月

前　言

　　低热值煤主要种类为煤矸石、煤泥等，占煤炭产量的 30% 左右，其主要利用途径之一是作为燃料燃烧，特别是"十二五"期间我国提出了加快低热值煤发电产业，装机容量和发电量迅猛增长，全国低热值煤发电装机容量达到 7600万千瓦，年消耗低热值煤资源 3 亿吨左右，占同期全国火电装机总量的 8%。仅山西低热值煤发电总装机就达 2199 万千瓦，但由于低热值煤杂质含量大，污染严重。因此开展各种低热值煤燃烧污染物形成机理，实现污染物减排的低热值煤燃烧工艺及燃烧后烟气处理技术，培养掌握这方面理论与技术的人才，是低热值煤利用产业可持续发展的基础与必要条件，是实现超低排放的技术保障。《低热值煤燃烧污染控制技术及原理》教材，较为系统地介绍了低热值煤燃烧利用过程中污染物产生的机理、控制原理和技术，对于培养目前和将来能够从事低热值煤利用的研究、开发和管理的人才具有重要的意义，对实现超低排放具有参考意义。

　　全书共 8 章。第 1 章是低热值煤的基本性质与利用途径，系统地论述了低热值煤的基本概念、评价指标及利用的技术；第 2 章对低热值煤燃烧的基础理论和燃烧污染物，包括硫氧化物、氮氧化物、粉尘、汞等生成的机理进行阐述；第 3章介绍了低热值煤在燃烧过程中，即炉内控制硫氧化物、氮氧化物的基本原理和方法；第 4，5 章分别给出了处理低热值煤燃烧后烟气中硫氧化物、氮氧化物的原理和方法；第 6 章为低热值煤燃烧后烟气中粉尘处理的基本原理与方法；第 7章介绍了低热值煤燃烧污染物一体化脱除的基本思路和具体方法；考虑到燃烧污染物控制离不开对燃烧产物烟气的检测，第 8 章详细介绍了烟气在线监测系统的组成、取样技术及污染物的分析技术等。

　　本书由山西大学主编，山西国际能源集团公司（格盟国际）平朔煤矸石发电有限责任公司协编，各章编写人员为：第 1 章由邱丽霞、张圆圆编写；第 2 章由程芳琴、路广军、武俊智编写；第 3 章由程芳琴、张培华、杨彬彬编写；第 4章由杨凤玲、高艳阳、马志芳编写；第 5 章由郝艳红、王菁、何利昌编写；第 6章由杨凤玲、王宝凤、武建芳编著；第 7 章由李永茂、侯致福、郭彦霞编写；第8 章由武祥、张媛媛编写。全书由程芳琴教授组织，张培华和杨凤玲协调，在全体成员配合下，编写、修改、审定完成。

　　本书在编著过程中，得到华北电力大学张锴教授、清华大学由长福教授、中国科学院青岛生物能源与过程研究所吴晋沪研究员的支持和建议，并参与了补充修改。此外，还得到了各方的大力支持，特别是在资料收集方面，山西国际能源集团公司（格盟国际）平朔煤矸石发电有限责任公司的刘建国、苏春元、尹彦卿、张润元、骆丁玲、李文刚；山西大学的白建云、李东雄、李振兴、王福珍、王兴、杜海玲、杨春、郝丽芬、熊莹英等都为本教材的编写提供了大量基础性资料和工程实例。在文字修改等方面，山西大学邱丽霞教授、郝艳红教授等的大力支持。由杨凤玲、郝艳红、张圆圆、王宝凤、王菁、路广军等老师和狄子琛、孔卉茹、李文秀、田秀青、孟文宇、常可可及 2016 届研究生对文字、图形进行了修改校对。在此，一并表示感谢。

　　本书承山西国际能源集团公司（格盟国际）郭明董事长指导并写序，对书稿进行了认真、细致的审阅，并提出了很多宝贵的意见和建议，在此深表谢意！

　　本书在编写过程中参考和引用了众多书籍和期刊文献，对相关作者和出版机构表示衷心感谢。

　　由于编者水平有限，加之写作时间仓促，书中难免有错误和疏漏之处，敬请读者批评指正。

编者

2017 年 2 月

目　　录

第1章　低热值煤的基本性质与利用途径

1.1　低热值煤的基本性质

1.1.1　低热值煤的内涵和外延

"低热值煤"这一名词最早出现在 20 世纪 70 年代末，90 年代中期，国家标准首次基于发热量对煤炭质量进行了分级，依次分为特高发热量煤、高发热量煤、中高发热量煤、中发热量煤、中低发热量煤和低发热量煤，其中低发热量煤的热值为 3991kcal/kg（1cal = 4.186J）以下，是之后"低热值煤"热值规定的雏形。

由于发热量低，"低热值煤"在早期并未被视为资源而引起重视，多数难逃堆弃、填埋的命运。20 世纪 90 年代以后，我国逐步引入美国经济学家 K. 波尔丁首次提出的"循环经济"的思想。随后国家发展和改革委员会将循环经济定义为一种以资源的高效利用和循环利用为核心，以"减量化、再利用、资源化"为原则，以低消耗、低排放、高效率为基本特征，符合可持续发展理念的经济增长模式。煤炭行业作为我国一次能源的支柱产业，也逐渐将"循环经济"的理念渗透其中。

煤炭在生产和洗选加工过程中会产生大量的"固体废弃物"，包括煤矸石、洗中煤和煤泥。其中煤矸石的产生量占到煤炭产量的 10% ~15%，是我国排放量最大的工业固体废弃物之一，目前全国煤矸石已累计堆存 50 亿吨，占地约 22.5 万亩，造成了严重的环境污染。同时煤矸石具有一定的热值，1t 煤矸石的发热量大约可折合 0.214 ~0.285t 标准煤。根据"循环经济"中资源高效循环利用的理念，煤矸石、洗中煤、煤泥等煤炭副产品同样可作为"能源"加以利用，所以"低热值煤"的外延逐渐扩展至煤炭生产和洗选加工过程中具有燃烧价值的副产品。

国家鼓励"低热值煤"的利用，并对"低热值煤"的热值做了相应的限定。2006 年国家发改委在《国家鼓励的资源综合利用认定管理办法》中规定低热值煤（煤矸石）的应用基低位发热量应不大于 2999kcal/kg，2011 年低热值煤发电

"十二五"规划中明确指出低热值煤（煤矸石、煤泥、洗中煤）的收到基低位发热量应不大于 3500kcal/kg。山西作为产煤大省，在《低热值煤发电项目核准实施方案》中进一步对"低热值煤"的热值做了限定，以煤矸石为主的低热值煤，收到基低位发热量不大于 3500kcal/kg，以洗中煤、煤泥为主的低热值煤，收到基低位发热量不大于 4200kcal/kg。

1.1.2　低热值煤的种类

低热值煤主要包括煤矸石、洗中煤和煤泥三种，它们大部分是在煤炭洗选加工过程中产生的。煤炭洗选加工是将原煤通过筛分、破碎、洗选、脱水等工艺过程，清除杂质、矸石和降低灰分、硫、磷等成分而生产出精煤、动力用煤等能源产品，常用的方法有风选、浮选等，均是基于原煤的密度、硬度的差异，而分拣出精煤、中煤和煤矸石。

1. 煤矸石

煤矸石是成煤过程中与煤层伴生，在煤矿生产原煤过程中剔除出来的一种高灰分、低含碳量、低发热量，比煤坚硬的黑色泥质岩石。包括煤矿建设期开凿巷道排出的矸石、露天矿开采过程中和井工矿生产过程中掘进巷道排出的矸石及原煤经选煤厂洗选排出的洗矸三种类型。目前国内选煤厂洗选工艺主要为重介和跳汰，重介洗矸热值一般不大于 1500kcal/kg，跳汰洗矸热值不大于 2000kcal/kg，炼焦煤洗矸热值可达到 3000kcal/kg 左右。

2. 洗中煤和煤泥

洗中煤是重介选煤过程中的中间产物，是选煤厂选出的灰分高于精煤而低于煤矸石的副产品。我国洗中煤的产量为原煤产量的 7%～8%，热值一般在 2500～4000kcal/kg。然而由于灰分高，结渣的倾向较大。

煤泥是在煤炭生产过程中产生的，主要包括三种类型：炼焦煤选煤厂的浮选尾煤、煤水混合物产出的煤泥和矿井排水夹带的煤泥以及矸石山浇水冲刷下来的煤泥。具有粒度细、微粒含量多，持水性强、水分含量高、灰分含量高和发热量较低的特点。按灰分及热值的高低可将煤泥分成低灰煤泥、中灰煤泥和高灰煤泥三种类型。其中低灰煤泥灰分为 20%～32%，热值为 2988～4780kcal/kg，中灰煤泥灰分为 30%～55%，热值为 2008～2988kcal/kg，高灰煤泥灰分大于 55%，热值为 837～1506kcal/kg。

1.1.3　低热值煤的成分表示方法

低热值煤是包括有机成分和无机成分等物质的混合物。其组成成分的表示方法包括工业分析和元素分析。通过工业分析可以初步了解低热值煤的燃烧特性，元素分析虽不能直接测定低热值煤中的有机物具体结构，但可以与其他特性相结合，判断低热值煤的化学性质。

1. 低热值煤的工业分析

低热值煤的工业分析中包括水分（M）、灰分（A）、挥发分（V）和固定碳（FC）的测定。

1）水分（M）

水分是低热值煤中的不可燃成分，各种低热值煤中水分的含量差别很大，其中以煤泥中所含水分最多，如经圆盘真空过滤机脱水的煤泥含水一般在 30% 以上，折带式过滤机脱水的煤泥含水在 26% ~ 29%，压滤机脱水的煤泥含水在 20% ~ 24%。即使同一种低热值煤，由于开采、输运和储存等条件不同，其含水量也不同。

当低热值煤中的水分增加时，可燃成分就相对减少，这降低了低热值煤的发热量，使炉内的燃烧温度下降，从而影响低热值煤的着火及燃尽，增加固体和可燃气体不完全燃烧热损失，降低锅炉效率。水分的蒸发使烟气的容积大大增加，导致排烟热损失增大和引风机电耗增大。而且，烟气中的过多水分还会使锅炉尾部受热面的低温腐蚀及堵灰均相应加重。低热值煤中水分多会给原料制备增加困难，也会造成料仓、给煤机及落煤管中的黏结堵塞及磨煤机出力下降。

2）灰分（A）

低热值煤完全燃烧后剩下的矿物杂质即为灰分。不同低热值煤灰分含量相差很大，最高可达 60% ~ 70%。我国洗中煤的灰分一般为 30% ~ 40%，有的高达 50%。

低热值煤中灰分增加，会使可燃质含量相应减少，同样会降低低热值煤的发热量，影响低热值煤的着火与燃尽程度，妨碍可燃物质与氧的接触，使低热值煤不易燃尽，增加固体不完全燃烧热损失，降低锅炉效率，还会使炉膛温度下降，燃烧不稳定，同时增加了开采运输、原料制备等费用。

此外，低热值煤的高灰使受热面的积灰严重，削弱传热效果，使排烟温度升高，增加排烟热损失。当灰熔点低时，熔融灰粒还会黏结在高温受热面上形成大块熔渣，烟气中的灰粒将加速受热面金属的磨损，严重时还会堵塞低温受热面的通道，以及排渣带走大量物理热。为了清除各受热面的结渣、积灰及烟气中的飞灰，需要专门的设备，这又会使设备和运行操作复杂化。此外，由烟囱排出的飞灰还会造成环境粉尘污染。以上情况都将影响锅炉的正常运行，因而灰分是低热值煤中的不利成分。

3）挥发分（V）

将失去水分的低热值煤在隔绝空气的环境中加热到一定温度，低热值煤中有机质分解而析出的气体产物称为挥发分，主要为 C_mH_n、H_2、CO、H_2S 可燃气体及少量 O_2、CO_2、N_2 等不可燃气体的混合物。

挥发分并非以现成的状态存在于低热值煤中，而是当低热值煤被加热分解后形成的产物。不同碳化程度的低热值煤，挥发分析出的温度和数量不同。碳化程度浅的低热值煤，挥发分开始析出的温度低。在相同的加热时间内，挥发分析出的数量随低热值煤碳化程度的提高而减少。挥发分析出的数量除取决于低热值煤的性质外，还受加热条件的影响，加热温度越高、时间越长，则析出的挥发分越多。

4）固定碳（FC）

在低热值煤的成分中，除去水分、灰分和挥发分之外，剩余的部分即为固定碳，是低热值煤中热量的主要来源，也是衡量低热值煤燃烧价值的重要指标。表 1-1 为一些地区煤矸石的工业分析。可以看出煤矸石的固定碳一般在 $10\% \sim 35\%$。

表 1-1　煤矸石的工业分析

产地	工业分析（质量分数，wt%）			
	M_{ad}	V_{ad}	A_{ad}	FC_{ad}
大同	0.85	14.31	70.84	14.00
阳泉	1.56	10.96	68.75	18.73
朔州	1.65	17.59	58.59	22.17
晋中	1.32	10.38	75.58	12.72
吕梁	0.94	12.37	67.74	18.95
长治	0.82	10.15	54.78	34.25
内蒙古	0.84	28.22	40.74	30.20

注：M 是水分，V 是挥发分，A 是灰分，FC 是固定碳，ad 是空气干燥基。

2. 低热值煤的元素分析

低热值煤的元素分析中包括碳（C）、氢（H）、氮（N）、硫（S）和氧（O）5 种元素。

1）碳（C）

碳是低热值煤中的主要可燃元素，1kg 碳完全燃烧时（生成物为 CO_2）约可放出 32 866kJ 的热量。低热值煤中的碳包括固定碳和挥发分（CH_4、C_2H_2 及 CO 等）中的碳。碳化程度越深的低热值煤，固定碳的含量也越多。

2）氢（H）

低热值煤中氢元素的含量不多，且多以碳氢化合物状态存在，但氢却是低热值煤中发热量最高的元素，1kg 氢完全燃烧后放出 120 370kJ 的热量（扣除水的汽化潜热后所剩的热量），约为纯碳发热量的 3.7 倍。氢气和碳氢化合物极易着火及燃烧，含氢量多的低热值煤着火及燃尽都较容易。

3）氮（N）

氮是有害不可燃元素，在低热值煤中含量低。低热值煤高温燃烧时其含氮的一部分将与氧反应生成 NO_x，造成大气污染。更严重的是当 NO_x 与碳氢化合物在一起受到太阳光紫外线照射时，会产生一种浅蓝色烟雾状的光化学氧化剂，当它在空气中的浓度超过一定值后，对人体和植物都十分有害，在锅炉设计及运行时都应给予足够重视。

4）硫（S）

低热值煤中的硫以 3 种形式存在：有机硫（与 C、H、O 组成的有机化合物）、黄铁矿（FeS_2）和硫酸盐硫（$CaSO_4$、$MgSO_4$、$FeSO_4$ 等）。前两种硫均能燃烧放出热量，称为可燃硫或挥发硫，而硫酸盐硫不能燃烧，只能计入灰分。我国低热值煤的硫酸盐硫含量很少，常以全硫代替可燃硫作燃烧计算。

硫的燃烧产物是 SO_2，并放出 9050kJ/kg 的热量，其一部分将进一步氧化成 SO_3。烟气中的 SO_2 及 SO_3 与水蒸气作用生成亚硫酸（H_2SO_3）及硫酸（H_2SO_4）蒸气，使烟气的露点大大升高，酸蒸气凝结在低温受热面上便造成金属的低温腐蚀及堵灰。随烟气排入大气的 SO_2 和 SO_3 会造成环境污染，损害人体健康、影响农作物的生长。此外，黄铁矿质地坚硬，在煤粉磨制过程中会加速磨煤部件的磨损，在炉膛高温下则易造成炉内结渣。

5）氧（O）

氧是不可燃元素，常与碳、氢处于化合状态，减少了低热值煤中可燃碳、可燃氢的含量，降低了煤的发热量。低热值煤中氧的含量变化很大，碳化程度深的低热值煤含氧量很少，而年代浅的低热值煤含氧量则较高。在元素分析过程中，氧含量常基于碳、氢、氮和硫含量通过差减法获得。

3. 低热值煤的分析基准

为了确切地反映低热值煤的特性，不仅需要了解低热值煤的成分，还需清楚分析成分时低热值煤所处的状态。同一个低热值煤样品若所处的状态不同，则分析得到的结果是有差异的。常用的基准有收到基、空气干燥基、干燥基和干燥无灰基四种。

1) 收到基

收到基是以收到状态的低热值煤为基准来表示其中各组成成分的百分数。用下标 ar 表示，它计入了低热值煤的灰分和全水分。其成分可用下列平衡式表示：

$$工业分析：M_{ar}+A_{ar}+V_{ar}+FC_{ar}=100\% \tag{1-1}$$

$$元素分析：C_{ar}+H_{ar}+N_{ar}+Sc_{ar}+O_{ar}+A_{ar}+M_{ar}=100\% \tag{1-2}$$

2) 空气干燥基

由于低热值煤的外部水分变动很大，在分析时常把低热值煤进行自然风干，使它失去外部水分，以这种状态为基准进行分析得出的成分称为空气干燥基，以下标 ad 表示。其成分可用下列平衡式表示：

$$工业分析：M_{ad}+A_{ad}+V_{ad}+FC_{ad}=100\% \tag{1-3}$$

$$元素分析：C_{ad}+H_{ad}+N_{ad}+Sc_{ad}+O_{ad}+A_{ad}+M_{ad}=100\% \tag{1-4}$$

3) 干燥基

以无水状态的低热值煤为基准来表示低热值煤中各组成成分，以下标 d 表示。其成分可用下列平衡式表示：

$$工业分析：A_{d}+V_{d}+FC_{d}=100\% \tag{1-5}$$

$$元素分析：C_{d}+H_{d}+N_{d}+Sc_{d}+O_{d}+A_{d}=100\% \tag{1-6}$$

4) 干燥无灰基

低热值煤中本来只有碳、氢和可燃硫三者为可燃成分，但由于氧和氮总是同可燃元素结合在一起，故常把去除水分和灰分后的成分都算作可燃部分，以此为基准进行分析得出低热值煤的干燥无灰基成分。这是一种假想的无水无灰状态，以此为基准的成分组成，以下标 daf 表示。其成分可用下列平衡式表示：

$$工业分析：V_{daf}+FC_{daf}=100\% \tag{1-7}$$

$$元素分析：C_{daf}+H_{daf}+N_{daf}+Sc_{daf}+O_{daf}=100\% \tag{1-8}$$

低热值煤的四种基准各有其用途。当进行锅炉热力计算和热力试验时采用收到基基准；为了避免低热值煤的水分在分析过程中变动，样品要先进行自然干燥，故在实验室进行低热值煤的分析时采用空气干燥基基准；当确定低热值煤中灰分含量时，需要引用干燥基基准，因为只有在不受水分变化影响的情况下，才能真实地反映灰分的含量；实际上低热值煤中的水分和灰分都容易受外界因素的影响而发生变化，这就势必影响低热值煤中其他成分的含量，因此常用比较稳定的干燥无灰基基准来表明低热值煤的燃烧特性。

低热值煤的各种基准之间是可以互相换算的。由一种基准成分换算成另一种基准成分时，只要乘以一个换算系数即可，如式（1-9）所示。从表 1-2 可以查出煤的各种基准之间的换算系数。

$$Y = KX_0 \tag{1-9}$$

式中，X_0 为按原基准计算的某一组成含量百分数；Y 为按新基准计算的同一组成含量百分数；K 为基准换算的比例系数（表 1-2）。

表 1-2　不同基准的换算系数

	收到基	空气干燥基	干燥基	干燥无灰基
收到基	1	$\dfrac{100 - M_{ad}}{100 - M_{ar}}$	$\dfrac{100}{100 - M_{ar}}$	$\dfrac{100}{100 - M_{ar} - A_{ar}}$
空气干燥基	$\dfrac{100 - M_{ar}}{100 - M_{ad}}$	1	$\dfrac{100}{100 - M_{ad}}$	$\dfrac{100}{100 - M_{ad} - A_{ad}}$
干燥基	$\dfrac{100 - M_{ar}}{100}$	$\dfrac{100 - M_{ad}}{100}$	1	$\dfrac{100}{100 - A_d}$
干燥无灰基	$\dfrac{100 - M_{ar} - A_{ar}}{100}$	$\dfrac{100 - M_{ad} - A_{ad}}{100}$	$\dfrac{100 - A_d}{100}$	1

4. 低热值煤的其他分析

1）发热量

低热值煤的发热量通常用高位发热量和低位发热量表示。

高位发热量指 1kg 低热值煤完全燃烧所放出的热量，其中包括燃烧产物中的水蒸气凝结成水所放出的汽化潜热，用 $Q_{ar,gr}$ 表示，单位为 kJ/kg。

低位发热量指 1kg 低热值煤完全燃烧所放出的热量，其中不包括燃烧产物中的水蒸气凝结成水所放出的汽化潜热，用 $Q_{ar,net,p}$ 表示，单位为 kJ/kg。

低热值煤收到基的高位发热量与低位发热量之间的关系见式（1-10）。

$$Q_{ar,net,p} = Q_{ar,gr} - 2510\left(\frac{9H_{ar}}{100} + \frac{M_{ar}}{100}\right) = Q_{ar,gr} - 25.10(9H_{ar} + M_{ar}) \tag{1-10}$$

式中，2510 为水的汽化潜热，kJ/kg；$\dfrac{9H_{ar}}{100}$ 为 1kg 低热值煤中的氢燃烧生成的水蒸气的质量，kg/kg；$\dfrac{M_{ar}}{100}$ 为 1kg 低热值煤中水分的质量，kg/kg。

2）反应性和可燃性

低热值煤的反应性是指低热值煤的反应能力，即燃料中的碳与二氧化碳及水蒸气进行还原反应的速率。反应性的好坏用反应产物中 CO 的生成量和氧化层的最高温度来表示。CO 的生成量越多，氧化层的温度越低，则反应性就越好。低热值煤的可燃性是指燃料中的碳与氧发生氧化反应的速率，即燃烧速率。低热值煤的碳化程度越高，则反应性和可燃性就越差。

3）灰熔融性

低热值煤中含有很高的灰分，灰的熔融性是指低热值煤灰受热时，由固体逐渐向液体转化没有明显的界限温度的特性。常用灰的变形温度（temperature of deformation，DT）、软化温度（softening temperature，ST）、熔融温度（fusion temperature，FT）是固相共存的三个温度，而不是固相向液相转化的界限温度，仅表示煤灰形态变化过程中的温度间隔。这个温度间隔对锅炉的工作有较大的影响，当温度间隔值在 200～400℃ 时，意味着固相和液相共存的温度区间较宽，煤灰的黏度随温度变化慢，冷却时可在较长时间保持一定黏度，在炉膛中易于结渣，这样的灰渣称为长渣，可用于液态排渣炉。当温度间隔值在 100～200℃ 时为短渣，此灰渣黏度随温度急剧变化，凝固快，适用于固态排渣炉。如果灰熔点温度很高（ST>1350℃），管壁上积灰层和附近烟气的温度很难超过灰的软化温度，一般认为此时不会发生结渣，如果灰熔点较低（ST<1200℃），灰粒子很容易达到软化状态，就容易发生结渣。灰熔点与灰的化学组成、灰周围高温的环境介质性质及低热值煤中灰的含量有关。

固态排渣煤粉炉中，火焰中心温度可达 1400～1600℃，在这样高的温度下，燃料燃烧后灰分多呈现熔化或软化状态，随烟气一起运动的灰渣粒，由于炉膛水冷壁受热面的吸热而同烟气一起被冷却下来，如果液态的渣粒在接近水冷壁或炉墙以前已因温度降低而凝固下来，那么它们附着到受热面管壁上时，将形成一层疏松的灰层，运行中通过吹灰很容易将它们除掉，从而保持受热面的清洁。若渣粒以液体或半液体黏附受热面管壁或炉墙上，将形成一层紧密的灰渣层，即为结渣。目前判断燃烧过程是否发生结渣的一个重要依据是灰的熔融性。

4）黏结性

低热值煤的黏结性是指粉碎后的低热值煤在隔绝空气的情况下加热到一定温度时，低热值煤的颗粒相互黏结形成焦块的性质。

黏结性的测定方法以坩埚法最为普遍，是在实验室条件下用坩埚法测定挥发分产率之后，对所形成的焦块进行观测。根据焦块的外形分为七个等级，称为黏结序数，以此来评定黏结性的强弱。各黏结序数的代表特征是：1—焦炭残留物均为粉状；2—焦炭残留物黏着，以手轻压即成粉状；3—焦碳残留物黏结，以手轻压即碎成小块；4—不熔化黏结，用手指用力压裂成小块；5—不膨胀熔化黏结，成浅平饼状，表面有银白色金属光泽；6—膨胀熔化黏结，表面有银白色金属光泽，且高度超过 15mm；7—强膨胀熔化黏结，表面有银白色金属光泽，且高度大于 15mm。

5）耐热性

低热值煤的耐热性是指低热值煤在加热时破碎的难易程度，耐热性的强弱直接影响低热值煤的燃烧效果。耐热性差的低热值煤燃烧时容易破碎成碎片，妨碍气体在炉内的正常流通，并容易发生烧穿现象。

耐热性主要与结构致密及内部水分含量有关，加热时因内外温差或水分蒸发而引起膨胀不均，造成低热值煤的破裂。经过热处理，耐热性可以得到改善。

6）可磨性指数

低热值煤在进入锅炉之前，需预先破碎磨制，不同的低热值煤被磨制的难易程度不同，所消耗能量也不同，这一性质是低热值煤的可磨性，用可磨性指数来表示。可磨性指数越大，低热值煤越易磨制，所消耗的能量越小；反之，低热值煤越难磨制，所消耗的能量越大。可磨性指数有哈氏可磨性指数 HGI 和苏联可磨性指数 K_{km} 之分，二者换算公式如下：

$$K_{km} = 0.0034 HGI^{1.25} + 0.61 \qquad (1-11)$$

通常把 $K_{km} < 1.2$（即 HGI<64）的低热值煤称为难磨煤，$K_{km} > 1.5$（即 HGI> 86）的低热值煤称为易磨煤。

1.2　低热值煤的分布及产业现状

1.2.1　低热值煤的分布

山西、蒙西、陕西、宁东、陇东、贵州和新疆这七个地区煤炭资源储量丰富，除贵州外，均开采条件好、矿区规模大，主要以大型和特大型煤矿为主，所辖矿区近 60 个，其中 42 个矿区（基地）中煤矸石等低热值煤产量大且集中。2010 年这七个地区共产生低热值煤 0.83 亿吨，其中煤矸石 0.40 亿吨，煤泥 0.25 亿吨，中煤 0.18 亿吨，见表 1-3。

表 1-3　2010 年七地区低热值煤产量　　　　　　　　单位：万吨

	原煤产量	原煤入洗量	>1200kcal/kg 洗矸量	煤泥量	中煤量	低热值煤量
山西	70 100	47 000	1730	1260	1300	4290

续表

	原煤产量	原煤入洗量	>1200kcal/kg 洗矸量	煤泥量	中煤量	低热值煤量
蒙西	40 000	28 600	1700	800	300	2800
陕西	23 300	11 000	300	300	—	600
宁东	4000	2100	100	—	—	100
陇东	2000	500	—	—	—	—
贵州	3900	2500	100	100	100	300
新疆	7000	2800	100	50	50	200
合计	150 300	94 500	4030	2510	1750	8290

　　山西作为全国的产煤大省，2010 年 18 个矿区的原煤产量共 7.4 亿吨，其中原煤产量达 1000 万吨以上的有 14 个矿区。这 14 个矿区中大同、平朔、朔南、岚县、河保偏 5 个矿区属于动力煤矿区，离柳、乡宁、霍州、汾西、西山 5 个矿区属于炼焦煤矿区，阳泉、武夏、潞安、晋城 4 个矿区属于无烟煤矿区。2010 年这 14 个矿区共产生低热值煤 0.43 亿吨，其中煤矸石 0.17 亿吨，煤泥 0.13 亿吨，中煤 0.13 亿吨，见表 1-4。

表 1-4　山西主要矿区低热值煤产量　　　　　　　　单位：万吨

	原煤产量	原煤入洗量	>1200kcal/kg 洗矸量	煤泥量	中煤量	低热值煤量
山西省	70 100	47 000	1730	1260	1300	4290
大同	9800	6000	180	180	180	540
平朔	15 600	14 300	430	430	430	1290
朔南						
岚县	800		0	0	0	0
河保偏	2800		0	0	0	0
离柳	3500	2500	100	80	50	230
乡宁	200		0	0	0	0
霍州	5400	3800	150	110	80	340
汾西	5600	2200	90	70	40	200
西山	7500	2800	110	80	60	250
阳泉	6700	5300	210	110	160	480
武夏	400		0	0	0	0
潞安	6400	5100	260	100	150	510
晋城	5430	5000	200	100	150	450

1.2.2　低热值煤的产业现状

燃烧发电是低热值煤利用最主要的途径之一。2006 年国家出台了《国家鼓励的资源综合利用认定管理办法》，并规定 "煤矸石和煤泥等低热值煤用量大于60%，入炉燃料应用基低位发热量不大于 12 550kJ/kg 的企业被认定为资源综合利用企业"。随后颁布的《热电联产和煤矸石综合利用发电项目建设管理暂行规定》和《关于促进低热值煤发电产业健康发展》等一系列通知均鼓励低热值煤进行燃烧发电。2013 年《国务院能源发展 "十二五" 规划》中明确指出 "优先发展煤矸石、煤泥、洗中煤等低热值煤资源综合利用发电"。2014 年国家把 1920 万 kW 低热值煤发电项目审批权下放到山西，山西新建机组将以低热值煤发电为主。

我国最初利用煤矸石进行燃烧发电的机组单机容量仅为 1.5 ~ 6MW，随着以燃用低热值燃料为主的循环流化床技术的发展，单机容量增加到 300MW，大量煤矸石被用于循环流化床燃烧发电中，一般发热量在 1792 ~ 3000kcal/kg 的煤矸石可直接作循环流化床锅炉的燃料，发热量在 1000 ~ 1792kcal/kg 的煤矸石可掺烧煤泥、洗中煤或尾煤后作发电的燃料，电厂主要利用的是热值在 800 ~ 1992kcal/kg 的煤矸石。2011 年我国煤矸石等低热值煤发电机组总装机容量约 2800 万 kW，年利用煤矸石 1.4 亿吨，占煤矸石综合利用量的 34% 以上，年发电量 1600 亿 kWh。当前我国建成的低热值煤发电机组装机容量达 5000 万 kW，2013 ~ 2014 年国家认定的资源综合利用发电机组共 268 台，总装机容量为 946 万 kW。其中 25MW 以下机组占 80% 左右，以烧煤矸石、煤泥、中煤为主，煤矸石入炉量小于 40%；300MW 以上机组 6 台，包括内蒙古鄂尔多斯电力有限责任公司 2×330MW，内蒙古京泰发电有限责任公司 2×300MW 和山西平朔煤矸石发电有限责任公司 2×300MW。其中内蒙古鄂尔多斯电力有限责任公司的 2 台机组以煤泥和中煤为主要原料，内蒙古京泰发电有限责任公司 2 台机组以煤矸石、煤泥、中煤为主要原料，煤矸石入炉量小于 35%，山西平朔煤矸石发电有限责任公司的入炉燃料中煤矸石、煤泥大于 92%，入炉煤矸石大于 80%。山西省的资源综合利用发电机组分布如图 1-1 所示。据估测，一个装机容量为 36 万 kW 的煤矸石发电厂，年产值可达 5 亿元，同时可以减少 100 余亩占地。所以利用煤矸石燃烧发电不仅可以节约能源，改善一次能源的消费结构，而且可以减少堆存造成的环境污染和土地浪费，具有很高的经济、社会和环境效益。

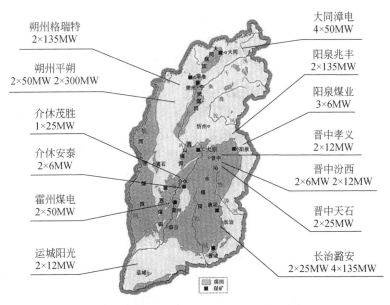

图 1-1　山西省资源综合利用发电机组分布

1.3　低热值煤的混烧技术概述

1.3.1　低热值煤混烧的意义及原理

低热值煤燃烧发电技术中混烧技术是非常重要的一部分。低热值煤低热值、高灰分的特点，使其在燃烧过程中存在一些问题，通过混烧的方式可以提高低热值煤的燃烧性能，如与煤、生物质、煤层气、污泥等混烧，这些混烧方式的选择多基于以下三方面考虑：①通过与较高热值的燃料混烧，提高低热值煤的燃烧性能；②通过与高挥发分的燃料混烧，改善低热值煤的着火性能；③通过与低品位的燃料混烧，实现废弃物的协同利用。混烧是提高低热值煤燃烧效率、减少污染物排放、充分利用低热值煤的重要方法。

混烧就是将不同种类、不同性质的燃料按照一定的比例掺配加工而成混合燃料。其基本原理就是利用各种燃料在性质上的差异，相互"取长补短"，最终使配出的燃料在综合性能上达到"最优状态"，同时可使燃料的质量稳定，在锅炉中燃烧时取得比烧单煤更好的效果。

1.3.2　低热值煤的混烧技术

1. 低热值煤与煤混烧技术

在关于低热值煤的混烧研究中，探讨最多的是煤矸石与煤的混烧，这与煤矸石和煤混烧的广泛应用有关。对粉煤电厂而言，混烧适量的煤矸石，可以降低电厂的燃料成本，而对煤矸石电厂而言，混烧少量高热值的煤，可以提高煤矸石的燃烧性能，鉴于煤矸石与煤混烧的诸多优势，下面以煤矸石为例介绍煤矸石与煤的混烧特性。戴荣家等发现随着煤矸石中混合煤比例的增加，挥发分析出和燃烧过程更加剧烈，着火温度和燃尽温度均有所降低，综合燃烧特性指数也有所增大，分析认为这与煤中的高挥发分含量有关，煤中的挥发分会在较低温度下迅速析出并开始燃烧，故煤在混合物中比例的增加有利于着火温度的降低和燃烧的稳定，通过采用 Coats-Redfern 积分法进行动力学分析，得出混合燃料的燃烧服从级数为 1.5 的化学反应，且活化能随着混煤比例的增加而减小；胡荣权认为在煤矸石与煤的混烧过程中，可通过减小煤矸石的粒径来增加煤矸石的反应比表面积，强化煤矸石的扩散燃烧反应速度，提高煤矸石的燃尽程度，但掺烧煤矸石会使混合燃料的能级下降，故需要控制混烧比例；秦广明通过循环流化床锅炉混烧实验证明：掺烧 25% ~ 50% 的煤矸石可使循环流化床保持良好的燃烧状态；姜兴华通过锅炉运行调试得出：煤矸石掺烧比例在 30% ~ 35% 时，锅炉热效率最高；与以上研究结果不同，刁海亮认为煤的加入并非总能改善煤矸石的燃烧性能，当煤矸石掺烧比高于 50% 时，煤矸石和煤混合物的燃尽温度比单纯煤矸石的燃尽温度高，这与混合物燃烧是分段燃烧有关，前期煤的燃烧产物可能具有焦结性，从而改变了煤矸石颗粒表面的微观结构，导致煤矸石的反应活性中心减少，反应时间延长，相互作用的分析中发现：在 50 ~ 580℃ 温度区间内，煤矸石和煤各自保持其燃烧特性，各组分间没有相互作用，但在 580 ~ 900℃ 温度区间内，煤矸石和煤之间存在明显的拮抗作用，这可能与高灰分煤矸石导致反应速率减慢，后期燃烧不充分有关。

2. 低热值煤之间混烧技术

作为劣质燃料的煤泥、中煤，其热值虽无煤的热值高，但却高于煤矸石的热值，将这些低热值煤与煤矸石混烧，可以实现劣质资源的有效利用。郑玉华等指出煤矸石在循环流化床中燃烧时存在炉渣含碳量高、难燃尽等问题，通过细化入炉颗粒粒径，增加颗粒与氧气的接触面积，并掺烧少量发热量相对较高，点燃速度相对较快的煤泥,可以使煤矸石的燃烧性能得到改善;李文忠、孙德珍、郭玉泉、东野广磊等通过循环流化床工业实践进一步证明了混烧煤泥可以提高煤矸石的燃烧性能;同时李远飞、王家颖结合电厂实际运行经验得出煤泥掺烧比例为10%~30%时,可实现锅炉的长期稳定运行;然而何鹏则认为虽然通过煤泥与煤矸石混烧的方式回收利用煤泥具有很好的效益,但煤泥燃烧后烟尘量会比较大;关于这一问题,孙立新等认为煤泥在循环流化床燃烧时存在凝聚结团现象,该凝聚团的存在可以减少煤泥颗粒的扬析;而且该煤泥凝聚团会和煤矸石大密度床料形成满足煤泥稳定燃烧的异重流化床系统,从而对流化床燃烧产生积极作用,施勇刚、岑可法等详细解释了这一现象;在煤矸石中混烧中煤同样可以改善煤矸石的燃烧性能,沈炳耘等通过在煤矸石中加入中煤,使着火温度朝低温方向移动,同时提高了煤矸石的燃尽温度,使燃烧更加稳定,燃烧时间更长;胡瑞金认为床温是影响煤矸石与中煤混烧的重要因素,通过提高床温,强化燃烧和传热,可实现飞灰和底渣含碳量的降低及燃烧效率的提高。

3. 低热值煤与生物质混烧技术

与低热值煤的低挥发分、高灰分、难燃烧相比,生物质具有高挥发分、低灰分、低氮、硫含量的特点(表1-5),将两者进行混烧既为低热值煤和生物质的综合利用提供了新途径,又可降低燃烧后硫氧化物和氮氧化物的排放,同时生物质"碳中性"的特点,也有利于燃烧后二氧化碳的减排。生物质的主要来源包括:农林废弃物、城市生活垃圾、工业废水及废渣和人畜粪便等。

表1-5　低热值煤和生物质的工业分析及元素分析　　　　单位:%

样品	工业分析				元素分析				
	水分	挥发分	固定碳	灰分	C	H	O	N	S
煤矸石	1.67	18.4	31.8	57.5	57.5	2.63	9.88	0.54	0.55
大豆秸秆	7.96	74.2	17.8	9.90	40.8	6.23	45.3	0.59	0.58
松木屑	5.42	77.1	15.0	5.53	44.4	6.26	42.8	0.28	0.45
花生壳	8.30	70.7	19.3	14.3	42.9	6.16	43.5	0.74	0.48
小麦秸秆	8.78	66.4	18.1	13.2	37.3	5.75	36.3	1.17	0.55
糠壳	11.3	61.3	14.2	13.2	—	—	—	—	—
玉米秸秆	13.4	64.0	16.7	5.95	—	—	—	—	—
玉米棒	11.5	70.4	16.2	1.85	—	—	—	—	—
锯木屑	11.7	61.1	15.5	11.7	—	—	—	—	—
灌木	11.7	69.8	16.0	2.46	—	—	—	—	—

蒲舸等研究了玉米秸秆与煤矸石的混烧特性，发现玉米秸秆燃烧过程中有两个明显的失重峰，且着火温度更低，综合燃烧性能更好，通过将玉米秸秆加入煤矸石中，可以改善煤矸石的燃烧性能，且燃烧特性取决于各物质所占的比例，玉米秸秆的比例越高，综合燃烧性能越好；陈移峰在研究玉米秸秆、糠壳、锯木屑与煤矸石的混烧时，发现玉米秸秆和糠壳与上述研究相同，有两个明显的失重过程，分别对应挥发分的着火及燃烧和固定碳的燃烧，但锯木屑却只有一个明显的失重过程，分析认为是挥发分燃烧和固定碳燃烧过程接近所致，当这些生物质与煤矸石混烧时，不仅能提高煤矸石的着火和燃尽性能，还能改善煤矸石燃烧放热的分布状况；Zhou 等在系统分析大豆秸秆、松木屑、花生壳、小麦秸秆与煤矸石共燃烧行为的基础上，进一步研究了生物质与煤矸石在混烧过程中的相互作用，通过比较混合物实验曲线与计算曲线的差异，发现煤矸石在与这几种生物质共燃烧的过程中并不存在协同效应，即煤矸石和生物质的混烧行为具有线性加和性。

因富含有机质等营养成分，污泥被看作一种生物质资源逐渐受到越来越多的关注。王裕明研究发现污泥的着火温度和燃尽温度相比煤矸石均较低，其挥发分可在较低温度下迅速析出并燃烧，故煤矸石与污泥的混烧可提高煤矸石的着火和燃尽性能，同时升温速率和压力会影响污泥的燃烧性能，高升温速率虽会导致着火温度和燃尽温度升高，但燃烧速率也会增大，压力的增大可使着火温度和燃尽温度降低，燃烧速率增大，这主要与高压力对氧气分压的增加有关，但过高的压力对着火温度的影响并不明显，这归因于过高的压力会抑制挥发分析出，同时氧气扩散系数也会随压力的增大而减小，从而削弱了氧气分压增加的作用；Xiao 等在研究污泥、煤矸石和煤混合燃料的燃烧特性时，也得到了与上述相似的结论，即污泥的加入可以改善混合燃料的着火性能；王雨等利用 Coats-Redfern 积分法进一步对煤矸石和污泥的混合燃料做了动力学分析，发现混合燃料的活化能随污泥掺烧比例的增大而减小，通过掺烧污泥改善了两种燃料的反应活性。

4. 低热值煤与煤层气混烧技术

区别于低热值煤和固体燃料的固固混烧方式，近十年来，低热值煤与低热值煤层气的混烧，作为一种新型的气固混烧方式，逐渐引起部分学者的注意。煤层气作为煤炭开采活动中伴生的以甲烷为主的混合气体（CH_4 含量大于 85%），其热值为 8100~9200kcal/kg，是一种重要的低热值燃料，然而目前我国煤层气的利用率较低，大量煤层气被排放到空气中，不仅浪费资源，同时还加剧了温室效应（甲烷的温室效应相当于二氧化碳的 21 倍）。通过混烧的方式共利用煤层气与低热值煤，既可实现低热值燃料的资源化利用，又可减少温室气体的排放。

重庆大学张力课题组采用数值模拟与实验研究相结合的方法，系统分析了煤矸石和煤层气在循环流化床中的混烧行为，通过建立气–气–固多相流动与燃烧的物理模型和数学模型，发现与纯煤矸石燃烧相比，煤层气燃烧形成的高温火焰可提高炉膛温度，且其燃烧释放的热量可促进小颗粒煤矸石的着火燃烧，有利于未燃尽煤矸石的燃尽，同时气流速度的增大，热质传递的增强，使循环流化床炉内上下区域温差缩小，温度场分布更均匀，燃烧效率更高，进一步研究表明煤矸石和煤层气的掺烧比对两者的混烧特性影响较大，主要影响炉膛密相区的温度分布，随着煤层气气量的增加，炉内燃烧效率会先升高后降低，当煤矸石和煤层气的掺烧热值比为 8∶2 时，燃料的燃烧效率最高，燃尽率最大；Ren 等在固定床中探讨了煤层气对煤矸石燃烧行为的影响，得到与上述不同的结论，其研究结果显示煤层气的存在会抑制或减缓煤矸石与氧气的燃烧反应，导致其燃烧不充分，分析原因为：低温下（<650℃）燃烧反应以煤矸石中挥发分和固定碳的燃烧为主，然而当温度继续升高（>650℃），煤层气中的甲烷会分解断裂形成氢气，形成的氢气和未分解的甲烷将发生燃烧反应并消耗大量氧气，与煤矸石存在竞争，削弱了煤矸石中可燃质与氧气的反应，具体反应机理如下 [反应式（1-12）～反应式（1-16）]，动力学分析与以上结论一致，煤层气存在下的煤矸石燃烧反应活化能略高于普通空气下的活化能。

$$C + O_2 \longrightarrow CO_2 \quad \Delta H\ (298K) = -398\text{kJ/mol} \tag{1-12}$$

$$C + \frac{1}{2}O_2 \longrightarrow CO \quad \Delta H\ (298K) = -110\text{kJ/mol} \tag{1-13}$$

$$CH_4 \longrightarrow C + 2H_2 \quad \Delta H\ (298K) = +75\text{kJ/mol} \tag{1-14}$$

$$CH_4 + 2O_2 \longrightarrow CO_2 + 2H_2O \quad \Delta H\ (298K) = -802\text{kJ/mol} \tag{1-15}$$

$$2H_2 + O_2 \longrightarrow 2H_2O \quad \Delta H\ (298K) = -483\text{kJ/mol} \tag{1-16}$$

1.3.3 低热值煤混配的工艺流程

采用不同的燃料燃烧时，混配的均匀性是首先要考虑的问题。至于究竟采用何种混合方式则取决于各企业的实际情况（如煤场设施、面积大小等）。目前，常用的混配方式有体积法和质量法。体积法是将一定体积的一种燃料与特定体积的另一种（或两种以上）燃料混合。质量法是将一定质量的一种燃料与其他 1～3 种特定质量的燃料配合达到预定比例。但以质量法的混合精度较高。混配方式主要有仓混式、床混式、带混式及炉内直接混合方式 4 种。

1. 仓混式系统

此种方式是将不同的燃料在混合仓内混合。混合仓一般采用多室结构，不同燃料储存在不同室内，按预先设置好的比例取出混合。仓混式混合系统的优点是占地面积小、配煤简单方便、扬尘少、噪声低，但因混合量少，不适合大型电厂的配料场。

2. 床混式系统

此种方式是在料场进行。将不同的燃料按一定方式分层堆放在一起，然后由取料机纵向取料，堆料的层数决定了混料的均匀性。床混式系统混料量大，方式简单，不需要特殊设备，均匀性好，可长时间大量配料。对容量大、燃料较固定的电厂，这种方式通常最有效、最经济，但其最大的缺点是对原料质量变化的反应能力差，必须随时准确地掌握来料质量，以便改变料层中各种燃料的比例。

3. 带混式系统

此种方式是在运输带上进行，从两个或多个料堆上按一定比例取出并置于一条输送带上。其突出优点是原料质量易于调节，当原料质量变化时，只要调节不同料堆的取料比例，就可调节配料质量；缺点是系统较复杂，需要多条输送带，基建投资较大。

4. 炉内直接混合式系统

将燃料按一定比例从炉膛的不同位置送入，如有些电厂在燃烧器入口将各种燃料混合，并在入口处将不同燃料切换，从而增加了燃料的选择性。其中在低热值煤的混合燃料中，因煤泥的高浓度、高黏度特点，使其在炉内直接混合时具有独特之处，详细入炉过程为：用给料设备装载机，将煤泥送至刮板输送机，经煤泥匀料机进行破碎搓和后，通过振动筛、刮板机输送到煤泥中储仓进行搅拌，煤泥在中储仓中被充分搅拌均匀后由预压螺旋给入煤泥泵中，再由煤泥泵以高压的方式泵出，泵出的煤泥经输送管道进入锅炉内燃烧。采用以上炉内直接混合方法需要对配料与管路的适应性做更深入的研究并要求有较高的运行管理水平。

此外，最廉价的混合方式是用推土机把不同来料进行倒推混合，其优点是成本低，但其最大的缺点是配料的均匀性差，尤其是对原料性质相差较大的混合效果最差。

燃料混合的工艺流程是将两种或两种以上不同性质的燃料根据技术要求进行均匀掺混，一般包括原料收卸、化验并计算合理配比、原料取料输送、筛分、破碎、混合掺配、抽样检验、仓储等，为实现这一流程需要建设机械化的混合生产线。在设计、建设混合生产线时，必须注意生产工艺的科学性和合理性，在生产工艺各个工序环节上的设备能力要相互匹配，设备选型要经济、合理和适用，要根据发电厂的具体情况，建设资金的投入，确定工艺流程的机械化和电子化程度。为此，在建设混合料场以前，要进行项目的技术性和经济型的可行性分析论证。

1.3.4 低热值煤混配的主要设备

在低热值煤混配中所需的主要大型设备有输送设备、取料设备、筛分设备、破碎设备、混合计量设备等。

1. 输送设备

输送设备是生产线能有效运转的重要设备。在低热值煤混合过程中使用最广泛的输送设备是胶带输送机，它可完成燃料的水平输送和堆高输送。胶带输送机的优点是具有较高的输送能力、输送距离长、动力消耗低、结构简单、维护方便、工作平衡可靠等。

2. 取料设备

原料通过胶带输送机在料场堆高成料垛，取料时从料垛取料，供应入炉前混合燃料。根据混合生产规模的大小，为了提高经济效益，提高设备的利用率，一般分为通用型设备和专用型设备两种。通用型设备有装载机、挖掘机、推土机、抓斗式取料机等。它除了在生产线中完成取料之外，有时还可以用来堆垛或装车等，通用性较强，一般用于年生产能力 10 万吨以下的混合生产线。专用型设备有地笼式刮板机、滚笼取料机和斗轮取料机等，专用型设备能将料垛上的料连续供给胶带输送机，是料快速运出的高效率专用机械，一般都与固定的胶带输送机衔接。

3. 筛分设备

燃料的筛分是混合生产工艺流程中不可缺少的一个重要环节。通过筛分设备，可以把大块筛出来，破碎后再送入储料斗。在混合生产线上比较常用的筛分设备有滚筒筛和振动筛。滚筒筛一般有圆柱形、圆锥形等几种，由架体、筛算、进料斗、出料斗、中心轴、驱动装置等组成。滚筒筛在转动时，筛内燃料受摩擦力作用，随滚筒壁升到一定的高度，再受重力作用下滑，小颗粒和大块燃料分开，小颗粒燃料成为筛下物，大块燃料成为筛上物进入破碎机或单独存放。滚筒筛的滚动实际上起到一定的搅拌作用，因此在简易的中小型混合线上，筛分和混合就合成一个工序。另外，由于有效利用面积缩小，筛分能力降低，所以滚筒筛适用于中、小型混合生产线，在大型的混合生产线上，宜采用振动筛，以加大筛分能力。

4. 破碎设备

筛分出的大块燃料必须经过破碎后才能进混合线的贮料斗。常用的破碎设备有颚式或锤式破碎机。颚式破碎机多用于破碎低热值煤中的矸石，在混合生产线中使用比较广泛，适应能力强。为避免硬金属棒、块混入料中，造成破碎机过载或损坏，一般应该在破碎机的进料口安装电磁吸铁装置，随时清除金属杂物。

5. 定量给料、计量设备

定量给料及计量设备是混合生产线的重要设备之一。给料一般分为振动给料机和圆盘刮刀给料器两种。这两种设备都是用控制原料的流量来达到给料均匀、定量配比的目的。圆盘刮刀给料机的给料量一般通过改变刮刀位置和速度，使混合更加准确可靠。

6. 混合设备

为了使物料混合均匀，一般还应采用混合机。双轴搅拌混合机适用于燃料一次搅拌，其工作原理是燃料进入搅拌槽内，通过装在一对旋向相反的双轴上的螺旋叶片，进行均匀搅拌，并进入下一道工序。

1.4　低热值煤的型煤制备技术

为了满足城中村民用锅炉的燃料需求，常将低热值煤制成型煤用于城中村居民的生活及供暖；此外，在工业循环流化床中有时也需将低热值煤制备成型煤加以利用，如低热值煤中的煤泥因含水率高、粒度细、易于结团、输送困难等原因而不易被利用，同时循环流化床在炉内脱硫过程中所采用的石灰石脱硫剂，因部分石灰石粒度细，入炉后直接随烟气排走而无法有效利用，造成了脱硫剂的极大浪费。故一些循环流化床发电厂通过将煤泥与石灰石细粉混合制备成型煤再次入炉，以实现有效利用煤泥，达到提高石灰石利用效率的目的。

1.4.1　低热值煤制备型煤的成型机理

型煤就是利用机械压制的方法，将一种或几种低热值煤与黏结剂、固硫剂等混合加工成具有一定强度、形状和性能的产品，如煤球、煤砖、蜂窝煤等。挥发分太低不利于型煤着火，发热量太低也不利于型煤的着火和燃尽，但如果型煤发热量太高，则可能导致炉温过高，灰分熔化，堵塞蜂窝通道影响型煤的燃尽。冬季型煤含水量在 25%～30%，型煤含水量较高是难以克服的一种现象，在压制型煤前必须加水搅拌才能使粉煤具有黏结性以利于压制成形，如果是在夏季加工型煤后尚有风干数日的可能，但若在冬季加工成型煤易被冻结，即使有风干的时间，水分也难以蒸发，所以在设计型煤锅炉时必须考虑型煤含水量较高的事实。此外，为了脱硫的需要，可在型煤加工时适当添加石灰乳，石灰乳既是固硫剂，又是黏结剂。

型煤与散煤相比具有如下优点：型煤燃烧可以减少 CO 排放量 70%～80%、SO_2 排放量 50%～70%、烟尘排放量 60%～90%。此外，像煤泥这种低热值煤，具有粒度细、水分高的特点，这使得许多选煤厂的煤泥在直接利用和运输中存在诸多不便，且容易污染环境，造成大量煤泥积压。将选煤厂的煤泥制成型煤，既有利于长距离运输，节约资源，又可减少或避免因煤泥散烧、运输而造成的环境污染，是煤泥利用中既经济又可行的一种方法。

低热值煤的可成型性及所获得的型煤质量与低热值煤的硬度、脆性、弹性、可塑性、结构、煤化度、灰分及沥青质含量等性质有关，同时还与粒度、水分、烘干温度及压力等成型工艺参数有关。目前尚没有利用某一单项指标对低热值煤的可成型性进行评价和分类的方法。因此，为了确定低热值煤的可成型性，需对低热值煤的物理化学及岩相性质进行综合研究，并结合实验室的可成型性试验，检验所获得的型煤质量。

目前关于成型的原因主要有以下代表性假说：沥青质假说、毛细管假说、腐植酸假说及胶体假说等。其中沥青质假说认为，低热值煤中的沥青质是煤粒黏结成型的主要物质。沥青质的熔点为 70～80℃，在成型时由于摩擦而温度升高，沥青质即软化而成为型煤。然而沥青质假说是早期的假说，它与实验结果不完全一致。腐植酸假说则认为，低热值煤的成型是由于含有游离腐植酸。游离腐植酸是一种胶体，可将低热值煤粒黏结起来。但是试验证明，在抽取腐植酸之后，低热值煤的可成型性可能变好，也可能变坏。由不含腐植酸的物料，如木质素（水解的废弃物）也可压制出结实的型块，这说明低热值煤成型时腐植酸没有起黏结剂的作用。此外，毛细管假说认为，低热值煤中存在大量充满水的毛细管。这种毛细管的数量和大小取决于低热值煤的炭化程度。炭化程度越高，低热值煤的化学变化越大，毛细管数量就越少。低热值煤成型时，毛细管受压把其中的水挤出，覆盖于低热值煤粒表面，使之容易滑动而密集。低热值煤的表面紧密接触，这时低热值煤的分子间力使煤粒结成型煤。成型压力消失，低热值煤中被挤压的毛细管力图扩张，吸收被挤出的水，低热值煤粒表面的水膜变得非常薄，这样，低热值煤粒间的分子聚集力提高，使型煤具有足够的强度。

胶体假说在很大程度上将毛细管与腐植酸假说统一起来，并给予补充，能够较好地解释成型的机理。假说认为,低热值煤由固相和液相物质组成,固相物质是许多极小的胶质腐植粒构成,其粒度为 0.001~0.0001mm。在成型过程中,这些胶质颗粒紧密聚结而产生聚集力,形成具有一定强度的型煤。按照胶体假说,低热值煤粒得以黏合成型,取决于低热值煤的胶体构造,然而有些非胶体物料(金属粉末、盐类晶体等)也容易成型,而且关于低热值煤胶体结构的概念已过时,目前多数研究者认为,低热值煤是不规则的高分子聚合物。

分子黏合假说是最新的成型假说。该假说认为,粒子间的结合是在压力作用下,粒子间由于接触紧密,而出现分子黏合现象的结果。分子黏合力与颗粒的自然性质及接触面的尺寸有关。这种力的作用,对颗粒表面吸附的水分没有影响。当被压制的物料中没有毛细水分时,制成的型煤中颗粒的结合最牢。相反,在有毛细孔凝结水分时,颗粒间的聚合力减弱。分子黏合假说的依据是低热值煤成型既有分子力也有毛细孔力起作用。粒度不同,界限粒级在干燥后的水分差也不同。低热值煤用冲压机成型后,所有粒级颗粒的内部除了吸附水分外,还含有毛细孔水分。通过测定经过不同程度干燥后每种粒级颗粒内部毛细孔的尺寸及为了挤出毛细孔水分所需施加的外部压力,从而确定所需的外压力等于各种粒度颗粒在成型时为了获得最大型煤强度的最佳成型压力。

1.4.2　低热值煤制备型煤的成型过程

根据实验室成型试验结果评价低热值煤的可成型性,确定型煤机械强度与加压条件的关系,以及型煤的耐湿性和燃烧时的热稳定性。以所获数据为基础,确定制成符合质量要求的型煤的最佳成型条件。在实验室试验的基础上,再进行半工业和工业性的成型试验。一般低热值煤的成型过程包括以下几个步骤。

1. 装料

经过适当准备(如筛分、破碎、增湿、加黏结剂或添加剂、搅拌等)的低热值煤进入成型设备的压模以后,低热值煤粒呈自然分布状态,作用在物料上的力只有重力和粒子间的摩擦力,这些力均较小,且粒子间的接触面积也较小,因而此时的系统是不稳定的,在外力作用下易变形。

2. 加压

外力开始压缩不稳定系统,粒子开始移动,物料所占的体积减小,此时所消耗的功用于克服粒子的移动、粒子间的摩擦力及粒子与压模内壁的摩擦力。这一阶段的特点是压力增加较慢,物料体积收缩较快,粒子相互之间最大限度地密集。但此时粒子并未发生变形，形成具有一定形状的型块，不过强度很差，一碰即碎。

3. 成型

压力快速增加，直至增加到足以使粒子开始变形，而物料体积减小很慢。这一阶段物料体积的减小主要归因于粒子的塑性或弹性变形，但粒子之间仍有相对移动，因此在高压下粒子间的摩擦力对成型过程有很大的影响，此时所消耗的功用于克服粒子变形、物料与压模内壁的摩擦力及排出系统内的空气。随着粒子之间进一步密集，粒子间的接触面积大大增加，系统的稳定性接近于天然块状物。

4. 压溃

继续增加外力，将导致不坚固粒子的破坏，且外力增加越大，粒子的破坏程度越重。此时物料体积只是略有减小，同时系统的稳定性也随之减小，型块的机械强度会下降。这一阶段消耗的功用于克服粒子的破坏和排出系统内的空气。实际生产型煤时，应在此阶段之前结束加压。

5. 反弹

解除外力以后，由于反弹作用，压缩到最大限度的物料型块体积略有增加，同时粒子间的接触面积有所减小，系统的稳定性也有所降低，因而成型压力不宜过大，成型过程不宜发展到以上的第四阶段，因为在上述的第三阶段时，反弹力小于型块的机械强度，外力解除后型块仍能保持较好的稳定性。如果成型压力过大，粒子被压碎过多，型块的内聚力则大为减小，当反弹力增大到型块的机械强度时，型块脱模后会出现裂纹，甚至会膨胀碎裂。

在实际生产型煤的过程中，上述五个阶段并不是截然分开的，甚至有时是几个阶段同时发生，关键是要将成型压力控制在一定范围，以防型煤发生反弹。

1.4.3　影响成型的主要因素

影响低热值煤成型的因素有很多，其中主要的因素包括低热值煤的成型特性、成型压力、物料水分、物料粒度及组成和黏结剂用量。

1. 成型特性

低热值煤的成型特性是影响成型过程最为关键的内在因素，尤其是低热值煤的弹性与塑性的影响更为突出。低热值煤的塑性越高，成型特性就越好。一些年轻煤种的低热值煤中富含塑性高的沥青质和腐植酸物质，因而其成型性好，成型效果理想，甚至可以采用无黏结剂成型。随着煤化度提高，低热值煤的塑性迅速下降，其成型性逐渐变差。对煤化度较高的低热值煤，一般需添加黏结剂增加原料的塑性后方可成型。

2. 成型压力

当成型压力小于压溃力时，型煤的机械强度随成型压力的增大而提高。低热值煤所属的煤种不同，其压溃力也有所差别。最佳成型压力与物料种类、物料水分和粒度组成及黏结剂种类和数量等因素有密切的关系。

3. 物料水分

物料中的水分在成型过程中的作用主要有：①适量水分的存在可以起润滑剂的作用，降低成型系统的内摩擦力，提高型煤的机械强度。若水分过多，粒子表面水层变厚，会影响粒子相互之间的充分密集，从而降低型煤的机械强度。且水分过多还会在型煤干燥时产生裂纹，使型煤易发生碎裂；②如果采用亲水性黏结剂成型，适量水分会预先润湿粒子表面，从而有利于粒子间相互黏结。如果水分过多，会使黏结剂的效果变差。比较适宜的成型水分一般为 10% ~ 15%；③如果采用疏水性黏结剂成型，则水分会降低黏结剂的效果，故一般控制物料的水分在 4% 以下。总之，物料水分应根据实际情况，将其控制在一个最佳范围内。

4. 物料粒度及组成

确定物料粒度及组成时，应遵循下列原则：①保证物料粒子排列最为紧密，以提高型煤的机械强度；②采用黏结剂成型工艺时，最佳粒度组成应使物料的总表面积最小和粒子间的总空隙最小，以减少黏结剂用量，从而降低型煤的生产成本。

5. 黏结剂用量

从黏结剂固结后的角度分析，增加黏结剂用量有利于提高型煤强度；从成型过程角度分析，增加黏结剂用量不利于提高成型压力和提高型煤强度；从成型脱模的稳定性角度分析，增加黏结剂用量也不利于提高型煤强度。因此，需要通过试验来确定一个最佳黏结剂用量。

1.4.4　型煤的测试指标及方法

1. 抗压强度的测试

将一定数量的型煤逐个置于规定的型煤压力机的施力面中心位置上，以规定的均匀位移速度单向施力，记录型煤开裂时试验机显示的数值，以各个型煤测定值的算术平均值作为抗压强度。

2. 跌落强度的测试

用型煤的跌落强度作为评价干燥效果的初始指标，为使数据可靠并具有代表性，每次跌落强度的测试为 10 个型煤，最后取数学平均值。具体方法为：把型煤（质量为 w_1）从 1.5m 高处自由跌落至 12mm 厚的钢板上 3 次，用 13mm 的筛子筛分，取大于 13mm 的碎块称重（质量为 w_2），该质量占样品的质量百分数为型煤的跌落强度，即跌落强度 = （w_2/w_1）×100%。

3. 复干强度的测试

按照 MT/T 749-2007 规定的方法进行。具体方法为：一定数量的型煤放入室温的水中浸泡达 24h 后取出，烘干，逐个置于规定的试验机的施力面中心位置上，以规定的均匀位移速度单向施力，记录型煤开裂时试验机显示施加的压力。然后以复干强度测定值的算术平均值作为复干强度（单位：MPa/个），这是衡量型煤防水性的指标。

1.4.5　型煤成型的黏结剂作用机理及种类

大部分低热值煤成型必须添加黏结剂，优良的黏结剂不仅可提高型煤性能，而且可简化成型工艺。黏结剂的一般选择原则为：①黏结剂在型煤中不增加灰分、不降低发热量；②所选黏结剂制成的型煤有很好的冷态性能，也有很好的热态性能；③有较好的防水性（不吸潮、不吸水）；④不产生二次污染；⑤黏结剂量大面广，价格低廉。

1. 黏结剂的作用机理

黏结剂与低热值煤粒间的作用方式是复杂的。包括机械的、物理化学的和化学的作用方式。

任何物体表面都是凹凸不平的。有些表面呈多孔性，黏结剂填充到这些凹凸缝隙中，与低热值煤粒表面呈犬齿交错固结在一起，这种作用属于机械作用。

物理化学作用有两种方式，即吸附作用和扩散作用。其中吸附作用是原子和分子间存在着相互作用，由于范德华力的存在，低热值煤粒表面与黏结剂吸附在一起的作用。扩散作用是在一定条件下，由于分子或链段的布朗运动，黏结剂与低热值煤粒表面发生的分子间相互扩散。这种扩散实质上是界面间发生互溶，黏结剂与低热值煤粒间的界面消失，形成一个过渡区。应该指出的是扩散作用的局限性很大，如低热值煤粒与无机物间是不发生相互扩散作用的，即使是高分子有机物作黏结剂，在多数情况下也不发生互溶。只有在特定条件下才会发生扩散作用。

化学作用指的是黏结剂与低热值煤粒表面发生化学键连接的方式。化学键连接对抵抗应力集中，防止裂缝扩散，抗御破坏性环境的侵蚀作用较突出。

2. 黏结剂的种类

迄今为止，国内外开发的黏结剂已达数百种，目前应用的黏结剂可大致分为以下几类。

1）无机黏结剂

常见的无机类黏结剂有黏土、陶土、膨润土、白泥、石灰、水玻璃及各种无机盐，无机黏结剂在型煤生产过程中，具有来源广、价格低、耐高温等优点，生产的型煤热稳定性好，且部分具有固硫作用，但会增加型煤的灰分，降低型煤的发热量，防潮、防水性能。在工业化型煤生产过程中，无机黏结剂的单独使用较少，在民用的蜂窝型煤燃料中应用较多。

型煤成型中常用的无机黏结剂主要有钠基膨润土、MgO、$MgCl_2$ 等，钠基膨润土（图 1-2）由两个硅氧四面体夹一层铝氧八面体组成，表面积较大，能够迅速与型煤中的水分相结合，在低热值煤粒间形成骨架，从而提高型煤的成型率和湿强度，在高温状态下形成的骨架结构不会分解，使型煤具有较高的热强度和热稳定性。

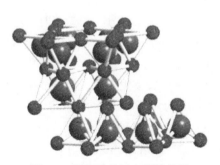

图 1-2　膨润土分子空间结构图

依据 $MgO\text{-}MgCl_2\text{-}H_2O$ 三元相图确定反应条件，制成具有黏结和防水性能的黏结剂，MgO、$MgCl_2$ 与 H_2O 反应生成具有高强度的镁水泥，主要成分是 $5Mg(OH)_2 \cdot MgCl_2 \cdot 8H_2O$、$3Mg(OH)_2 \cdot MgCl_2 \cdot 8H_2O$ 和 $Mg(OH)_2$ 胶凝体（图 1-3），在型煤中起抗压贡献的是 $5Mg(OH)_2 \cdot MgCl_2 \cdot 8H_2O$，可以与低热值煤粒紧密结合在

一起，提高型煤的抗压和跌落强度，同时硬化后具有良好的抗渗性，可使型煤具有较好的防水性能。

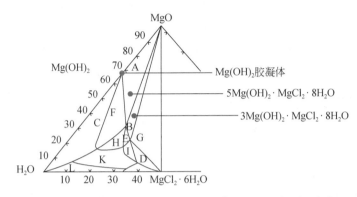

图 1-3　22 ~ 28℃下 MgO–$MgCl_2$–H_2O 体系的三元相图及产物

2）有机黏结剂

有机黏结剂可分为疏水型黏结剂和亲水型黏结剂。其中疏水型黏结剂主要有焦油沥青类和高分子聚合物，这类黏结剂的共性是制得的型煤具有防水性；亲水型黏结剂主要有淀粉类、纸浆废液、生物质和腐殖酸，这类黏结剂的共性是黏结性好，基本不增加型煤灰分，但一般都不具备防水功能。由于缺少成焦组分，遇热时易分解而丧失黏结性能，因而用其制成的型煤热强度较差。

（1）焦油沥青类。主要有煤焦油沥青、石油沥青、石油残渣、煤焦油、焦油渣等。用这类黏结剂制成的型煤防水性强，在常温下具有很高的机械强度。由于含有一定量的不具有黏结剂的轻质馏分，当受热时，赖以维持低热值煤粒间相互黏结的黏结剂软化了，在稍有重力的情况下型煤破碎解体，因此用其制成的型煤用于高炉、煤气发生炉、冲开炉之前，必须进行氧化处理。使其中复杂的沥青质高分子进行氧化、缩聚反应形成类焦物质。煤焦油沥青一直是型煤生产中最广泛使用的一种黏结剂，由于其生烟多，对环境有污染及来源的限制，20 世纪 70 年代以来逐渐被生烟少的石油类黏结剂所取代。

（2）高分子聚合物。这类黏结剂黏结能力强，防水性好，具有一定热值，但热稳定性较差，价格较高。用于型煤的这类黏结剂有聚乙烯醇、聚酰胺、酚醛树脂、聚乙烯醇水溶液及其甲醛、脲醛复合胶、HM 黏结剂（即聚乙酸乙烯酯乳液）、改性的无规则聚丙烯（APP）及苯乙烯交联剂的副产品或废品。

（3）淀粉类。淀粉的黏结性很强，在低热值煤中加入 1% ~3% 就可制成强度很高的型煤。以玉米、土豆、木薯等淀粉为原料，经碱改性制得改性淀粉（图1-4），并在改性淀粉中加入交联剂，可吸收糊化后的氧化淀粉中的羟基，结合为配位体（图 1-5），形成网状结构的多核络合物，具有交联增稠作用，使氧化淀粉的黏度和表面张力增加，同时改性淀粉中引入亲水又亲固的—COO⁻和—OH，使低热值煤粒表面亲水性提高，与表面的接触角降低，提高成球性；改性淀粉较大的分子链可与低热值煤表面形成固体桥键作用，从而提高型煤干强度。该黏结剂具有成本低、来源广泛、加工工艺简单、黏结效果好的特点，而且该黏结剂主要是有机成分，对型煤的灰分影响较小，针对灰分高的低热值煤尤其适用。

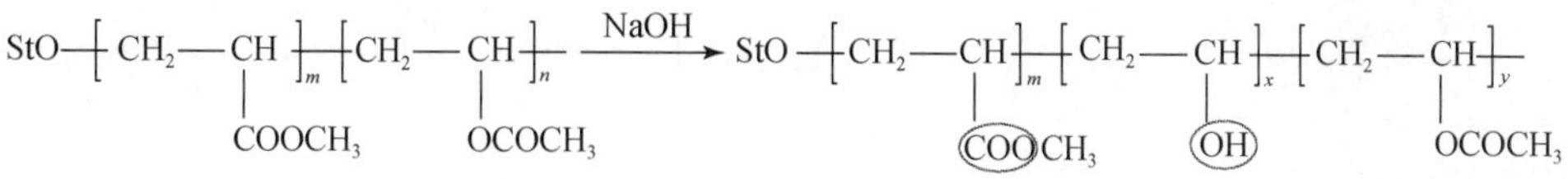

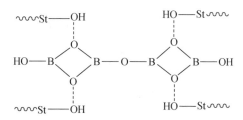

图 1-4　氧化淀粉与碱反应分子结构图

图 1-5　氧化淀粉交联反应后分子结构图

（4）纸浆废液。纸浆废液有酸性和碱性两种，是分别用亚硫酸盐或烧碱蒸煮木材、甘蔗渣、芦苇、稻草等制造纸浆过程中排出的废液。纸浆废液一般经加热浓缩方可使用。纸浆废液价廉，但无防潮性，因此很少单独使用。我国一些化肥厂采用纸浆废液–黏土制成的型煤质量可满足生产要求。重庆大学采用原始浓度的纸浆黑液通过加入风化煤进行改性反应，得到的改性黑液黏结剂，用其制成的型煤防潮性和燃烧性均好。欧洲采用亚硫酸盐废液添加 3% 的 $CaCO_3$ 制燃料型煤。

（5）生物质。生物质作黏结剂近来受到国内外的重视。生物质来源于农林作物废弃物如麦秸、稻草、苞米芯、苞米杆、木屑、树皮、树干等。可将它们经过生物工程处理或直接利用。美、英等国用水解纤维素、纤维物质或用纤维素酶降解纤维素制成生物型煤黏结剂，还有一些国家是与锯末直接混合，在高温、高压下成型。我国利用植物纤维和碱法草浆原生黑液、腐植酸钠渣作复合黏结剂。常见的生物质黏结剂处理方法（图 1-6）是用碱液与生物质反应使生物质秸秆中纤维类物质中木质素发生分解，使纤维素和半纤维素彼此分离，并产生了在型煤成型过程中具有黏结作用的糖类及果胶、单宁等物质，未分解秸秆可在型煤成型过程中起到联接作用，其纤维结构形成的复杂空间网状结构网罗大量低热值煤粒，从而提高型煤的强度，同时生物质秸秆也会降低型煤的着火温度，可利用不同添加量制备不同燃点的型煤。

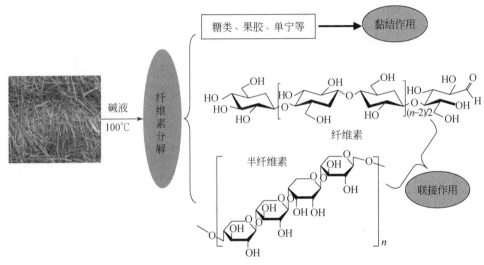

图 1-6　生物质秸秆制备黏结剂示意图

（6）腐植酸。腐植酸是植物在腐败过程中所产生的一种含有多种官能团的有机酸，广泛存在于泥炭、褐煤、风化煤和土壤中，大部分腐植酸以游离形式存在，可以用强碱抽提：

$$[R]-COOH+2NaOH \longrightarrow [R]-COONa+2H_2O \qquad (1\text{-}17)$$

式中，R 为腐植酸本体。

腐植酸盐黏结剂是棕褐色的碱性水溶液，对低热值煤亲和力强，能浸润低热值煤粒表面，并渗透到微孔结构中。型煤脱模后具有较好的初强度。型煤烘干过程中，腐植酸盐溶液浓缩成胶体，最后固化收缩，型煤具有较高的机械强度。

3）复合黏结剂

由上述两种以上黏结剂组合而成的即为复合黏结剂。复合黏结剂可根据黏结剂性质和型煤用途复合而成有机–无机、有机–有机、无机–无机三种形式。复合黏结剂可相互弥补单一黏结剂存在的不足，使型煤达到最佳质量。近年来，人们致力于开发多功能黏结剂，常在黏结剂中添加少量添加剂，使型煤改质或具有原低热值煤所没有的特性，这些添加剂主要有固硫剂、助燃剂、催化剂、防水剂、阻熔剂等。

复习思考题

1. 低热值煤的定义是什么？通过什么方法可以准确描述低热值煤的成分？

2. 为什么低热值煤的分析基准很重要？不同分析基准之间的区别是什么？

3. 为什么要对低热值煤进行混烧？目前常用的混烧技术有哪些？

4. 低热值煤制备型煤的成型机理有哪些？在成型过程中添加的黏结剂包括哪些类型？其作用是什么？

5. 如何评价低热值煤所制得型煤的性能？

第 2 章　低热值煤的燃烧及污染物生成机理

2.1　低热值煤的燃烧基础

2.1.1　低热值煤燃烧的定义

低热值煤燃烧是低热值煤产生热或同时产生光和热的快速氧化反应，也包括只伴随少量热没有光的慢速氧化反应，是通过燃烧将储存在化学键中的能量转变为热的过程。

燃烧以有火焰和无火焰两种方式进行。火焰依次可划分为预混火焰和非预混（扩散）火焰。

燃烧的有火焰和无火焰方式的不同可用发生在电火花点火发动机中的过程来解释（图2-1），在图2-1（a）中，存在一个在非燃烧的燃料–空气混合物中传播的很薄的区域，其中发生着激烈的化学反应，这一很薄的区域就是我们通常说的火焰。在火焰后面是灼热的燃烧产物。随着火焰在燃烧空间的运动，未燃气体中的温度与压力升高，在一定的条件下［图2-1（b）］，未燃气体中的很多部位都发生了快速的氧化反应，导致整个区域的快速燃烧，这种在发动机内十分重要的空间热释放现象称为自点火。

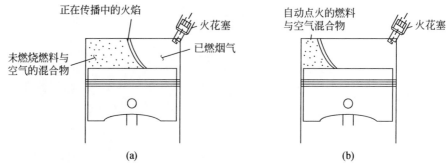

图2-1　火花点火引擎中的有火焰（a）和无火焰（b）燃烧模式

两种典型的火焰，预混和非预混（扩散）表示反应物的混合状态。在预混火焰中，燃料与氧化剂在有明显的化学反应发生之前达到在分子水平的混合。相对地，在扩散火焰中，反应物开始是分开的，反应只发生在燃料与氧化剂的交界面上，在这一交界面上混合与反应同时发生。

2.1.2　低热值煤燃烧的过程

当低热值煤粒进入高温炉膛后，由于受到炉内高温加热，便开始热解（也称挥发分析出）。析出的挥发分与周围空气混合，在一定的温度和浓度条件下着火、燃烧，热解后的低热值煤称为煤焦（或炭），也会着火、燃烧，其中煤焦的燃尽是低热值煤燃烧的主要过程，但挥发分的燃烧过程对炭的着火及火焰的稳定也至关重要。所以，低热值煤粒进入高温炉膛后将经历加热、热解、着火与燃尽的复杂物理、化学过程。

1. 热解

低热值煤粒受到加热后就会软化、变形，这时外形不规则的低热值煤粒将失去其棱角，变得更接近于球形。与此同时，低热值煤开始分解，由大分子结构裂解成许多小分子的气态和液态产物，统称为挥发分，它包含 H_2O、C_2H_6、CO、CH_4、N_2、O_2、H_2 及焦油。它们的来源见表 2-1。

表 2-1　挥发分的来源

挥发分	低热值煤中来源
H_2O	羟基裂解
CO_2	羧基裂解
CO	醚裂解
$CH_4 + C_2H_6$	脂肪裂解
焦油、液体	各种重碳氢化合物裂解
O_2	氧
N_2	氮
H_2	芳香烃裂解

低热值煤的热解过程复杂，一般可按两阶段热解过程来理解（图 2-2），因为低热值煤是由活性结构与非活性结构两部分组成的，后者不参与反应，前者参与反应。当低热值煤受热后，活性结构一方面释放出 CO_2 和 H_2O，与此同时，低热值煤粒转变为一种称为塑性体的中间产物，此为第一阶段反应。塑性体一旦形成，它将继续参与反应，产生氮气及其他各种轻气体、重烃气体和焦油等，这为

热解的第二阶段。此外，重庆大学冉景煜等认为煤矸石的热解过程是一个由低温失重、主要热分解和二次脱气三个阶段组成的复杂过程。同时一些学者也指出，由于煤矸石中含有丰富的无机组分，使其在热解过程中存在部分矿物质的分解。

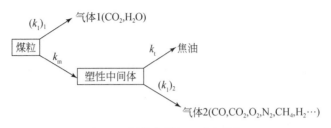

图 2-2　低热值煤的两阶段热解

　　挥发分的成分与加热速率关系密切。根据加热速率的大小，加热过程可分为快速加热、慢速加热及中等速率加热。一般加热速率大于 $10^4 K/s$，且热解时间小于 1s 的热解过程称为快速热解，煤粉锅炉中的煤粉热解属于快速热解。加热速率在 $1 \sim 10K/s$，热解时间达几分钟以上的过程，称慢速热解，许多碳化工业及热天平分析属于慢速热解。固定床、流化床及工业分析中的热解过程介于上述两者之间，称中等速率热解。快速加热与慢速加热对挥发分的形成有很大影响，其挥发分析出的速率及其成分会有很大不同，一般慢速加热条件下会大部分转化为炭，但快速加热条件下得到的炭很少。挥发分的最终产量与热解速率无关，但与加热的终温关系很大，挥发分的最终产量会随热解温度的增加而增加。所以挥发分含量不是一个不变的值，工业分析所得的挥发分含量仅是一个相对值，是在一个严格规范条件下得到的相对挥发分含量。

　　低热值煤的热解过程复杂，与许多因素有关，如低热值煤的种类、加热速率、粒径、压力和气氛等。煤矸石的内部结构和煤质情况对热解的影响较大；高升温速率会导致颗粒内外温差大，产生热滞后现象，使挥发分析出延迟，热解曲线向高温区移动；颗粒粒径主要影响颗粒内部的传质和传热，从而进一步影响颗粒中心处的温度时间历程，间接影响到热解过程；压力对热解的影响主要体现在压力对聚合、缩聚反应和扩散传质的影响上，但压力只在高于特定温度时才发挥作用；CO_2 和 CH_4 气氛均对煤矸石的热解具有促进作用，对 CO_2 而言，其可能参与煤矸石的热解反应，与某些挥发产物发生反应，降低了挥发产物逸出的难度，CH_4 同样参与了煤矸石的热解反应，但其促进机理有所不同，是煤矸石热解时产生的活性自由基先促进了 CH_4 的裂解，CH_4 裂解产生的自由基又促进了煤矸石的热解。

　　热解的常用实验方法包括金属丝网加热法、沉降炉或滴管炉法、火焰法和热天平法。

1）金属丝网加热法

该方法是把低热值煤粉放在金属丝网眼中，给金属丝通电进行快速加热。这种方法的优点是能独立控制环境压力、加热速率、终温。适用于研究环境压力对挥发分析出的影响，这是其他方法所不及的。这一方法的缺点在于，金属丝加热本身及金属丝与低热值煤之间的传热均存在着一个滞后时间，这增加了实验的不确定性。另外，要在金属丝网内埋入厚度只有一颗低热值煤粒厚的煤层中来测量低热值煤的温度是困难的。将金属丝的温度直接视为低热值煤的温度，这是不严格的。

2）沉降炉或滴管炉法

该方法是将低热值煤粉喷射到惰性的热气流中，使低热值煤粉受到快速加热而分解。这种加热方法比较接近于实际情况，其环境温度、压力、低热值煤粉浓度都能独立控制。由于是惰性气体，故可严格用来研究各种参数对挥发分析出过程的影响。其困难在于如何精确测定低热值煤粉在气流中的停留时间及其加热速率。

3）火焰法

该方法是将低热值煤粉喷入燃烧的火焰中，这种方法更接近于工业实验，但其最主要的缺点在于燃烧工况难以控制，若燃烧不完全，低热值煤表面可能与氧气发生反应，此时要准确地测定由于热解而发生的低热值煤质量的损失是很困难的。

4）热天平法

该方法是利用示差热天平测定坩埚内低热值煤粉的失重与温度的变化关系来研究挥发分的析出过程。此方法的优点是加热速率可以人为控制，低热值煤失重随时间的变化可以自动记录，其自动化程度比较高。缺点是加热速率太低，只有 $10 \sim 20K/min$，与实际炉内的加热速率相差太大，因而所得的挥发分产量与成分不能代表实际结果，但在工业上或研究中作相对比较时很有实用价值。

目前国际上较流行的方法，一是沉降炉法，这种方法不仅适用于定量研究挥发分析出过程，而且对低热值煤的着火、燃烧研究均有价值；二是热天平法，它对各种低热值煤的挥发分析出的相对比较研究是有用的。而且这种方法对低热值煤粉的着火、燃尽分析的相对比较也都有用，是低热值煤燃烧分析的重要手段。

以上是测定挥发分析出总量的方法。关于挥发分成分的测量，一般都用气相色谱法，此外用傅里叶变换红外光谱仪（FTIR）也可进行测定，这种测量仪可以实时地测定各种成分，是研究挥发分成分的有效手段。

2. 着火

低热值煤的着火过程对低热值煤锅炉的设计与运行有着十分重要的意义，许多电站的锅炉存在灭火、"放炮"等燃烧不稳定现象。所谓锅炉的灭火，其实质就是低热值煤进炉膛后不能及时着火，致使炉膛断火而造成整个锅炉的灭火。低热值煤锅炉低负荷运行发生灭火及放炮主要源于低热值煤的着火问题。因此要解决锅炉的稳定燃烧和低负荷稳定运行问题，关键就是要解决低热值煤的着火问题。凡是着火条件好的锅炉，其燃烧稳定性及安全性一般较好。此外，能使低热值煤提前着火的各种措施也可提高低热值煤的燃烧效率。低热值煤的着火提前也必然使炉膛温度提高，从而改善整个炉内燃烧条件，致使悬浮状的细煤粉易燃尽，使得排烟中飞灰含碳量下降，甚至可完全消除冒黑烟现象。这样不仅提高了效率，而且减少了对环境的污染。

低热值煤的形态不同，其着火的具体情况也很不相同。但从燃烧学的观点来看，其实质是一样的，均是由于放热超过了散热而使低热值煤的化学反应得到自加速的结果。

1）着火的类型

低热值煤的着火分为非均相着火与均相着火两部分，前者是固定碳的着火，后者是挥发分的着火。挥发分的着火温度一般比煤焦的着火温度低得多，由于它的着火所释放的能量，有可能加速煤焦的着火，一旦煤焦着了火则进入稳定燃烧状态。所以挥发分越高的低热值煤越易着火，然而挥发分的着火有时并不一定能导致煤焦的着火，因此从燃烧学的角度而言，挥发分的着火只是一个必要条件，但煤焦的着火是充分与必要条件，煤焦的着火与否对锅炉的稳定燃烧是至关重要的。锅炉内的煤粉气流形态及加热条件与实验室或其他炉内的条件并不相同，因此其着火机理也不相同，有的是挥发分先着火（均相着火），有的是煤焦先着火（非均相着火），有的则是两者同时着火。

（1）颗粒形态对着火机理的影响。单颗粒煤的形态与煤粉气流不同，其着火机理也不同。当单颗煤粒直径小到煤粉这样的尺寸时，由于其直径很小，所以挥发分析出量很小，煤粒周围的挥发分浓度也很小，因此挥发分无法在煤粒周围着火而形成包围火焰。同时，在单颗粒煤的实验中，环境气体相对于煤粒总是有一定的相对速度流动，至少是自然对流。这样，未着火的挥发分不可能滞留在煤粒周围，而是随气流不断从煤粒表面流走，煤粒表面可直接与氧反应而着火。因此尺寸很小的煤粉往往表现为非均相着火。但若煤粉处于气流中，则情况就大不相同。由于煤粉与析出的挥发分一起随气流运动，尽管这时挥发分不能在单颗粒的周围着火，但由于析出的挥发分在气流中通过湍流扩散与混合，使气流中的挥发分浓度变高。由于其着火温度远比煤焦的着火温度低，因此对煤粉气流而言，总是表现为挥发分先着火。所以挥发分对煤粉锅炉的稳定燃烧是十分重要的。

（2）颗粒粒径对着火机理的影响。大颗煤粒与煤粉的情况也不同。在实验室中试验的大颗煤粒，或在流化床中的大颗煤粒，由于其挥发分析出量较大，在煤粒周围的挥发分浓度也较大，所以在一般温度条件下可以发生均相着火而形成包围火焰。

（3）加热速率对着火机理的影响。加热速率不同也可形成不同的着火方式，在一般的加热速率下，静止环境中的大颗粒煤总是表现为均相着火。但在气流中极低的加热速率下，大颗粒煤也可表现为非均相着火，上述流化床中在低温条件下（即低加热速率）发生的煤粒非均相着火就是如此。相反，煤粉往往表现为均相着火。其中单颗粒煤的着火方式与直径及其加热速率之间的关系（图2-3），它原则上反映了单颗煤粒可能发生的着火方式。

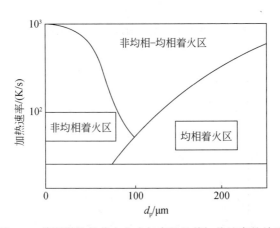

图 2-3　单颗煤粒的着火方式与直径及其加热速率的关系

（4）加热方式对着火机理的影响。加热方式不同也可形成不同的着火方式。例如，若用激光对煤粒进行辐射加热，这时，由于固体易吸收激光的辐射能，而气体对激光的辐射能吸收率很低，甚至是透明的，结果煤焦升温很快而着火。相反，挥发分不易升温，无法着火。但若将煤粒快速放入加热炉中进行加热，由于挥发分升温很快，则往往先发生均相着火。

2）着火的测定方法

（1）大粒径煤焦着火温度的测定。在大粒径煤焦中心钻一直径为 0.2mm 的小孔，将直径为 0.1mm 的热偶丝插入煤焦的小孔中，使热偶的结点放在煤焦的中心。由于煤焦的直径不大，其毕渥数（Bi 数）较小，因此煤焦内的温度可近似认为是均匀的。这样热偶所测得的温度可近似代表煤焦的温度。实验时将炉温预先调至所需值，然后将加热炉突然升高，使煤焦快速进入炉内，并受到炉壁与气体的加热，煤焦温度迅速升高并着火。由计算机记录煤焦温升曲线的 dT_p/dt 及 d^2T_p/dt^2 曲线，实验系统如图 2-4 所示。按非临界着火的定义，当 $d^2T_p/dt^2=0$ 时，所对应的温度即为其着火温度 $T_{p,i}$（图 2-5）。这种测量方法较严格，使着火温度的测定与着火条件的定义相一致。

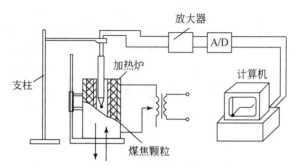

图 2-4 煤焦着火温度测定实验系统示意图

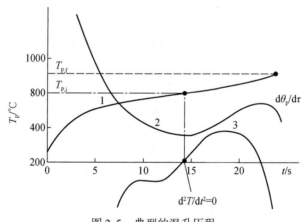

图 2-5 典型的温升历程
1. 温升曲线；2. 一阶导数；3. 二阶导数

（2）煤粉焦着火温度的测定。对于煤粉焦着火温度的测定，目前采用煤焦粒的"发光"作为其着火的标志。沉降炉是普遍被采用的一种方法，其实验系统如图 2-6 所示，由电阻加热，其最高炉温可达 1200℃，气流流量由引风机控制。实验时，先将炉温调至一定温度后，把事先制备好的煤粉焦由供粉器供给，并被引风机引入加热炉中。为了保持煤粉焦的单颗粒的特性，供粉量不宜太大，若煤粉焦进入加热炉后不着火，则缓慢增加炉温，直至大部分煤粉焦开始发光，就认为达到了临界着火条件。或将炉温由高温逐渐降低，则煤粉焦粒将由发光开始变黑，这时也能得到煤粉焦的临界着火条件。

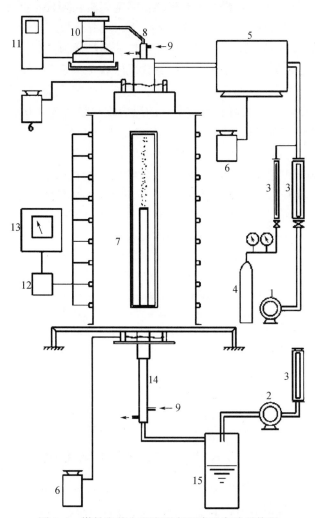

图 2-6　煤粉焦着火温度测定沉降炉实验系统图

1. 送风泵；2. 抽气泵；3. 流量计；4. 高压氧气瓶；5. 空气预热炉；6. 调压器；7. 沉降炉；
8. 送粉管；9. 冷却水；10. 供粉气；11. 供粉电源；12. 切换开关；13. 电位差计；14. 取样
管；15. 气水分离器

3. 燃烧

低热值煤经过热解后，由于挥发分的析出，其呈多孔状结构，称为煤焦或
炭。煤焦的燃尽过程较长，是低热值煤燃烧过程的主要组成部分，其燃烧的完全
与否决定着低热值煤的利用程度，即燃烧效率。

1) 低热值煤燃烧的常用实验装置

低热值煤的燃烧实验装置主要有三类：固定床实验装置、沉降炉实验装置和流化床实验装置。其目的均是在实验室条件下，更好地模拟工业中低热值煤的燃烧状况，以便清晰地理解工业过程中低热值煤的燃烧行为。

（1）固定床反应器。Ren 等设计了管式反应器实验装置，如图 2-7 所示，并在甲烷/空气混合气氛下进行了煤矸石燃烧实验。管式反应器由不锈钢管制成，内径 8mm，管长 60cm，煤矸石燃烧实验的反应物料量约为 4.0g。具体实验流程为：管式反应器以 5℃/min 的升温速率从室温升到 450℃，然后再按 2.5℃/min 的升温速率升到指定的温度，当达到目标温度后，甲烷和空气通过质量流量计预混后，进入反应器中进行燃烧反应，反应后的气体产物通过气相色谱进行分析，气相色谱由 GC-950、热导检测器和 TDX-01 柱组成。该实验装置可以通过测定不同实验条件下反应前后的气体组分，了解甲烷在煤矸石燃烧反应中所起的作用，为煤矸石与煤层气混烧的工业应用提供技术参考。

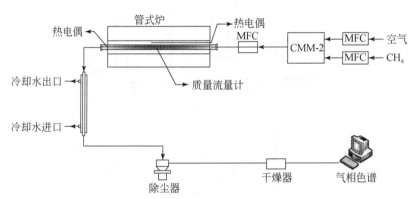

图 2-7　煤矸石在甲烷/空气混合气下燃烧的管式反应器实验装置

（2）沉降炉实验台。沉降炉在一定程度上克服了固定床中低升温速率的限制，可以在实验室规模下模拟高升温速率下的燃烧反应，Meng 等利用沉降炉实验装置开展了煤矸石的燃烧实验，其实验装置如图 2-8 所示，炉内径为 9cm，加热段长 50cm，给料器内径为 2.26mm，煤矸石的给料速度为 5g/h，样品随一次风（流量 300L/h）通过水冷给料器进入炉膛快速反应，其中给料器的底部与加热段炉膛相连，二次风（流量 200L/h）经预热后也进入炉膛参与反应，样品在炉膛中的停留时间为 0.4~0.6s，反应后的样品在炉膛底部被水冷取样探针收集用于分析。该实验装置可以通过高速燃烧后的样品评价不同实验条件下的燃尽程度，从而进一步反映高升温速率下的燃烧状况，向实际的工业燃烧工况更近了一步。

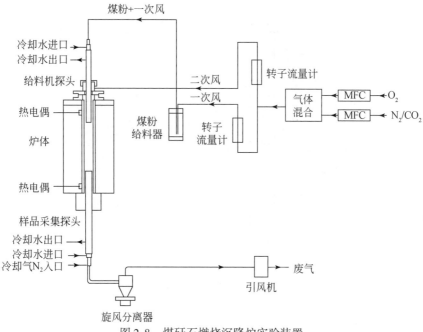

图 2-8 煤矸石燃烧沉降炉实验装置

（3）流化床热态试验台。循环流化床热态试验台最接近实际的工业循环流化床，能很好地反映其燃烧状况，戚峰在 1MW 循环流化床中试热态试验台上进行了煤矸石的燃烧实验，如图 2-9 所示，该试验台燃烧室高度为 23m，密相区截面尺寸为 175mm×351mm，稀相区截面尺寸为 351mm×351mm，燃烧室的燃烧温度为 750～1000℃，空塔流化速度为 2～8m/s，循环灰的温度为 400～1000℃，物料在炉内的停留时间与实际工况接近；陈艳容等在 50kg/h 的循环流化床试验台上开展了煤矸石与煤层气的混烧实验，如图 2-10 所示，该试验台由循环流化床试验装置、煤层气供气系统、烟气分析检测装置和附属设备及管路组成，密相区截面积为 150mm×230mm，高度为 700mm，稀相区截面积为 200mm×280mm，高度为 2200mm，设计流速为 35m/s，布风板面积为 140mm×220mm，实验过程中，使用 K 型热电偶测定炉膛各断面的温度，用便携式烟气分析仪测定烟气的组成成分。以上循环流化床热态试验台的实验结果均能体现出大颗粒煤矸石颗粒群的燃烧特点，对实际的工业燃烧过程具有重要的指导价值。

2）低热值煤燃烧分析

低热值煤的燃烧分析不仅涉及燃烧过程本身的研究，还包括影响燃烧过程的因素和评价燃烧特性的方法。在燃烧分析中热重分析是最常见的用来调查和比较固体燃料燃烧特点的方法，在热重分析中获取的信息可以用于工业规模燃烧行为的初级评价。

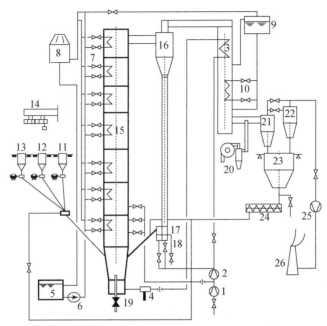

图 2-9　1MW 煤矸石循环流化床燃烧试验台

1. 送风机；2. 升压风机；3. 一次风空预器；4. 液化气点火枪；5. 总水箱；6. 给水泵；7. 燃烧室水冷受热面；8. 冷水塔；9. 高位水箱；10. 尾部水冷受热面；11. 灰仓；12. 石灰石仓；13. 煤仓；14. 吊车；15. 燃烧室；16. 高温分离器；17. 回灰控制器；18. 循环灰排放器；19. 排渣器；20. 飞灰取样器；21. 一级除尘器；22. 二级除尘器；23. 灰仓；24. 飞灰回送装置；25. 引风机；26. 烟囱

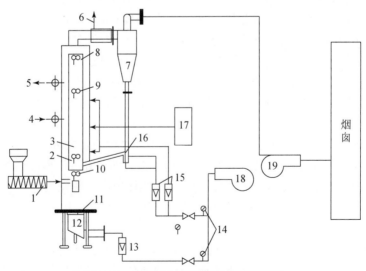

图 2-10　煤层气与煤矸石混烧实验装置

1. 给料机；2. 密相区；3. 炉膛；4. 循环进水；5. 循环出水；6. 冷却水套；7. 旋风分离器；8. 排烟温度测点；9. 烯相区；10. 床层温度测点；11. 布风板；12. 风室；13、15. 转子流量计；14. 压力表；16. L 型阀；17. 煤层气供气系统；18. 送风机；19. 引风机

（1）低热值煤燃烧过程的分析。贾海林等对煤矸石的燃烧过程做了阶段划分，认为煤矸石的绝热氧化可分为四个阶段，分别是外在水分失重阶段、内在水分失重阶段、挥发分燃烧失重阶段和固定碳燃烧失重阶段，具体过程为煤矸石受热表面上和孔隙里的外在水分蒸发，随后内在水分蒸发，随温度升高可燃挥发分逐渐析出，当有足够氧气时，析出的可燃挥发分燃烧，最后是煤矸石中固定碳的着火燃烧；Ren 等同样认为煤矸石的主要燃烧阶段包括挥发分燃烧和固定碳燃烧，并发现固定碳燃烧的峰较宽，说明燃烧过程较缓慢，故对固定碳燃烧的控制与挥发分燃烧相比更容易；然而邬剑明、王雨等结合 DTA 实验结果，则认为这两个燃烧阶段应该为：大部分固定碳及挥发性物质的燃烧和内部固定碳及少量挥发性物质的燃烧；区别于以上研究结果，冉景煜等不仅得到与上述结果相同的双峰煤矸石燃烧曲线，同时发现一些煤矸石的燃烧只存在一个失重峰，分析认为煤矸石的燃烧过程是从挥发分的着火燃烧开始的，相对较高的挥发分含量会使挥发分的析出和燃烧过程更加剧烈，从而表现为挥发分着火、燃烧过程和固定碳燃烧过程相重合。所以低热值煤的燃烧是一个复杂的过程，其挥发分和固定碳的燃烧与低热值煤本身的原料性质（挥发分、固定碳、无机矿物）密切相关。

（2）影响低热值煤燃烧过程的因素。影响煤矸石燃烧性能的因素包括煤矸石的种类、粒度、升温速率、气氛等。牛奔研究了煤矸石的种类对燃烧特性的影响，结果发现煤矸石中挥发分含量越高越容易着火，可燃性能越好，固定碳含量越高越不易燃尽，燃尽性能越差，燃烧后期煤矸石中的高灰分会在一定程度上阻碍氧分子向可燃质的扩散，故挥发分燃烧在煤矸石的燃烧过程中占重要地位；邬剑明、贾海林等发现粒度和升温速率也对煤矸石的燃烧有一定影响，其中粒度增大对燃烧的影响主要体现在初始阶段的阻碍作用，但在较高温度后影响变小；升温速率增加对燃烧的影响主要体现在热重曲线向高温区的移动，这与颗粒内外温差增大导致挥发分析出延迟有关，同时最大燃烧速率也会呈增大趋势，这可能是由短时间挥发分的析出量增加造成的；Meng 等研究了气氛和氧气浓度对煤矸石燃烧的影响，得出当 O_2 浓度为 21% 时，煤矸石在 N_2/O_2 气氛下的燃烧性能优于 CO_2/O_2 气氛下，因为 O_2 在 CO_2 中的扩散率是 N_2 的 0.8 倍，CO_2 中的低扩散率会影响 O_2 向颗粒表面的转移，较低的 O_2 扩散会影响析出挥发分的燃烧，但当 O_2 浓度高于 30% 时，在 CO_2/O_2 气氛下煤矸石的反应性更高，这是由于随着 O_2 向燃料表面转移速度的增加，脱挥发分和挥发分氧化速度增加，使煤矸石颗粒的着火时间缩短，O_2 浓度的增加使碳颗粒界面处的 CO 氧化及 CO_2 和碳颗粒的气化逐渐占据主导地位。

（3）评价低热值煤燃烧特性的方法。低热值煤的燃烧特征参数包括着火温度（T_i）、燃尽温度（T_f）、峰值温度（T_p）、燃尽指数（D_f）和综合指数（S 和

H_f），这些参数均可从 TG 及 DTG 曲线中获得，具体的确定方法如下：

T_i 是样品开始燃烧的温度，一般有两种确定方法，一种是 TG-DTG 切线法，如图 2-11 所示，具体方法为：过 DTG 曲线的顶点 A 作横坐标的垂线，与 TG 曲线相交于 B 点，经 B 点作 TG 曲线的切线与其延长线交于点 C，C 点即为 T_i。另一种是 TG 曲线分离法，如图 2-12 所示，即样品在氧化实验和热解实验中 TG 曲线开始偏离的温度点。

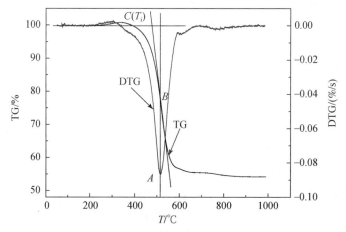

图 2-11　TG-DTG 切线法确定着火点示意图

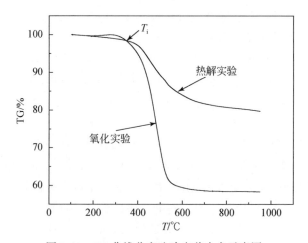

图 2-12　TG 曲线分离法确定着火点示意图

T_f 为燃烧反应终止的温度，确定为失重速率为 1% min^{-1} 的温度点。T_p 是 DTG 曲线峰值所对应的温度。

着火指数（D_i）和燃尽指数（D_f）的确定如式（2-1）和式（2-2）：

$$D_i = \frac{DTG_{max}}{t_p t_i} \tag{2-1}$$

其中，DTG_{max} 是最大失重速率；t_p 是 DTG_{max} 所对应的时间；t_i 是着火时间。

$$D_f = \frac{DTG_{max}}{\Delta t_{1/2} t_p t_f} \tag{2-2}$$

其中，$\Delta t_{1/2}$ 是 $DTG/DTG_{max}=0.5$ 的时间范围；t_f 是燃尽时间。

两个综合指数（S 和 H_f）的确定如式（2-3）和式（2-4），综合指数 S 反映了样品的着火、燃烧和燃尽性能，一般指数 S 越大，样品的燃烧性能越好；H_f 描述了燃烧过程的速率和强度，更小的 H_f 值反映了更好的燃烧性能。

$$S = \frac{DTG_{max} DTG_{mean}}{T_i^2 T_f} \tag{2-3}$$

其中，DTG_{mean} 是平均失重速率；T_i 是着火温度；T_f 是燃尽温度。

$$H_f = T_p \ln\left(\frac{\Delta T_{1/2}}{DTG_{max}}\right) 10^{-3} \tag{2-4}$$

其中，T_p 是峰值温度；$\Delta T_{1/2}$ 是 $DTG/DTG_{max}=0.5$ 的温度范围。

3）低热值煤燃烧动力学的分析方法

低热值煤燃烧属于非均相反应，是涉及以不同物理状态（气–固）存在的组分参与的反应过程，气–固反应的整个过程可细分为以下几个步骤：反应物分子通过对流和（或）扩散作用到达固体表面；反应物分子在固体表面被吸附；包含被吸附分子、固体表面自身及气相分子的多种化合作用的基元反应；产物分子在固体表面的解吸附；产物分子通过对流和（或）扩散作用离开固体表面。

理解内在的化学过程对燃烧至关重要，在很多燃烧过程中，化学反应速率控制着燃烧的速率，污染物的形成也与化学反应速率息息相关，此外着火与熄火也与化学过程紧密相连。化学动力学是对基元反应及其反应速率的研究。反应动力学的目的是通过测得的实验数据经数学分析得到揭示化学反应内在规律的动力学参数，如活化能、频率因子、反应级数等。对于单一活化能的反应，可以通过线性回归或非线性回归的方法进行数学分析，但对于复杂反应体系，应用线性回归或非线性回归比较困难。常见的用于动力学分析的方法有 Coats-Redfern 近似法和分布活化能模型等。

（1）Coats-Redfern 近似法用于低热值煤燃烧动力学分析。低热值煤在非等温条件下的燃烧反应速率可以描述为：

$$\frac{d\alpha}{dt} = kf(\alpha) \tag{2-5}$$

其中，α 为转化率，定义为 $\alpha = \dfrac{m_i - m}{m_i - m_f}$，$m_i$、$m$ 和 m_f 分别为样品最初的质量、瞬时的质量和最终的质量；k 为反应速率常数，可用阿伦尼乌斯方程表达为：

$$k = A\exp\left(-\frac{E_a}{RT}\right) \tag{2-6}$$

功能函数 $f(\alpha)$ 可写为：

$$f(\alpha) = (1 - \alpha)^n \tag{2-7}$$

将式（2-6）和式（2-7）代入式（2-5）中可得：

$$\frac{d\alpha}{dt} = A\exp\left(-\frac{E_a}{RT}\right)(1 - \alpha)^n \tag{2-8}$$

实验中升温速率为常数，即 $\beta = \dfrac{dT}{dt}$，故式（2-8）可写为：

$$\frac{d\alpha}{dT} = \frac{A}{\beta}\exp\left(-\frac{E_a}{RT}\right)(1 - \alpha)^n \tag{2-9}$$

基于 Coats-Redfern 近似法对式（2-9）进行积分，得到：

若 n 为 1 时，$\ln\left[\dfrac{-\ln(1-\alpha)}{T^2}\right] = \ln\dfrac{AR}{\beta E}\left[1 - \dfrac{2RT}{E_a}\right] - \dfrac{E_a}{RT}$ \hfill (2-10)

若 n 不为 1 时，$\ln\left[\dfrac{1 - (1-\alpha)^{1-n}}{(1-n)T^2}\right] = \ln\dfrac{AR}{\beta E_a}\left[1 - \dfrac{2RT}{E_a}\right] - \dfrac{E_a}{RT}$ \hfill (2-11)

由于式（2-10）和式（2-11）中 $\dfrac{E_a}{RT} \approx 1$，则 $1 - \dfrac{2RT}{E_a} \approx 1$，故式（2-10）和式（2-11）又可写为：

若 n 为 1 时，$\ln\left[\dfrac{-\ln(1-\alpha)}{T^2}\right] = \ln\dfrac{AR}{\beta E} - \dfrac{E_a}{RT}$ \hfill (2-12)

若 n 不为 1 时，$\ln\left[\dfrac{1 - (1-\alpha)^{1-n}}{(1-n)T^2}\right] = \ln\dfrac{AR}{\beta E_a} - \dfrac{E_a}{RT}$ \hfill (2-13)

一般低热值煤的燃烧反应通常按一级反应来处理，可以基于式（2-12）和式（2-13）对低热值煤进行动力学参数的计算。

（2）分布活化能模型用于低热值煤燃烧动力学分析。低热值煤的不均匀性使其在燃烧过程中反应复杂，而分布活化能模型可克服线性拟合的不足，用于分析复杂反应，模型假设：①无限平行反应假设：反应过程由许多相互独立的一级不可逆反应组成；②活化能分布假设：每个反应有确定的活化能，所有反应的活化能呈某种连续分布。

分布活化能模型的表达式如下：

$$1 - \frac{w}{w_0} = \int_0^\infty \exp\left[-A\int_0^t \exp(-E_a/RT)dt\right]f(E_a)dE \tag{2-14}$$

在式（2-14）中，w 是随时间 t 变化的失重；w_0 是反应结束时的总失重；w/w_0 被定义为转化率 α；E_a 为活化能；$f(E_a)$ 是表现一级不可逆反应活化能差异的活化能分布函数；A 是对应于活化能 E_a 的频率因子；R 是摩尔气体常量，根据 Miura 积分法式（2-14）可简化为式（2-15）。

$$\alpha = \frac{w}{w_0} = 1 - \int_0^\infty \Phi(E_a, T) f(E_a)\, dE \tag{2-15}$$

其中，

$$\Phi(E_a, T) = \exp\left[-A\int_0^t \exp(-E_a/RT)\, dt\right] \tag{2-16}$$

$\Phi(E_a, T)$ 可近似为 $E_a = E_s$ 的阶跃函数，如式（2-17），β 是恒定的升温速率。

$$\Phi(E_a, T) \cong \exp\left[-\frac{A}{\beta}\int_0^T \exp(-E_a/RT)\, dT\right] \cong \exp\left[-\frac{ART^2}{\beta E_a}\exp(-E_a/RT)\right] \tag{2-17}$$

故式（2-15）可简化为式（2-18）：

$$\frac{w}{w_0} \cong 1 - \int_{E_s}^\infty f(E_a)\, dE = \int_0^{E_s} f(E_a)\, dE \tag{2-18}$$

此近似意味着只有一个有 E_s 的反应，其数学表达式如式（2-19）所示：

$$dw/dt \cong d(\Delta w)/dt = A\exp(-E_a/RT)(\Delta w_0 - \Delta w) \tag{2-19}$$

总速率 dw/dt 可近似为 j-th 反应的速率，Δw 是过程中的失重，Δw_0 是全部失重，式（2-19）可整合如下：

$$1 - \Delta w/\Delta w_0 = \exp\left[-A\int_0^t \exp(-E_a/RT)\, dt\right] \cong \exp\left[-\frac{ART^2}{\beta E_a}\exp(-E_a/RT)\right] \tag{2-20}$$

式（2-20）又可写为：

$$\ln\left(\frac{\beta}{T^2}\right) = \ln\left(\frac{AR}{E_a}\right) - \ln\left[-\ln\left(1 - \frac{\Delta w}{\Delta w_0}\right)\right] - \frac{E_a}{R}\frac{1}{T} \tag{2-21}$$

对所有反应取 $1 - \Delta w/\Delta w_0 = \Phi(E_a, T) \cong 0.58$，故简化的模型可描述如下：

$$\ln\frac{\beta}{T^2} = \ln\left(\frac{AR}{E_a}\right) + 0.6075 - \frac{E_a}{R}\frac{1}{T} \tag{2-22}$$

E_a 和 A 均可通过同一转化率 α 下 $\ln(\beta/T^2)$ 和 $1/T$ 的阿伦尼乌斯曲线得到，由直线斜率可求得该转化率下的活化能 E_a，通过直线截距可求得该活化能 E_a 所对应的频率因子 A，$f(E_a)$ 可通过 α 对 E_a 的微分得到。

2.2　低热值煤的燃烧方式

根据燃烧组织方式的不同，可将低热值煤的燃烧大致分为三类，分别为低热值煤在煤粉炉、层燃炉和循环流化床锅炉中的燃烧。其中低热值煤在煤粉炉及循环流化床锅炉中的燃烧多用于火电厂发电，而低热值煤在层燃炉中的燃烧则主要指低热值煤所制备的型煤在层燃炉中的燃烧，多用于居民生活供暖。

2.2.1　低热值煤在煤粉炉中的燃烧

图 2-13 为典型的煤粉锅炉。煤粉锅炉的燃烧空间截面可达 15m×20m，总高度超过 50m，低热值煤经粉碎后被一次风吹入一次风区（锅炉较低位置）。一次风提供了总燃烧风量的 20%。在一次风中，氧气消耗于挥发分产物的燃烧。二次风通过二次风口以高速进入，并与焦炭及来自锅炉下部的燃烧产物混合，火焰气体放出的热量通过布置在燃烧区的管道传递给过热蒸汽。在燃烧烟气相对较冷的向下流动的尾部烟道中，透平出来的蒸汽被再加热（再热器）、补给水被加热（省煤器）、燃烧空气被预热（预热器）。接着烟气被送入除尘和脱硫装置，有时还有脱硝装置。

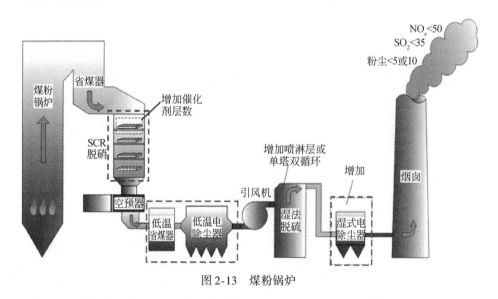

图 2-13　煤粉锅炉

1. 影响煤粉炉中低热值煤粉气流着火的因素

1）煤质的影响

若低热值煤的可燃基挥发分含量 V_{daf} 很低，则其着火温度 T_i 就很高，所需的着火热就增加，煤粉气流着火就困难。若低热值煤的灰分增加，则煤的发热量下降，这样燃料量就增加，着火热也相应增加，使煤粉气流着火困难，所以低热值煤的着火是比较困难的。煤的外在水分增加时，则一次风携带的水蒸气量增加，所需的着火热也增加。水煤浆的水分很高，因此它所需的着火热就较大，着火比较困难。

2）一次风量与一次风速的影响

一次风量增加时着火热跟着增加，着火就困难。理论上讲，一次风率的选择原则是保证挥发分能完全燃烧，这样低挥发分的贫煤和无烟煤的低热值煤一次风率很小。然而若一次风率太小，则不能满足气力输送的要求，易造成堵管现象。所以对于低挥发分煤来说，实际上是按气力输送要求来确定一次风率的，这反而增加了低挥发分煤粉气流的着火热，使着火变得更困难了。一次风速的增加，虽不影响着火热，但着火点将推迟，不利于着火，易造成炉膛灭火。

3）一次风温的影响

一次风温对煤粉气流的着火非常敏感，这是因为一次风温的提高，使得着火所需的热量明显下降，着火变得容易。

4）低热值煤粉细度的影响

煤粉变细时，尽管着火温度略有增加，从而使着火热有所增加，但是由于低热值煤粉变细，其加热速率提高了，从而使挥发分析出量增加，使着火变得容易；此外，虽然低热值煤粉细度的增加使煤焦的着火温度有所增加，对煤焦着火是不利的，但由于煤粉的加热速率的提高，使煤粒着火的延迟时间缩短，从而使煤粉在短时间内就能达到着火温度，燃烧稳定性明显提高。因此，电站锅炉为保证锅炉燃烧的稳定性，必须保证煤粉细度。超过这一细度要求，则由于煤粉着火的延迟时间增加，容易造成煤粉气流的脱火而使炉膛灭火。但煤粉也不能磨得过细，否则耗电量太大。因此必须综合考虑两者的关系。

2. 提供着火热的三类主要燃烧技术

保证煤粉气流的着火，必须供给足够的着火热。着火热的一个来源是依靠挥发分燃烧释放的热量来加热煤粉气流本身，所以，挥发分含量越高，就越易着火。但对挥发分含量较低，或含灰量太高的低热值煤而言，单纯依靠挥发分释放出来的热量是无法使煤粉气流加热到着火温度的。这时必须采取其他措施来提供着火热。以下为当前我国煤粉锅炉稳定燃烧的三类主要技术。

1）煤粉浓缩燃烧技术

（1）用离心分离法使煤粉浓缩的燃烧技术。图 2-14 是两种典型的离心分离浓缩方法，也称煤粉浓淡分离型燃烧器。它们都是依靠煤粉在通过弯道处的离心分离原理，将煤粉浓缩成两股浓度不同的煤粉气流。由于煤粉的浓缩，就降低了煤粉气流的着火温度，使煤粉气流变得易着火。这是因为在锅炉实际运行中的一次风中的煤粉浓度都低于其最佳着火浓度，尤其是对低挥发分的低热值煤更如此。由于挥发分含量低，而又为了尽可能减少着火热，则一次风率也必须取得较小，正如前所述，这样会引起一次风管的堵塞，因此，为了保证一次风管的安全运行，不得不增加一次风率，但其后果是使煤粉浓度减小，着火困难。这样，利用浓淡分离的方法使煤粉浓缩到最佳值，从而使着火温度降低，有利于稳定燃烧。同样，在低负荷运行时，由于煤粉量减少和炉温下降，也希望尽可能地降低煤粉气流的着火温度，因此也可采用浓淡分离燃烧来达到此目的。由此可见，用浓淡分离燃烧技术来达到稳定燃烧及实现低负荷运行是有理论依据的。

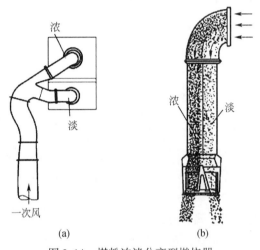

图 2-14　煤粉浓淡分离型燃烧器

(a) PM 型燃烧器；(b) WR 型燃烧器

　　浓淡分离型燃烧器的另一个优点是它能有效地降低 NO_x 排放量。然而，煤粉的浓缩与其后期气粉混合之间存在着矛盾。如前所述，从着火或降低 NO_x 排放来说，希望将气粉分离，但是从煤粉燃烧充分的角度来说总希望燃料与空气混合得越均匀越好，而不是相反。因此在一次风粉进入燃烧器之前将它分离成浓淡不同的两股气流进入炉膛，若在炉内不加强后期混合措施，势必会造成飞灰含碳量增加，降低燃烧效率，这对低挥发分的低热值煤来说更为敏感。对旧炉的改造，加强后期混合是十分困难的。诚然，由于浓缩后的煤粉着火提前，有利于煤粉的燃尽，可部分地抵偿由于浓淡分离后造成的后期混合不好而使燃烧效率的降低，对于反应性好及固定碳含量较低的低热值煤，可能问题不大，甚至会使飞灰含碳量下降，但对低挥发分的低热值煤来说，问题就不同了。因此必须考虑稳燃与燃烧效率之间的平衡。

　　(2) 中心大速差射流煤粉浓缩技术。为了较好地解决现有浓淡分离燃烧存在的问题，更好地发挥浓淡燃烧技术降低 NO_x 及降低着火温度的优点，提出了中心大速差射流浓缩煤粉的方法。图 2-15 表示了中心大速差射流浓缩煤粉的示意图，即在一次风管出口处的中心装一高速射流管，让高速射流与一次风一起射入炉膛。由于高速射流的速度远大于一次风速，从而对一次风有强烈的卷吸作用，使得一次风射流中的部分空气和部分细煤粉被卷吸入高速射流中，造成一次风中大部分区域变成缺氧区，并成为局部负压区，使得炉膛周围的高温烟气能大量渗入一次风粉中，但煤粉浓度变化不大。这样，在高速射流以外的一次风粉中造成了煤粉浓度相对于空气而言的浓相区，形成了煤粉相对于空气而言的浓缩。在高速射流中则为煤粉的稀相区。这样实现了煤粉的浓、淡燃烧。

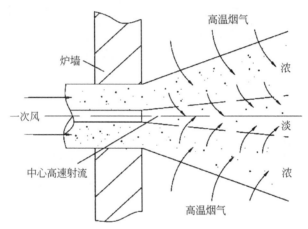

图 2-15　中心大速差射流浓缩煤粉的示意图

　　中心大速差射流浓缩煤粉燃烧技术，具有降低着火温度和降低 NO_x 的双重作用，并可能避免传统浓淡分离型燃烧器所存在的某些问题：①这种方法可以用射流量来控制煤粉浓缩的程度。只要改变高速射流的流量，即可改变卷吸程度，这样就可以实现对煤粉浓缩程度的控制。由于不同的煤种，不同的负荷，需要不同的浓缩程度，因此这对电站锅炉十分重要。②由于煤粉的局部浓缩是在炉膛中的一次风中进行的，因此与在炉外事先分离成浓淡两股一次风分别进入炉膛的情形不同。后者是将煤粉浓度增加，但对随后发生在炉膛中的后期混合造成困难，因为两股煤粉气流的再混合是十分困难的。相反，本方法是将一次风中的空气用高速射流卷吸走，而又能保持煤粉浓度变化不大。随着一次风射流的发展，由于湍流混合作用，高速射流中的空气会自动通过湍流扩散与煤粉混合，而气体的湍流扩散较之浓缩后的煤粉的弥散来要容易得多，因此不会像离心分离型煤粉燃烧器那样造成后期混合困难而使锅炉效率下降。③由于高速射流的强烈引射作用，使一次风中处于负压，因此大量的炉膛高温烟气会渗入一次风内部，使一次风受到高温烟气的提前加热而着火。这样，这种技术不仅起到稳燃作用，且可使煤粉提前着火、燃烧，并降低飞灰含碳量。采用这种浓缩煤粉的方法，也能在降低 NO_x，提高燃烧稳定性的同时，使飞灰含碳量降低（至少不会增加），这就解决了传统浓缩煤粉方法所固有的在降低 NO_x 的同时，往往使锅炉效率降低之弊病，尤其是对于低挥发分的低热值煤燃烧。

2）不良流线体后方烟气回流型煤粉燃烧技术

在不良流线体后方会形成回流区，由于在燃烧过程中，回流的是高温烟气，它起到了"点火源"的作用，有明显的稳燃效果。目前该技术在煤粉燃烧中发展了各种不同形式的不良流线体形状，取得了明显的稳燃效果。其中以开缝钝体的效果为最佳。它在工业应用试验中的效果与浓淡分离型燃烧器相似，即它应用于挥发分含量较高的煤粉效果较好。这类稳燃装置都装在燃烧器出口处，煤粉是在进入炉膛后才与高温烟气混合、加热，这样的加热方式，对挥发分较高的煤粉有明显的效果。但对挥发分较低的低热值煤来说，由于其着火温度高，煤粉被加热到着火温度的时间太长，不易使煤粉在有效的着火距离内着火，因此不易稳燃，再加之这种回流方式的回流量无法调节，所以它的应用受到了限制。

3）预燃型煤粉燃烧技术

预燃型煤粉燃烧器（也即在燃烧器内部已有部分细煤粉着火、燃烧），是一种稳燃能力强、煤种适应性广的煤粉燃烧器，能从根本上解决因煤种多变及低负荷运行引起的不稳定燃烧问题。其中大速差射流煤粉燃烧器是这类燃烧器的典型代表，其特点为：①高温烟气回流至燃烧器中的强度大，而且可以根据需要进行调节，例如，煤质差时或低负荷运行时，就可用加大蒸汽射流的流量（或压力）来加大回流量，强化燃烧；②高温区与煤粉浓度之间的匹配符合燃烧要求；③可适用于各种动力用煤，其稳燃能力很强。然而，这种燃烧器在长期运行中易结焦，这是由于强化燃烧引起的。因此，这种燃烧器只能用于锅炉的点火、启动及低负荷调峰用，不能作长期运行的主燃烧器。

带大速差射流的双一次风通道用煤粉主燃烧器，简称"双通道燃烧器"，可以克服强化燃烧与结焦之间的矛盾，该燃烧器属预燃型燃烧器，即它能使高温烟气回流至燃烧器内，使部分细煤粉提前加热、着火，因此具有很强的稳燃能力。即使对于着火温度很高的无烟煤，也可由于其提前加热，使煤粉有足够的时间进行加热而着火。而前述两种类型煤粉燃烧技术都是煤粉在进入炉膛后才开始加热的，这对着火温度较高的低挥发分低热值煤来说，常因着火延迟时间太长而断火，从而造成整个炉膛的灭火。此外，双通道燃烧器的烟气回流的强度可调，因此具有与众不同的燃烧性能，其特点为：煤种适应性广、调峰幅度大，一般能实 50% ~60% 的低负荷运行，为提高我国锅炉运行的安全性和经济性提供了有力的技术支持。

2.2.2　低热值煤在层燃炉中的燃烧

1. 型煤燃烧的特殊性

在层燃炉中型煤在炉排上的燃烧过程分为准备区、挥发分燃烧区、固定碳燃烧区和燃尽区。型煤进入燃烧室后，在准备区内被预热、干燥、水分蒸发，无火焰产生，也不需要空气；进入挥发分燃烧区后被干馏释放出挥发分，挥发分燃烧，表层的温度迅速升高，在挥发分燃烧区火焰较高，呈麦黄色，燃烧剧烈进行，火焰温度可以达到 1200 ~ 1300℃；挥发分挥发完毕进入固定碳燃烧区，在该区内空气中的 O_2 与型煤中的 C 反应生成 CO_2，CO_2 与 C 反应被还原成 CO，CO 再与 O_2 继续反应生成 CO_2，燃烧缓慢进行，火焰短呈蓝色，燃烧温度在 1000℃ 左右，最低也必须在 800℃ 以上才能维持燃烧；固定碳逐渐耗尽后进入燃尽区，火焰逐渐熄灭，温度迅速下降。通常手推炉排的长度不足，准备区和燃尽区较短，不利于灰渣中碳的燃尽，灰渣含碳量会高一些。对于液压活动炉排锅炉和链条炉排锅炉的燃尽区较长，其长度保持在 300 ~ 500mm，型煤在炉内停留和燃烧时间大约为 6 ~ 8h。如果燃尽区过长，则通风量会大于燃烧需要量，形成过量空气；如果燃尽区太短，一方面造成通风量不足，另一方面造成灰渣残余碳不能燃尽，增加机械不完全燃烧热损失。在码放 3 ~ 5 层型煤的炉排上各区段之间不是垂直分界，而是以数条倾斜线分界，分界线的位置随着燃烧的剧烈程度而变化。燃烧进行的越剧烈，分界线越接近而且越模糊，燃烧进行的越缓和，分界线越长而且越清晰。

在固定碳燃烧区固定碳的燃烧自上而下进行得非常缓慢，首先处于蜂窝通道下部表层的 C 与空气中的 O_2 反应生成 CO_2，CO_2 上升与处于上层的 C 表面继续反应还原成 CO，CO 上升离开煤层再与空气中的 O_2 反应生成 CO_2；表层的 C 消耗后留下孔隙，空气进入孔隙内部，在高温 O_2 活化分子的比率增加，分子的活化能也增加，而高温的 C 对活化的 O_2 分子具有吸附能力，促进了 O_2 与 C 反应，直到煤中的固定碳全部耗尽，燃烧时间长达数小时。在型煤固定碳燃烧直至全部变成块状灰渣的过程中其外形尺寸减小 3% ~ 5%，但仍然保持着蜂窝煤的形状，灰渣疏松，孔隙畅通，再加上渣块保温条件良好，只要 C 燃烧的放热量大于渣块散热量，燃烧就会继续进行，直至孔隙中的 C 几乎全部燃尽，可以使灰渣含碳量降低到非常低的程度，机械不完全燃烧热损失降低到 3% ~ 5% 以下，比散煤燃烧有明显的节能效果。

2. 型煤燃烧与空气的特殊关系

型煤的燃烧不需要鼓风，靠自然通风就可以维持型煤的正常燃烧。3~5层型煤叠放在一起，蜂窝孔形成高度为250~450mm的垂直通道，在挥发分燃烧区和固定碳燃烧区，热烟气在蜂窝通道内形成的升力维持了自然通风。型煤达到着火温度后，只有上下透气，周围有保温隔热条件，即使没有烟囱也能维持燃尽。型煤锅炉的燃烧产物及时流走，就可以达到维持燃烧的条件。如果燃烧室的负压高，从加煤口、除灰口、炉排的非燃烧区漏入的空气会大大增加，使过量空气系数增加，导致排烟热损失增加；如果燃烧室的负压不足，燃烧产物不能及时流走，形成烟气的滞止状态，一部分气流会经非燃烧区向下流到炉排下方，出现气流的内循环现象，这时就会产生气体不完全燃烧热损失。因此对于型煤热水锅炉必须控制燃烧室的负压。

型煤在燃烧时的通风量与煤层温度相关，燃烧进行的越剧烈，煤层温度越高，气流的自然升力也越大，蜂窝煤孔道内的通风量就越大；反之，在准备区和燃尽区煤层或灰层的温度越低，气流的自然升力越小，通风量则越小，通风量与燃烧所需的空气量呈正比关系。这时，如果煤层上方有足够的空间并保持足够高的温度，当空气过量时，可燃气体与过量的空气充分反应不会发生气体不完全热损失；当空气量不足，则在无过量空气条件下将会发生气体不完全燃烧热损失，如果煤层上方的空间不足或者温度太低，燃烧产物中的可燃气体不能与过量空气中的 O_2 继续反应，则在有空气过量的条件下也会发生气体不完全燃烧热损失。所以煤层上方必须有足够的燃烧空间，并保持足够高的温度，使得燃烧产物中的可燃气体与过量空气中的 O_2 继续燃尽。

型煤锅炉在低负荷率运行时加煤减少，燃烧区缩短而燃尽区增长，过量空气将会增加，这时需要调小风挡板和烟道挡板，控制进入炉排下部的空气量及排烟量，只要控制得当，型煤锅炉可以在相当低的负荷率下运行。

在压火状态下，如果炉排下方没有空气漏入，加煤口与除灰口没有烟气漏出，烟囱也没有烟气的流出，在煤层的高温区气流向上，在准备区和燃尽区气流向下，形成气流内循环现象。在循环过程中空气中的 O_2 耗尽，理论上气体中的 CO_2 全部还原成为 CO 化学反应就会终止。然而，实际上锅炉底座的挡风板不严漏入空气，加煤口与除灰口漏出烟气，烟囱的挡板不严导致烟气流出是难免的，因此在锅炉压火期间燃烧并没有完全停止，而是进行着缓慢的缺氧燃烧，产生CO 气体，一部分从烟囱流出，另一部分从锅炉的加煤口、除灰口等缝隙漏出，散布在锅炉房内，既浪费燃料，又增加了对环境的污染。为了避免型煤热水锅炉在压火期间的气体不完全燃烧热损失，在制造锅炉时应十分重视烟道挡板、风挡板、加煤口、除灰口的严密性，尽可能降低空气的漏入和烟气的漏出，尽可能减少型煤热水锅炉的压火时间。

3. 型煤燃烧的环保性能

在型煤燃烧的准备区，预热、烘干过程中水蒸气可能将型煤表面细微的浮尘带出燃烧室；在挥发分燃烧区，煤剧烈升温时会产生细微的爆裂现象，也会产生细微的粉尘随温度烟气上升带出燃烧室，到了固定碳燃烧区和燃尽区就没有粉尘飞出了。在锅炉中烟气的流速越高，带出的烟尘浓度越高，颗粒越大。散煤锅炉的烟气流速高，所以烟气带出的烟尘浓度高、颗粒大；由于型煤燃烧不需要鼓风，粉尘不会被吹起，排烟不需要引风机，烟气流速慢，烟气带出的粉尘浓度非常小，颗粒非常小，烟尘量非常有限。因此，设计良好的型煤热水锅炉排烟含尘浓度非常低，不需要任何的除尘设备，排烟含尘浓度和林格曼黑度总是可以远远低于大气污染物排放限值标准规定的一类地区 II 时段标准限值 $80mg/m^3$ 以下。有的型煤锅炉设计不当，也会有可见烟尘排放，此时的烟尘并非来自飞灰，而是来自挥发分不完全燃烧而产生的炭黑，既增加了烟含尘浓度，也提高了烟气的林格曼黑度，污染环境，又增加了不完全燃烧热损失。型煤锅炉属于低温燃烧，极少产生 NO_x，型煤燃烧减轻了 NO_x 污染。

锅炉的排烟含尘浓度、排烟林格曼黑度、排烟含 NO_x 浓度与锅炉的设计直接相关，锅炉排烟中 SO_2 浓度则与锅炉设计无关，无论什么结构形式的锅炉，也不可能通过锅炉结构的改进而降低排烟中的 SO_2 的浓度，而是通过在燃料中添加固硫剂来降低排烟中 SO_2 的浓度。型煤在燃烧过程中，煤中的 S 与 O_2 反应生成 SO_2，型煤固硫剂的成分是 $CaCO_3$，受热分解成 CaO 和 CO_2，SO_2 在穿过炽热的型煤灰渣孔隙的过程中与灰中的 CaO 反应生成 $CaSO_3$，$CaSO_3$ 再与氧气反应生成 $CaSO_4$，降低了排烟中 SO_2 的浓度，化学反应过程如下：

$$S+O_2 \longrightarrow SO_2 \tag{2-23}$$

$$CaCO_3 \longrightarrow CaO+CO_2 \tag{2-24}$$

$$SO_2+CaO \longrightarrow CaSO_3 \tag{2-25}$$

$$CaSO_3+\frac{1}{2}O_2 \longrightarrow CaSO_4 \tag{2-26}$$

型煤燃烧与散煤燃烧相比增加了 SO_2 穿过炽热灰渣孔隙的时间和长度，因此固硫率远大于散煤燃烧的固硫率，散煤燃烧的固硫率不大于 30%，型煤燃烧的固硫率可达 70%。所谓固硫率是指煤在燃烧过程中煤中含的硫转化成固态灰渣的量占总含硫量的比例。如果煤的含硫量小于 0.3%，无需任何处理排烟中 SO_2 浓度就可以低于国家锅炉大气污染物排放标准 II 时段限值；如果煤的含硫量大于 0.6%，需要添加固硫剂，才能使排烟中 SO_2 浓度达到国家锅炉大气污染物排放标准一类地区 II 时段限值。需要指出的是，煤中添加固硫剂不可能 100% 固硫，只能固硫 50% ~ 80%，因此含硫量超过 3% 的高硫煤即使添加固硫剂也难以达到国家锅炉大气污染物排放标准一类地区 II 时段限值，高硫煤不适合制作型煤。

4. 型煤灰渣的熔融性

型煤燃烧后的灰渣属于多成分的灰，常没有明确的熔化温度，通常称灰开始变形的温度为 t_1，开始软化的温度为 t_2 和灰熔化的温度为 t_3，以这三个特征温度表示灰的熔融性。为了维持型煤的正常燃烧，燃烧室温度必须低于灰渣的软化温度 t_2，如果燃烧室温度高于灰渣软化温度 t_2，处于上表面的灰渣可能熔化，堵塞蜂窝通道，影响燃烧的继续进行，将破坏型煤的正常燃烧，灰软化点低于 1250℃ 的煤种或添加剂不适合制作型煤。

5. 型煤燃烧质量的评价

造成型煤不完全燃烧的情况之一是：型煤在挥发分燃烧期空气量不足导致气体不完全燃烧现象；或者虽然空气充足，因为燃烧室的燃烧空间不够，在可燃气体尚未燃尽的情况下就进入对流受热面，烟气温度迅速下降失去继续燃烧的条件，形成气体不完全燃烧现象。造成型煤不完全燃烧的情况之二是：型煤在燃烧室内进行过程中尚未燃烧就被磨碎落入灰渣中形成机械不完全燃烧现象；或者因为炉排太短，燃烧时间不足，灰渣中的碳尚未燃尽就被推出炉外，形成机械不完全燃烧现象；或者因为燃烧室受热面太多，在燃尽区灰渣温度迅速下降，灰渣中的碳尚未燃尽就失去继续燃烧的条件；再者因为型煤燃烧温度过高，表面灰渣熔化堵塞蜂窝通道，使得灰渣中的碳不能继续燃烧，形成机械不完全燃烧现象。

对型煤燃烧质量的评价包括：燃烧室的挥发分燃烧区布满熊熊燃烧的麦黄色火焰，为燃烧正常；火焰暗红色并伴有黑烟说明空气量不足，火焰银白色说明空气过量。固定碳燃烧区布满蓝色火焰，火焰高度 100 ~ 200mm，为正常燃烧；蓝色火焰区非常短，渣块过早变成暗灰色，则燃烧不正常。炉排下部的落灰中只有极少数的碳粒，无可见碎煤，为燃烧正常；炉排落灰中有可见碎煤则燃烧不正常。排渣的外观为松散渣块，打碎后内部只有极少数的碳粒。说明燃烧充分；渣块表面严重熔化，打碎后内部有黑心现象，或者渣块表面虽然无熔化现象，但是打碎后有黑心现象，说明燃烧不正常。所谓黑心是指将排出的渣块打碎，内部有完全没有燃烧的碳团。热工测试结果：排烟空气过量系数在 1.4 ~ 1.8，CO 含量小于 10mg/m³，灰渣含碳量小于 5%，属于燃烧质量较好；排烟过量空气系数大于 2，CO 含量大于 50mg/m³，灰渣含碳量大于 8% 为燃烧质量较差。

6. 型煤燃烧与散煤层燃的区别

型煤燃烧与散煤层燃有显著的区别，主要有如下几方面：

1）燃烧剧烈程度的区别

散煤层燃是煤与空气全面接触剧烈燃烧，二者接触越是均匀燃烧效果越好；型煤燃烧是空气与煤中的碳逐渐接触缓慢燃烧，越是延长时间燃烧效果越好。

2）通风的区别

散煤层燃时必须依靠外力强制通风才能使空气穿透煤层满足燃烧条件，对炉排各段的通风量需要进行人工调节，称为有组织强制通风，才能获得最佳燃烧状态；型煤燃烧是靠自升力形成的通风满足燃烧条件，煤层或灰渣层温度低的区段空气升力小，通风量少，而燃烧剧烈的区段煤层温度高，空气升力大，通风量也大，称为无组织自然通风。对炉排各段的通风量无需也无法进行人工调节，通风量正好与燃烧需求的空气质量呈正比关系。型煤燃烧不需要鼓风和负压引风，如果增加鼓风和负压引风，反而对燃烧不利。另外，当型煤高于 5 层时，通风孔道错位造成的阻力增大，通风量不能满足燃烧的需要，会造成气体不完全燃烧热损失；当型煤低于 3 层时，自然通风升力不足，也不利于型煤的燃烧，型煤摆放高度以 3~5 层为宜。

3）灰渣的区别

散煤层燃后的灰渣是散渣，散渣迅速降温，即使还有碳颗粒存在，也丧失了燃尽的条件，灰渣含碳量难以降低到 10% 以下；型煤燃烧后的灰渣是原有的蜂窝煤形块状渣，保温条件好，空气畅通，有利于碳燃尽，灰渣碳量可以降低到 5% 以下。

4）排烟含尘浓度的区别

在强制通风的作用下，散煤层燃产生的飞尘粒度大，浓度也大，必须依靠除尘设备才能降低排烟含尘浓度；型煤燃烧无需强制通风不产生飞尘，无需除尘设备，排烟含尘浓度和林格曼黑度就可以低于锅炉大气污染物排放标准限值。

5）压火的区别

散煤层燃可以长时间压火，只要有火种存在，短时间就可以达到正常燃烧状态，由于受到鼓风机、引风机及燃烧工况的限制，散煤锅炉必须在一定负荷率以上运行，靠调节间断运行时间来调节供热的总负荷；型煤燃烧着火缓慢，需要较长时间才能达到正常燃烧状态，不宜过长时间压火，在压火期间有 CO 产生，造成一定的气体不完全燃烧热损失，如果压火时间过长，会导致重新启动困难，型煤热水锅炉没有鼓风机、引风机耗电的问题，宜在连续运行的条件下靠调节负荷率来调节供热总量。

6）排烟带水的区别

所谓排烟带水是指在锅炉的尾部受热面和烟囱严重结露，出现滴水现象。散煤层燃设计排烟温度控制在160℃以上，烟气中的水分以水蒸气的形式存在，很少出现排烟带水的现象；型煤本身含水率高，再加上型煤热水锅炉经常处于低负荷率运行，排烟带水是常见现象，设计型煤热水锅炉时必须重视排烟带水造成低温腐蚀的现象。

2.2.3　低热值煤在循环流化床锅炉中的燃烧

循环流化床锅炉是在炉膛内把燃料控制在特殊的流化状态下燃烧产生蒸汽的设备，是在鼓泡流化床锅炉的基础上发展起来的新炉型。图2-16为低热值煤电厂中循环流化床锅炉的燃烧系统，一般循环流化床锅炉的流化风速较高（4～8m/s），在炉膛出口被烟气携带排出炉膛的细小固体颗粒，经旋风分离器分离后，会再送回炉内进行循环燃烧。

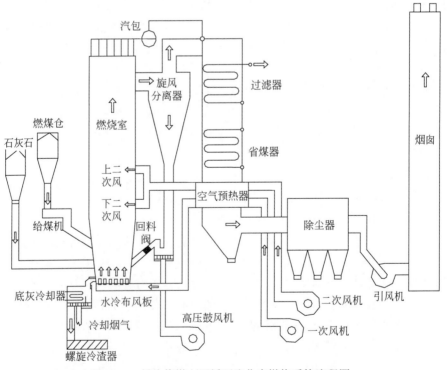

图2-16　低热值煤电厂循环流化床燃烧系统流程图

1. 循环流化床锅炉的特性及工作原理

1) 流化床的主要特性

将大量固体颗粒悬浮于流动的流体之中，并在流体作用下使颗粒作翻滚运动，类似于液体沸腾的现象称为固体流态化。流体自下而上流过颗粒床层时，随着流速的加大，会依次出现固定床阶段、流化床阶段和颗粒输送阶段。其中在固定床阶段时颗粒基本静止不动；随着流速加大，颗粒开始松动，床层略有膨胀，处于临界流化状态，其后床层高度随流速提高而升高，即为流化床阶段；当流速继续提高时颗粒悬浮于流体中并被带出，为颗粒输送阶段。

流化床具有液体样性质和固体颗粒均匀混合两大特性。从整体而言，流化床如同沸腾着的液体，显示出某些液体样的性质，图 2-17 为这些特性的情况。其中固体颗粒的流出是一个具有实际意义的重要特性，它使流化床在操作中能够实现固体的连续加料和卸料。此外，关于固体颗粒的混合，因流化床内的颗粒处于悬浮状态并不停地运动，从而造成床内颗粒的均匀混合，特别在气固系统中，空穴的上升推动着固体的上升运动，而其他地方必有等量的固体做下降运动，从而造成了床内固体颗粒在宏观上的均匀混合。由于低热值煤在流化床中的燃烧为放热反应，故固体颗粒的强烈混合极易获得均匀的床温。

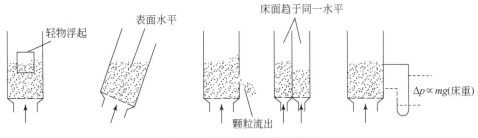

图 2-17　流化床的液体样特性

2) 循环流化床锅炉的燃烧原理

循环流化床锅炉燃烧是介于煤粉炉悬浮燃烧和链条炉固定燃烧之间的燃烧方式，即通常所讲的半悬浮燃烧方式。在循环流化床锅炉中，存有大量床料，首次启动时人为添加床料，在锅炉运行时床料主要由低热值煤中的灰、未反应的石灰石、石灰石脱硫反应产物等构成。床料在从布风板下送入一次风的作用下处于流化状态，低热值煤粒、床料及石灰石被烟气夹带在炉膛内向上运动，在炉膛的不同高度部分大颗粒将沿着炉膛边壁下落，形成物料的内循环；较小固体颗粒被烟气夹带进入分离器，进行分离，绝大多数颗粒被分离下来，一部分通过回料阀直接返回炉膛，另一部分通过外置式换热器后返回炉膛，形成物料的外循环；飞灰随烟气进入尾部烟道。通过炉膛的内循环和炉外的外循环，从而实现燃料不断地往复循环燃烧。

循环流化床根据物料浓度的不同将炉膛分为密相区、过渡区和稀相区三部分，密相区中固体颗粒浓度较大，具有很大的热容量，因此在燃料进入密相区后，可以顺利实现着火；与密相区相比，稀相区的物料浓度很小，稀相区是燃料的燃烧、燃尽段，同时完成炉内气固两相介质与蒸发受热面的换热，以保证锅炉的出力及炉内温度的控制。

3）低热值煤循环流化床锅炉的燃烧发电过程

低热值煤首先被加工成一定粒度范围内的宽筛分入炉料，然后由给料机经给煤口送入循环流化床密相区进行燃烧，其中许多细颗粒物料将进入稀相区继续燃烧，并有部分随烟气飞出炉膛。飞出炉膛的大部分细颗粒由固体物料分离器分离后经过返料器送回炉膛，继续燃烧。燃烧过程中产生的大量高温烟气，流经过热器、再热器、省煤器、空气预热器等受热面，进入除尘器进行除尘，最后由引风机排至烟囱进入大气。循环流化床锅炉燃烧在整个炉膛内进行，而且炉膛内具有更高的颗粒浓度，高浓度的颗粒通过床层、炉膛、分离器和返料装置，再返回炉膛，进行多次循环，颗粒在循环过程中燃烧和传热。锅炉给水首先进入省煤器，然后进入汽包，后经过下降管进入水冷壁。燃料燃烧所产生的热量在炉膛内通过辐射和对流等换热形式由水冷壁吸收，用以加热给水生成汽水混合物。生成的汽水混合物进入汽包，在汽包内进行汽水分离。分离后的水进入下降管继续参与水循环；分离出的饱和蒸汽进入过热器继续加热变为过热蒸汽。锅炉生成的过热蒸汽引入汽轮机做功，将热能转化为汽轮机的机械能。

2. 循环流化床锅炉的主要组成系统

1）燃烧系统

（1）燃烧室结构：循环流化床锅炉燃烧室（炉膛）与煤粉炉的不同，燃烧室底部有炉箅把炉膛封住，防止炉内床料从下部漏掉。以二次风喷口为界，下部为还原燃烧区，上部为氧化燃烧区。还原燃烧区布置有燃料、石灰石、循环灰进口。燃烧室底部有布风板，其作用是使一次风均匀进入炉内。

（2）布风装置结构：流化床布风装置主要由布风板、风室和冷渣管组成。布风装置的主要作用有：支撑床料；使空气均匀地分布在整个炉膛的横截面上，并提供足够的动压头，使床料和物料均匀地流化，避免勾流、腾涌、气泡尺寸过大、流化死区等不良现象的出现；使在布风板上有沉积倾向的大颗粒及时排出，避免流化分层，保证正常流化状态不被破坏。

（3）点火装置：循环流化床点火是通过外部热源使最初加入床层上的物料

温度提高到低热值煤着火所需的最低水平上，从而使投入的低热值煤迅速着火，并在保持床层温度在低热值煤自身着火的水平上，实现锅炉正常稳定运行。流态化点火分为床上点火和床下点火。

（4）给料装置：给料装置是将经破碎后的低热值煤和脱硫剂送入流化床的装置，通常包括皮带、链板、埋刮板、气力输送设备及圆盘给料机和螺旋给料机等。循环流化床锅炉给料方式分正压给料和负压给料两种，正压给料就是给料口处炉膛内压力大于大气压，负压给料为小于大气压力。

2）风烟系统

循环流化床锅炉同煤粉炉相同的是，均有一次风机、二次风机、引风机，但区别是，循环流化床锅炉有返料器，而煤粉炉没有。其中一次风机的作用是为CFB锅炉中的风室提供一次风，通过布置在布风板上的风帽使炉膛内的物料流化。二次风机主要用于提供锅炉助燃用风，引风机主要作用是锅炉通风。此外循环流化床锅炉还有流化风机，其作用是给返料器、外置床提供流化风。

3）排渣系统

循环流化床锅炉燃用低热值煤时渣量大，排渣系统对循环流化床锅炉非常重要。一般循环流化床锅炉排渣系统有滚筒冷渣器、斗式输渣机或刮板式输渣机、斗提机组成。

3. 循环流化床锅炉在低热值煤燃烧方面的优势

（1）低温的动力控制燃烧。其燃烧速度主要取决于化学反应速度，决定于温度水平。物理因素不再是控制燃烧的主导因素。

（2）高速度、高浓度、高通量的固体物料流态循环过程。循环流化床锅炉的所有燃烧都在这两种形式的循环运动中逐步完成。

（3）高强度的热量、质量和动量传递过程。循环流化床锅炉的热量主要靠高速度、高浓度、高通量的固体物料来回循环实现的，炉内的热量、质量和动量的传递和交换非常迅速，从而从整个炉膛内温度分布很均匀。

（4）燃料适应性广。在循环流化床锅炉中，燃料仅占床料的3%左右，其余是不可燃的固体颗粒。循环流化床锅炉特殊的流体动力特性使得气固和固固混合非常好，因此燃料进入炉膛后很快与大量床料混合，燃料被迅速加热至着火温度，而同时床层温度没有明显降低。因此所有煤种均可在其中稳定高效燃烧。运行中变换煤种时，燃烧设备和锅炉本体不做任何修改也可取得较高的燃烧效率。

（5）燃烧效率高。循环流化床锅炉与其他种类锅炉的根本区别在于燃烧系统。循环流化床锅炉的燃烧系统是由燃烧室、物料收集器和返料器组成。高温物料在气流的夹带下进入物料收集器，被收集下来的物料进入返料器，再经返料器送回燃烧室，进行多次循环燃烧，因此燃烧效率很高。

（6）负荷调节范围大，负荷调节快。锅炉运行中经常会出现负荷的变化，当负荷降到 70% 以下时，其他类型锅炉燃烧率和热效率会明显降低且燃烧很不稳定，有时甚至不能维持正常的燃烧；而循环流化床只需调节给煤量、空气量和返料循环量，故而其负荷可在 30%～110% 之间调节；此外由于截面风速高和吸热控制容易，循环流化床锅炉负荷调节速率也快，一般可达每分钟 4%。

（7）洁净的燃烧技术。循环流化床锅炉在炉内加入石灰石，可在炉内进行简单脱硫，当钙硫摩尔比为 2 时，脱硫效率可达 80% 以上；由于运行中采用分级送风和低温燃烧，故 NO_x 生成量极低。因此大大减轻 SO_x 与 NO_x 排放量，改善大气与环境质量。

（8）易于实现灰渣的综合利用。循环流化床锅炉属于低温燃烧，同时炉内优良的燃尽条件是锅炉的灰渣含碳量低，属于低温烧透，易于实现综合利用。

（9）床内不布置埋管受热面。循环流化床锅炉的床内不布置埋管受热面，因而不存在埋管受热面的磨损问题。

然而，循环流化床锅炉在燃烧时也存在一些问题，如锅炉爆燃。锅炉爆燃是由于炉膛内可燃物质的浓度在爆燃极限范围内，遇到明火或温度达到了燃点发生剧烈爆燃，燃烧产物在瞬间向周围空间产生快速的强烈突破。循环流化床爆燃包括扬火爆燃、大量返料突入爆燃、油气爆燃和烟道内可燃物再燃等。

2.3 低热值煤燃烧过程中污染物的排放要求

2.3.1 火电厂大气污染物排放要求

我国大气污染物控制已取得巨大成就，烟尘、二氧化硫控制达到世界先进水平，在超额完成国家节能减排任务的基础上，我国施行世界上最严排放标准《火电厂大气污染物排放标准》（GB 13223—2011）。该标准与美国、欧盟和日本相比，无论是现役机组还是新建机组，烟尘、SO_2 和 NO_x 的排放限值均超过了发达国家水平，因此正确处理法规标准、经济政策和实用技术与先进技术的关系，充分发挥最佳可行技术，积极培育新兴技术，进一步完善脱硝、除尘和脱硫相结合的综合集成技术，对实现大气污染物的有效控制，促进绿色和谐发展具有重要意义。

我国现行《火电厂大气污染物排放标准》（GB 13223—2011）（以下简称火电 2011 版标准）于 2011 年 7 月底颁布。至此该标准自 1991 年首次发布，已历经 1996 年、2003 年、2011 年三次修订。火电 2011 版标准根据我国的环境状况、经济状况、电力技术发展水平，在 2003 年颁布的标准基础上进行了修订。新标准对不同时期的火电厂建设项目分别规定了对应的大气污染物排放控制要求。

火电 2011 版标准规定了火电厂大气污染物的排放浓度限值、监测及监控要求，同时对标准的实施与监督等进行了规定。具体对污染物排放控制的要求为：现有火力发电厂燃煤锅炉，自 2014 年 7 月 1 日起执行表 2-2 中烟尘、二氧化硫、氮氧化物和烟气黑度的排放限值；新建的火力发电锅炉的烟尘、二氧化硫、氮氧化物和烟气黑度的排放限值，自 2012 年 1 月 1 日起就执行表 2-2 中的规定；并且规定自 2015 年 1 月 1 日起，将对燃煤锅炉的汞及其化合物污染物排放限值进行控制。重点地区的火力发电锅炉及燃气轮机组的大气污染物执行表 2-2 中的特别排放限值，位于广西壮族自治区、重庆市、四川省和贵州省的火力发电锅炉执行该限值。采用 W 型火焰炉膛的火力发电锅炉，现有循环流化床火力发电锅炉，以及 2013 年 12 月 31 日前建成投产或通过建设项目环境影响报告书审批的火力发电锅炉执行该限值。

表 2-2　火力发电燃煤锅炉大气污染物排放浓度限值

单位：mg/m³（烟气黑度除外）

污染物项目	适用条件	1 类限制	2 类限值	特别排放限值
烟尘	全部	30	30	20
二氧化硫	新建锅炉	100	100	50
	现有锅炉	400	200	
氮氧化物（以 NO_2 计）	全部	100	200	100
汞及其化合物	全部	0.03	0.03	0.03
烟气黑度（林格曼黑度，级）	全部	1	1	1

为了推进火电 2011 版标准的执行，在 2014 年 9 月份，由三部委联合印发了《煤电节能减排升级与改造行动计划（2014～2020 年)》。该行动计划中规定，到 2020 年，现役燃煤发电机组改造后平均供电煤耗低于 310g/(kW·h)，其中现役 60 万 kW 及以上机组（除空冷机组外）改造后平均供电煤耗低于 300g/(kW·h)。同时加强新建机组准入控制：①严格能效准入门槛。新建燃煤发电项目（含已纳入国家火电建设规划且具备变更机组选型条件的项目）原则上采用 60 万 kW 及以上超超临界机组，100 万 kW 级湿冷、空冷机组设计供电煤耗分别不高于 282g/(kW·h)、299g/(kW·h)，60 万 kW 级湿冷、空冷机组分别不高于 285g/(kW·h)、302g/(kW·h)。30 万 kW 及以上供热机组和 30 万 kW 及以上循环流化床低热值煤发电机组原则上采用超临界参数。对循环流化床低热值煤发电机组，30 万 kW 级湿冷、空冷机组设计供电煤耗分别不高于 310g/(kW·h)、327g/(kW·h)，60 万 kW 级湿冷、空冷机组分别不高于 303g/(kW·h)、320g/(kW·h)。②严控

大气污染物排放。新建燃煤发电机组（含在建和项目已纳入国家火电建设规划的机组）应同步建设先进高效脱硫、脱硝和除尘设施，不得设置烟气旁路通道。东部地区（辽宁、北京、天津、河北、山东、上海、江苏、浙江、福建、广东、海南等11个省市）新建燃煤发电机组大气污染物排放浓度基本达到燃气轮机组排放限值，中部地区（黑龙江、吉林、山西、安徽、湖北、湖南、河南、江西等8个省）新建机组原则上接近或达到燃气轮机组排放限值，鼓励西部地区新建机组接近或达到燃气轮机组排放限值。支持同步开展大气污染物联合协同脱除，减少三氧化硫、汞、砷等污染物排放。

2011版标准中"大气污染物特别排放限值"针对以气体为燃料的锅炉或燃气轮机组的要求及火力发电燃煤锅炉大气污染物超低排放限值的规定见表2-3。

表2-3　火力发电燃煤锅炉大气污染物超低排放限值

单位：mg/m^3（烟气黑度单位为"级"）

污染物项目	2014~2020年煤电节能减排升级改造行动计划限值	燃气轮机组特别排放限值（在基准氧含量6%条件下）
烟尘	10	5
二氧化硫	35	35
氮氧化物（以NO$_2$计）	50	50
汞及其化合物	0.03	0.03
烟气黑度（林格曼黑度）	1	1

2.3.2　锅炉大气污染物排放要求

1. 国家标准

与《火电厂大气污染物排放标准》适用范围不同，对"以燃煤、燃油和燃气为燃料的单台出力65t/h及以下的蒸汽锅炉、各种容量的热水锅炉及有机热载体锅炉；各种容量的层燃炉、抛煤机炉"适用《锅炉大气污染物排放标准》。该标准1983年首次发布，历经1991年第一次修订，1999年和2001年第二次修订，2014年第三次修订，即现行《锅炉大气污染物排放标准》（GB 13271—2014）（以下简称工业锅炉2014版标准）。2014版标准分三个时段，对不同时期、不同容量等级的锅炉项目分别规定了排放控制要求。

工业锅炉2014版标准规定了锅炉大气污染物浓度排放限值、监测和监控要求，同时对标准的实施与监督等进行了规定。工业锅炉2014版标准对污染物排放控制要求为：①10t/h以上在用蒸汽锅炉和7MW以上在用热水锅炉2015年9

月 30 日前，10t/h 及以下在用蒸汽锅炉和 7MW 及以下在用热水锅炉 2016 年 6 月
30 日前均执行《锅炉大气污染物排放标准》（GB l3271—2001）中规定的排放限
值；②10t/h 以上在用蒸汽锅炉和 7MW 以上在用热水锅炉自 2015 年 10 月 1 日
起，10t/h 及以下在用蒸汽锅炉和 7MW 及以下在用热水锅炉自 2016 年 7 月 1 日
起均执行表 2-4 规定的颗粒物、二氧化硫、氮氧化物、汞及其化合物和烟气黑度
的排放限值；③自 2014 年 7 月 1 日起，新建锅炉执行表 2-4 规定的大气污染物排
放限值；④重点地区的锅炉执行表 2-5 所示的特别排放限值，位于广西壮族自治
区、重庆市、四川省和贵州省的燃煤锅炉执行该限值。

表 2-4　燃煤工业锅炉大气污染物排放浓度限值

单位：mg/m³（烟气黑度除外）

污染物项目	适用条件	1 类限值	2 类限值	3 类限值
二氧化硫	在用[1]	400	400	550
	新建[2]	300	300	300
氮氧化物	在用	400	400	400
	新建	300	300	300
颗粒物	在用	80	80	80
	新建	50	50	50
汞及其化合物	全部	0.05	0.05	0.05
烟气黑度（林格曼黑度，级）	全部	≤1	≤1	≤1

（1）在用锅炉指锅炉 2014 版标准实施之日（即 2014 年 7 月 1 日）前，已建成投产或环境影响评价文件已通过审批的锅炉；

（2）新建锅炉指锅炉 2014 版标准实施之日前，环境影响评价文件通过审批的新建、改建和扩建的锅炉建设项目。

在用锅炉指锅炉 2014 版标准实施之日（即 2014 年 7 月 1 日）前，已建成投产或环境影响评价文件已通过审批的锅炉；新建锅炉指锅炉 2014 版标准实施之日前，环境影响评价文件通过审批的新建、改建和扩建的锅炉建设项目。

表 2-5　燃煤工业锅炉大气污染物特别排放限值

单位：mg/m³（烟气黑度除外）

污染物项目	限值
颗粒物	30
二氧化硫	200
氮氧化物	200
汞及其化合物	0.05
烟气黑度（林格曼黑度，级）	≤1

2. 地方标准

地方省级人民政府可针对污染物排放国家标准中未作规定的大气污染物项目制定地方污染物排放标准，也可针对国家标准中已作规定的大气污染物项目制定严于国家标准的地方标准，以下为山西省《煤粉工业锅炉大气污染物排放》（DB 14/625—2011）（以下简称山西煤粉工业锅炉 2011 版标准）地方标准的主要内容。该标准属于强制性地方标准，与 2011 年 10 月 10 日发布，2011 年 11 月 10 日实施。该标准依据《锅炉大气污染物排放标准》（GB 13271—2001）制定，其中烟尘、二氧化硫的排放限值均严于工业锅炉 2001 版国家标准，对国家标准中未规定的氮氧化物提出了排放限值，且取消了按环境质量功能区和锅炉通风类型执行不同排放限值的规定。

山西煤粉工业锅炉 2011 版标准规定了煤粉工业锅炉大气污染物的排放浓度限值、监测和标准的实施，适用于额定蒸汽压力大于 0.01MPa，但小于 3.8MPa，且额定蒸发量不小于 0.1t/h 的以水为介质的固定式钢制煤粉蒸汽锅炉和额定出水压力大于 0.1MPa 的固定式钢制煤粉热水锅炉。该标准对污染物排放的控制要求见表 2-6。为便于与国家标准对照，表 2-6 中还列出了 GB 13271—2011 标准中相应污染物的最严格限值。同时山西煤粉工业锅炉 2011 版标准实施中还规定："煤粉工业锅炉烟尘及二氧化硫排放除执行本标准外，还应符合所在行政区域规定的总量控制标准的要求"。

表 2-6　山西省燃煤工业锅炉大气污染物排放浓度限值

单位：mg/m³（烟气黑度除外）

污染物项目	DB 14/625—2011		GB 13271—2011	
	适用条件	限值	适用条件	限值
烟尘	全部区域	30	一类区/Ⅱ时段	80
二氧化硫	$S_{r,d} \leqslant 0.5\%$	100	全部区域/Ⅱ时段	
	$0.5\% < S_{r,d} \leqslant 1\%$	200		
氮氧化物	2013 年 12 月 31 日前（$V_{daf} \geqslant 28\%$）	450	未作规定	
	2013 年 12 月 31 日后（$V_{daf} \geqslant 28\%$）	300		
烟气黑度（林格曼黑度，级）	全部	≤1	全部	≤1

2.4　低热值煤燃烧过程中污染物的生成机理

2.4.1　燃烧过程中硫氧化物的生成机理

低热值煤中的硫可分为四种形态，即黄铁矿硫（FeS_2）、硫酸盐硫（$CaSO_4 \cdot 2H_2O$，$FeSO_4 \cdot 2H_2O$）、有机硫（$C_xH_yS_z$）及元素硫。其中黄铁矿硫、有机硫和元素硫是可燃硫，硫酸盐硫是不可燃硫。低热值煤在燃烧过程中会产生 SO_2、SO_3 等硫氧化物，其中在氧化气氛中，所有的可燃硫均会被氧化生成 SO_2，若在炉膛的高温条件下存在氧原子或在受热面上存在催化剂时，一部分 SO_2 会转化成 SO_3。通常生成的 SO_3 只占 SO_2 的 $0.5\% \sim 2\%$。

1. SO_2 的形成与转化

1）黄铁矿硫的氧化

在氧化性气氛下，黄铁矿硫（FeS_2）直接氧化生成 SO_2：

$$4FeS_2 + 11O_2 \longrightarrow 2Fe_2O_3 + 8SO_2 \qquad (2\text{-}27)$$

在还原性气氛中，如在富燃料燃烧区中，将会分解为 FeS：

$$FeS_2 \longrightarrow FeS + 1/2S_2 \text{（气体）} \qquad (2\text{-}28)$$

$$FeS_2 + H_2 \longrightarrow FeS + H_2S \qquad (2\text{-}29)$$

$$FeS_2 + CO \longrightarrow FeS + COS \qquad (2\text{-}30)$$

FeS 的再分解则需要更高的温度：

$$FeS \longrightarrow Fe + 1/2S_2 \qquad (2\text{-}31)$$

$$FeS + H_2 \longrightarrow Fe + H_2S \qquad (2\text{-}32)$$

$$FeS + CO \longrightarrow Fe + COS \qquad (2\text{-}33)$$

此外，在富燃料燃烧时，除 SO_2 外还会产生其他的硫氧化物。如一氧化硫 SO 及二聚物 $(SO)_2$，还有少量一氧化物 S_2O。由于它们的反应能力强，因此仅在各种氧化反应中以中间体形式出现。

2）有机硫的氧化

有机硫在低热值煤中是均匀分布的，其主要形式是硫茂（噻吩），约占有机硫的 60%，它是低热值煤中最普通的含硫有机结构。其他的有机硫形式是硫醇（R—SH）、二氧化物（R—SS—R）和硫醚（R—S—R）。

低热值煤在加热热解释放出挥发分时，硫侧链（—SH）和环硫链（—S—）由于结合较弱，因此硫醇、硫化物等在低温（<450℃）时首先分解，产生最早

的挥发硫。硫茂的结构比较稳定，要到 930℃ 时才开始分解析出。在氧化气氛下，它们全部氧化生成 SO_2，硫醇氧化反应最终生成 SO_2 和烃基 R：

$$RSH+O_2 \longrightarrow RS+HO_2 \tag{2-34}$$

$$RS+O_2 \longrightarrow R+SO_2 \tag{2-35}$$

在富燃料燃烧的还原性气氛下，有机硫会转化成 H_2S 或 COS。

3）SO 的氧化

在还原性气氛中所产生的 SO 在遇到氧气时，会发生下列反应：

$$SO+O_2 \longrightarrow SO_2+O \tag{2-36}$$

$$SO+O \longrightarrow SO_2+hr \tag{2-37}$$

在各种硫化物的燃烧过程中，式（2-37）的反应使燃烧产生一种浅蓝色的火焰，是一种重要的反应中间过程。

4）元素硫的氧化

所有硫化物的火焰中都曾发现元素硫，对纯硫蒸气及其氧化过程的研究表明：这些硫蒸气分子是聚合的，其分子式为 S_8，其氧化反应具有链锁反应的特点：

$$S_8 \longrightarrow S_7+S \tag{2-38}$$

$$S+O_2 \longrightarrow SO+O \tag{2-39}$$

$$S_8+O \longrightarrow SO+S+S_6 \tag{2-40}$$

上述反应产生的 SO 在氧化性气氛中会进行式（2-36）和式（2-37）的反应而产生 SO_2。

5）H_2S 的氧化

低热值煤中的可燃硫在还原性气氛中均生成 H_2S，H_2S 在遇到氧时就会燃烧生成 SO_2 和 H_2O。

$$2H_2S+3O_2 \longrightarrow 2SO_2+2H_2O \tag{2-41}$$

式（2-41）的反应，实际上是由下面的链锁反应组成的：

$$H_2S+O \longrightarrow SO+H_2 \tag{2-42}$$

$$SO+O_2 \longrightarrow SO_2+O \tag{2-43}$$

$$H_2S+O \longrightarrow OH+SH \tag{2-44}$$

$$H_2+O \longrightarrow OH+H \tag{2-45}$$

$$H+O_2 \longrightarrow OH+O \tag{2-46}$$

$$H_2+OH \longrightarrow H_2O+H \tag{2-47}$$

上述反应中，当 SO 浓度减少、OH 的浓度达到最大值时，SO_2 达到最终浓度，这是反应的第一阶段，之后 H_2 的浓度不断增加，使生成的 H_2O 浓度上升，最后使全部 H_2S 氧化生成 SO_2 和 H_2O。

6）CS_2 和 COS 的氧化

CS_2 的氧化反应是由下面一系列链锁反应组成的，而 COS 则是 CS_2 火焰中的一种中间体，此外，可燃硫在还原性气氛中也会还原成 COS。

$$CS_2+O_2 \longrightarrow CS+SOO \tag{2-48}$$

$$CS+O_2 \longrightarrow CO+SO \tag{2-49}$$

$$SO+O_2 \longrightarrow SO_2+O \tag{2-50}$$

$$O+CS_2 \longrightarrow CS+SO \tag{2-51}$$

$$CS+O \longrightarrow CO+S \tag{2-52}$$

$$O+CS_2 \longrightarrow COS+S \tag{2-53}$$

$$S+O_2 \longrightarrow SO+O \tag{2-54}$$

在上述反应中，COS 是 CS_2 燃烧链锁反应的中间产物。COS 本身的氧化反应则是首先由光解诱发的下列链锁反应：

$$COS+hr \longrightarrow CO+S \tag{2-55}$$

$$S+O_2 \longrightarrow SO+O \tag{2-56}$$

$$O+COS \longrightarrow CO+SO \tag{2-57}$$

$$SO+O_2 \longrightarrow SO_2+O \tag{2-58}$$

$$CO+1/2O_2 \longrightarrow CO_2 \tag{2-59}$$

由上述反应可见，COS 的氧化反应过程实际上包括了生成 SO_2 的反应和 CO 燃烧生成 CO_2 的反应，与 CS_v 相比，COS 的氧化反应通常较慢。

7）影响 SO_2 形成的因素

影响燃烧过程中 SO_2 形成的因素有两类：一是锅炉运行参数，二是低热值煤的特性。若低热值煤煤种确定，则主要影响因素为停留时间、原料粒径、炉温和过量空气系数等。

低热值煤中的硫，特别是黄铁矿硫分解需要一定时间，故低热值煤在炉内的停留时间会影响 SO_2 的生成量，停留时间越长，低热值煤中的硫释放越充分，SO_2 的生成量越大。此外粒径越大，低热值煤中的硫在炉内释放需要的时间越长。

炉温和过量空气系数对 SO_2 生成的影响也较大，SO_2 生成率随炉温的升高单调增加，炉温越高，越有利于 SO_2 的生成。此外炉膛的总过量空气系数及进风分配影响着各区域的氧浓度水平，从而进一步影响 SO_2 的生成速率，就 SO_2 生成过程而言，在局部缺氧条件下，黄铁矿的分解速度会减慢并导致 H_2 和碳氢化合物大量释放，有助于 H_2S 和 FeS 的生成，从而降低该区域 SO_2 的生成量；反之，区域氧浓度越高，SO_2 生成量也越大。需要指出的是，区域性缺氧造成的还原性气氛仅在一定程度上延缓了 SO_2 的生成，但不会减少 SO_2 的最终生成量。

高水分燃料如煤泥在燃烧过程中 SO_2 的生成规律随水分的变化有所不同。这是因为水分蒸发延长了硫释放的过程，且水蒸气的存在可造成弱还原性气氛，刺激有机硫的释放；此外，水分也可改变 H_2S 和 SO_2 两种气体释放量的比例。

2. SO_3 的形成与转化

1）在锅炉炉膛中形成 SO_3

低热值煤在炉膛高温燃烧时会生成 SO_2。当过量空气系数大于 1 时，会有 0.5%~2.0% 的 SO_2 进一步转化成 SO_3。此时影响 SO_3 形成的因素有：

（1）高温燃烧区氧原子的作用。在第三体 M（起吸收能量的作用）存在时，氧原子会与 SO_2 发生反应：

$$SO_2+O+M \longrightarrow SO_3+M \tag{2-60}$$

炉膛火焰温度越高，火焰中氧原子浓度越高，且烟气在高温区的停留时间越长，SO_3 的生成量就越多。

（2）过量空气系数的影响。过量空气系数降低可使烟气中与 SO_2 反应的氧原子质量浓度降低，从而降低 SO_3 的生成量。若采用浓淡燃烧技术，炉膛会形成一种富燃料燃烧的还原性气氛，抑制 SO_3 的生成。

（3）催化剂的影响。低热值煤燃烧过程产生的飞灰中，含有氧化铁、氧化硅、氧化铝等物质，受热面的金属氧化膜中则含有 V_2O_5 等物质，这些氧化物对 SO_2 的氧化起到了催化作用，会促使 SO_3 的生成量增加。

2）在 SCR 装置中形成 SO_3

低热值煤电厂脱除烟气中氮氧化物的 SCR 装置，通常布置在省煤器之后、空气预热器之前，工作温度范围为 300~400℃，采用钒–钛–钨系列催化剂。烟气中的 SO_2 经过 SCR 时，必然会有一部分 SO_2 在催化剂的作用下转化为 SO_3，如图 2-18 所示，导致排烟中 SO_3 的浓度增加。另外，在低负荷时 SO_2 的氧化率会快速增加。在 SCR 正常运行的条件下，通常有 0.3%~2% 的 SO_2 转化为 SO_3。

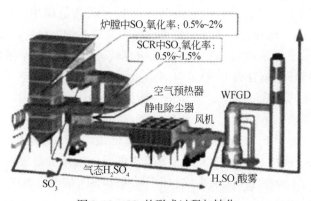

图 2-18　SO_3 的形成过程与转化

3）在空气预热器等装置中 SO_3 的转化

在空气预热器中，烟气与空气进行换热，降低排烟温度。此时，烟气侧温度的降低会形成气态硫酸，硫酸冷凝后会附着在飞灰和空气预热器的表面上，在一定程度上可以缓解 SO_3 质量浓度过大的问题。而烟气湿法脱硫装置（WFGD）则会进一步将气态硫酸冷却，形成硫酸气溶胶，此时烟气中的 SO_3 或气态硫酸低于酸露点，冷却的速度比吸收塔内的吸收速率快得多。

2.4.2　燃烧过程中氮氧化物的生成机理

低热值煤燃烧过程中产生的氮氧化物包括 NO、NO_2 和 N_2O，氮氧化物是 NO 和 NO_2 的合称。氮氧化物的生成机理有三种：热力型氮氧化物、燃料型氮氧化物和快速温度型氮氧化物。

1. 热力型氮氧化物

1）热力型氮氧化物的生成

热力型氮氧化物，是指空气中的氮在超过 1500℃ 的高温下，发生氧化反应而生成的氮氧化物。其生成机理由苏联科学家 Zeldovich 提出，生成过程中涉及的主要反应如下：

$$M+O_2 \Longrightarrow 2O+M \tag{2-61}$$

$$O+N_2 \Longrightarrow N+NO \tag{2-62}$$

在富燃料火焰中还有反应：

$$N+OH \Longrightarrow H+NO \tag{2-63}$$

热力型氮氧化物的生成速度与温度的关系遵循阿伦尼乌斯定律，随着温度的升高，氮氧化物的生成速度呈指数增加。

2）影响热力型氮氧化物生成的因素

（1）温度的影响。温度对热力型氮氧化物的生成影响明显，当燃烧温度低于 1800K 时，热力型氮氧化物的生成极少，当温度高于 1800K 时，随着温度的升高，氮氧化物的生成量急剧升高。温度对氮氧化物生成的影响如图 2-19 所示。所以在燃烧过程中，如果出现局部火焰高温区，那么在这些区域会生成较多的热力型氮氧化物，它可能对整个燃烧室内氮氧化物的生成起关键作用，因此在实际燃烧过程中应尽量避免局部高温区的出现。

（2）过量空气系数的影响。过量空气系数对热力型氮氧化物的生成影响显著，理论上，热力型氮氧化物的生成量与氧浓度的平方根成正比，即氧浓度增大，在较高温度下会使氧分子分解所得的氧原子浓度增加，从而使热力型氮氧化

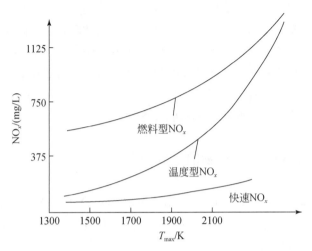

图 2-19　氮氧化物的生成量与炉膛温度的关系

物的生成量增加。但在实际过程中情况会更复杂，因为过量空气系数的增加一方面会提高氧浓度；另一方面则会使火焰温度降低，故总体而言，随着过量空气系数的增加，氮氧化物的生成量先增加，到一个极值后再下降。

（3）停留时间的影响。气体在高温区域停留时间对热力型氮氧化物生成的影响主要源于氮氧化物生成反应还未达到化学平衡。气体在高温区停留时间延长或提高燃烧温度，热力型氮氧化物的生成量会迅速增加。在同一过量空气系数下，当停留时间较短时，热力型氮氧化物的浓度会随停留时间的延长而增大，但当停留时间达到一定值后，氮氧化物的浓度不会随停留时间的增加而有明显变化。

局部区域的高火焰温度将产生大量氮氧化物，这部分氮氧化物占氮氧化物总量的 10% ~20% 。减少热力型氮氧化物的方法是使燃烧处于较低的温度水平，并使燃烧中心各处的火焰温度分布均匀。

2. 燃料型氮氧化物

1）燃料型氮氧化物的生成

燃料型氮氧化物是指燃料中的氮受热分解和氧化生成的氮氧化物。主要指挥发分中的氮氧化生成的氮氧化物，其占到氮氧化物总量的 80% ~90% ，这部分氮氧化物在燃烧器出口处的火焰中心生成。

（1）由挥发分氮转化生成的氮氧化物。在低热值煤燃烧初始阶段，挥发产物析出的过程中，大部分挥发分氮随低热值煤中的其他挥发产物一起释放出来，首先形成中间产物 NH_i（$i=1$，2，3）、CH 及 HCN，其中主要为 NH_3 和 HCN。当氧气存在时，含氮的中间产物会进一步氧化生成 NO，而在还原性气氛中，HCN 则会生成多种胺（NH_i），胺在氧化气氛中会进一步氧化生成 NO。

（2）由焦炭中的燃料氮转化生成的氮氧化物。低热值煤燃烧时在焦炭表面生成 NO 的反应和 NO 被还原的反应均属于异相反应，其反应机理非常复杂，目前尚未研究清楚，一般认为存在下列反应过程。

在富燃料情况下，挥发分氮生成的 NO 比例下降，异相反应氧化生成的 NO 比例增加。具体为附着在焦炭上的 N 首先转化为 HCN，HCN 再氧化生成 NO，即：

$$C+NH_2 \Longleftrightarrow HCN \tag{2-64}$$

$$HCN+O_2 \longrightarrow NO+CO+H \tag{2-65}$$

NO 也可被 HCN 还原：

$$HCN+NO \longrightarrow N_2+CO+H \tag{2-66}$$

NO 也可被焦炭还原：

$$NO+C \longrightarrow 1/2N_2+CO \tag{2-67}$$

$$NO+CO \longrightarrow 1/2N_2+CO_2 \tag{2-68}$$

在氧化性气氛中，随着过量空气系数的增加，挥发分氮生成的氮氧化物会迅速增加。

2）影响燃料型氮氧化物生成的因素

燃料型氮氧化物的生成和还原大致可分以下三步：①热解挥发过程，挥发分氮的析出；②氧化过程，挥发分氮和焦炭氮与空气中的氧反应；③双竞争反应过程，燃料氮转化的含氮中间产物生成氮氧化物的氧化反应和生成的氮氧化物被含氧中间产物还原成 N_2 的还原反应，此过程同时发生并相互竞争。以上的生成和还原反应与煤种特性、低热值煤中氮的结构、氮受热分解后在挥发分和焦炭中的比例、含氮产物成分和分布及燃烧条件等密切相关。

（1）温度的影响。一般而言，随着温度的升高，燃料氮的转化率会不断升高，这主要发生在 700~800℃温区内，因为燃料型氮氧化物既可通过均相反应，也可通过多相反应生成。当燃烧温度较低时，绝大部分氮留在焦炭中，但当燃烧温度很高时，70%~90% 的氮会以挥发分形式析出。研究表明 850℃时 70% 以上的氮氧化物来自焦炭燃烧，而 1150℃时这一比例会降至约 50%。

（2）燃料性质的影响。燃料性质对氮氧化物生成的影响也非常重要，这种影响体现在很多方面，如总的氮氧化物排放量，燃料氮的转化率，对温度、脱硫剂、环境氧浓度的敏感性等。

以燃料中挥发分的含量来衡量燃料氮向 NO 和 N_2O 的最终转化率是目前的一种常见方法，通过比较各种燃料中 NO 和 N_2O 的排放，发现这样的规律（以燃料氮转化率从高到低为序)：

对 NO：褐煤>烟煤>石油焦；

对 N_2O：石油焦>无烟煤、贫煤>烟煤>褐煤>木材。

（3）燃料氮的存在形式。燃料中氮的存在形式差别很大，这种差别对燃料型氮氧化物的形成有较大影响。对于低热值煤中氮化物的构造尚无统一说法，一般认为是复杂碳连接起来的多个环状结合体或锁状结合体。

（4）燃料含氮量的影响。燃料中含氮量因燃料的种类和产地的不同而异，这导致其生成的氮氧化物有所差异，总体而言，燃料含氮量越高，则氮氧化物的生成量就越高，而此时的转化率是下降的，如图 2-20 所示。

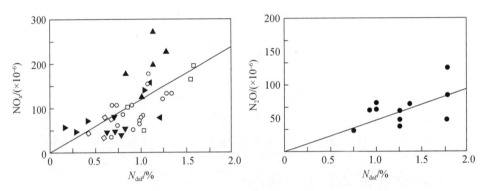

图 2-20　氮氧化物和 N_2O 排放与燃料含氮量的关系（850℃，$\alpha=1.2\sim1.5$）

3. 快速温度型氮氧化物

快速温度型氮氧化物最早是由费尼莫尔（Fenimore）于 1971 年通过实验发现的。其主要的基元反应有：

$$N_2+CH \longrightarrow HCN+N \tag{2-69}$$

$$N_2+CH_2 \longrightarrow HCN+NH \tag{2-70}$$

$$N_2+CH_3 \longrightarrow HCN+NH_2 \tag{2-71}$$

$$N_2+2C \longrightarrow 2CN \tag{2-72}$$

$$HCN+O \longrightarrow NCO+H \tag{2-73}$$

$$HCN+OH \longrightarrow NCO+H_2 \tag{2-74}$$

$$CN+O_2 \longrightarrow NCO+O \tag{2-75}$$

$$NCO+O \longrightarrow NO+CO \tag{2-76}$$

$$NCO+OH \longrightarrow NO+CO+H \tag{2-77}$$

快速温度型氮氧化物的生成需要烃类组分，故主要在富燃料区生成。燃料挥发分中的碳氢化合物高温分解生成的 CH 自由基与空气中的 N_2 发生反应生成 HCN 和

N，再进一步与 O_2 作用以极快的速度生成氮氧化物，形成时间只需要 60ms，因此快速温度型氮氧化物的生成与燃烧过程密切相关，主要在火焰带内瞬间形成。

4. 循环流化床锅炉与煤粉炉在炉内氮氧化物生成特性上的差异性

煤粉炉采用悬浮燃烧方式，燃烧温度较高，因此炉内生成的氮氧化物既有热力型氮氧化物，又有燃料型氮氧化物，还有部分快速温度型氮氧化物。而循环流化床锅炉燃烧温度相对较低，故炉内生成的氮氧化物主要是燃料型氮氧化物，热力型氮氧化物的生成量较少。然而随着循环流化床技术的发展，人们发现循环流化床锅炉排放的 N_2O 浓度比其他燃烧方式排放的高很多，在常规燃烧设备中 N_2O 的排放值很低，因此循环流化床锅炉中 N_2O 的排放问题逐渐引起人们的重视。

1）N_2O 的生成机理

N_2O 是一种燃料型氮氧化物，其生成机理和燃料型氮氧化物相似，也是在挥发分析出和燃烧期间，挥发分氮首先析出并生成挥发分 NO，然后 NO 再和挥发分氮中的 HCN、NCO、NH_i 发生反应生成 N_2O。因此 NO 的存在是生成挥发分 N_2O 的必要条件。此外焦炭氮也会在一定条件下通过多相反应生成 N_2O。

2）影响循环流化床锅炉 N_2O 生成的因素

影响 N_2O 生成的因素很多，主要包括床温、过量空气系数、停留时间、煤种等。研究表明：N_2O 达到最大浓度的温度范围为 800～900℃，当温度进一步升高时，N_2O 的浓度会迅速下降；当过量空气系数增加时，火焰中的氧浓度增加，氧原子浓度也增加，这样生成的 NCO 浓度增加，从而导致生成的 N_2O 浓度升高；停留时间对 N_2O 生成量也有较大影响，一般在 800～850℃的温度范围内，停留时间越长，N_2O 的浓度越高。随着温度的提高，停留时间对 N_2O 浓度的影响越来越小，当温度超过 1000℃以后，停留时间对 N_2O 的浓度几乎没有影响；煤种同样会对 N_2O 的生成产生影响，随着燃料比（固定碳含量与挥发分的比值）的增加，N_2O 的生成量增加，这是因为燃料比增加时，炭粒子的增加会加强 NO 转化为 N_2O 的催化作用。

2.4.3　燃烧过程中汞的形成机理

1. 低热值煤中汞的存在形态

低热值煤中汞的存在形态主要包括无机汞（辰砂、方铅矿、金属汞）和有机汞。在低热值煤中汞主要存在于矿物质中，且主要赋存于黄铁矿内，在后期热液成因的黄铁矿内汞尤为富集。除黄铁矿外，其他硫化物和硒化物中也含有汞。

低热值煤中汞的含量与硫分、灰分含量呈显著正相关,与铁也有一定的相关性,但与铝、钙、镁的相关性很差。研究表明汞的赋存形态主要是硫化物结合态和残渣态,可交换态和有机物结合态都极少。

2. 低热值煤燃烧过程中汞污染物的形成及演化

低热值煤中各种汞的化合物在温度高于 $700 \sim 800℃$ 时都处于热力不稳定状态,可能分解形成 Hg^0。通常煤粉炉的炉膛温度范围为 $1200 \sim 1500℃$,随着低热值煤中黄铁矿和朱砂(HgS)等含汞物质的分解,98% $\sim$ 99% 的汞(包括无机汞和有机汞)转变成 Hg^0 并以气态形式停留于锅炉的出口烟气中,仅有 1% $\sim$ 2% 的汞随灰渣的形成直接留在灰渣中。

随后烟气流出炉膛,经过各种换热设备后,烟气温度逐渐降低,烟气中的汞形态也在发生变化。烟气中汞的形态分布会受多种因素影响,如煤种、烟气温度、反应条件、气体成分、飞灰成分等。而影响汞形态转化的低热值煤中的组分主要有氯含量、溴含量、硫含量等,其中氯含量对汞排放形态影响较大。

在后续烟气中汞的形态主要有三类:颗粒态汞(Hg^P)、元素态汞(Hg^0)和氧化态汞(Hg^{2+})。不同形态的汞产生区域及物理、化学性质相差较大。图 2-21 为低热值煤燃烧过程中汞的迁移过程。

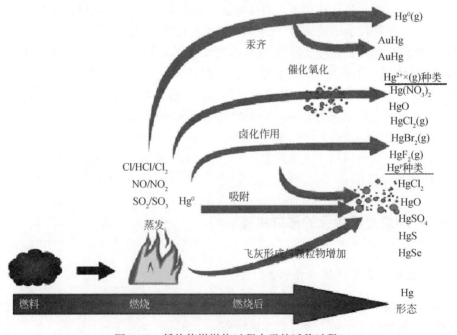

图 2-21　低热值煤燃烧过程中汞的迁移过程

具体的迁移过程为：随着锅炉尾部烟道温度的降低，一部分 Hg^0 通过物理吸附、化学吸附和化学反应等途径，被残留的炭颗粒或其他飞灰颗粒表面所吸收，形成颗粒态的汞，存在于颗粒中的汞包括 $HgCl_2$、HgO、$HgSO_4$、HgS 等；另一部分 Hg^0 在烟气温度降到一定程度时，与烟气中的其他成分发生均相反应，形成氧化态汞的化合物，其中主要为汞和含氯物质之间的反应。除了含氯物质之外，其他烟气组分如 O_2 和 NO_2 等也可促进 Hg 转化成 Hg^{2+}，但烟气中的 NO_2 会抑制 Hg 在飞灰表面的吸附。还有一部分 Hg^0 在烟气中颗粒物的作用下，在颗粒物表面与烟气组分之间发生非均相反应生成 Hg^{2+}，其中飞灰中的 CuO 和 Fe_2O_3 对汞的形态转化起着催化作用。形成的气态 Hg^{2+} 化合物中一部分保持气态，随着烟气一起排出，一部分被飞灰颗粒吸收也形成颗粒态汞 Hg^p。只有一部分气态 Hg^0 保持不变，随烟气排入大气中。

以上单质汞（Hg^0）、氧化态汞（Hg^{2+}）和颗粒态汞（Hg^p）统称为总汞（Hg^T）。其中 Hg^p 可以通过除尘器捕获，大部分 Hg^{2+}（g）可以直接被湿法烟气脱硫装置脱除，最后未被转化并脱除的 Hg^0（g）和 Hg^{2+}（g）则直接排入大气。

2.4.4　燃烧过程中颗粒物的形成机理

在低热值煤燃烧过程中会生成两类不同的飞灰，一类是空气动力学直径在 $0.1\mu m$ 附近、最大不超过 $1\mu m$ 的飞灰，称为亚微米灰，占到飞灰总质量的 0.2% ~ 2.2%，主要通过无机矿物的气化–凝结过程形成；另一类是空气动力学直径大于 $1\mu m$ 的飞灰，主要为焦炭燃烧完成后残留下来的固体物质，称为残灰。

1. 亚微米灰的形成

亚微米灰的形成是一个复杂的物理化学过程。在高温燃烧环境中，低热值煤中的部分无机物（0.2% ~ 3%）发生气化，气化产物不断向外扩散，在焦炭边界区域遇氧发生反应。随后无机蒸气达到过饱和状态，通过均相成核形成许多细小微粒（$<0.01\mu m$）。这些微粒通过两种途径长大，一种途径是相互碰撞发生凝并合而为一，体积为发生碰撞的颗粒体积之和，组成为各微粒组成的混合体；另一种途径是无机蒸气在已形成的灰粒表面发生非均相凝结，使颗粒体积增加。在温度较低的区域，颗粒直径增长缓慢，最终发生碰撞的灰粒烧结在一起会形成空气动力学直径大于 $0.36\mu m$ 的团聚物，随锅炉烟气排入大气中。所以无机矿物的气化和之后的凝结是亚微米灰形成的两个重要过程。

1）气化

低热值煤中的无机元素以无机矿物或原子形态存在，它们的气化行为与煤种、燃烧温度和元素的分散状态等因素密切相关。研究表明火焰温度越高，还原性气氛越强，元素气化就越容易，从而更有利于亚微米灰的形成；而且原子分散状态元素含量的增加也可加强气化。

一般而言，矿物内的无机元素是以氧化物、原子或次氧化物的形式气化，而呈原子分散状态的无机元素是随有机分子的热解以原子或氧化物的形式气化。不过无机元素的具体气化产物取决于燃烧的气氛，在氧化性气氛中，无机元素主要以氧化物的形式气化，而在还原性气氛中，无机元素主要以次氧化物和原子的形式气化。

其中低热值煤中的碱金属（Na、K）通常以原子、氯化物或硅酸盐的形式存在，这些碱金属在燃烧过程中的气化行为类似，首先是原子和氯化物形式的碱金属气化，硅酸盐中的碱金属只在较高温度下气化。在氧化性气氛下，金属氧化物是气化的主要形式，而在还原性气氛下，金属原子是气化的主要形式。其他难熔氧化物（SiO_2、Al_2O_3、FeO、CaO、MgO 等）虽然本身没有明显的气化，但在还原性气氛下，它们可能被 C、CO、H、S 等还原性物质还原成挥发性更高的次氧化物（SiO、AlO）或金属（Ca、Mg、Fe、Al）的形式，以蒸气状态向外扩散。除此之外，低热值煤中的痕量元素如 As、Cd、Cr、Pb、Ni、Sb、Se、Zn、Hg 等在燃烧过程中，也会以原子或化合物的形式气化。

由于低热值煤中无机物的含量决定了燃烧后的灰分产率，气化过程越强烈，生成的亚微米灰就越多，残灰的产量就会相应减少。

2）凝结

低热值煤中的无机元素以不同形式气化，在向外扩散的过程中，遇氧会发生氧化反应。气化产物在不同条件下，通过均相成核或异相凝结（也称非均相凝结），形成数量巨大的亚微米颗粒，微粒相互碰撞、凝并，从而使颗粒不断生长。

气态物质的凝结一般需要凝结核心，但在蒸气压力足够大时，高密度的气体分子可直接发生相变，形成凝结核心，物理上称之为均相成核。在低热值煤燃烧过程中，无机物蒸气不断生成，蒸气压力可能超过饱和蒸气压而达到过饱和的状态，因此同样会发生均相成核，形成许多粒径在 $0.01 \sim 0.03\,\mu m$ 的颗粒，称为一次亚微米颗粒。均相成核主要发生在焦粒边界层，因为该处温度较高，气化物质会在边界区域大量聚集，具有很高的密度，为气态分子的核化创造了条件。同时已经形成的飞灰颗粒，尤其是粒径细小的部分，可以直接成为无机蒸气的凝结核心，当大量无机蒸气遇到这些细微颗粒时，会以它们为核心在表面发生异相凝结。需要指出的是，一次亚微米颗粒的生长是细微颗粒彼此碰撞而凝并的结果（图 2-22），凝并也发生在焦炭边界层中。

图 2-22　颗粒的凝并和聚结

2. 残灰的形成

残灰是焦炭燃尽后的固体残渣，来源于低热值煤中的大部分矿物（> 99%）。在焦炭燃烧过程中，由于表面碳的氧化，包含其中的矿物颗粒裸露出来，在焦炭表面熔化形成球状灰粒，随着燃烧的进行，焦炭直径不断减小，焦炭表面邻近的灰粒可能相互接触，聚合在一起生成更大的灰粒。如果焦炭颗粒在燃烧中不发生破碎，则燃烧完成后，颗粒中所含的矿物会聚合在一起，生成一颗 $10 \sim 20 \mu m$ 的飞灰。然而在实际燃烧过程中，焦炭颗粒会发生破碎，生成许多大小不一的飞灰颗粒，因此，表面灰粒的聚合和焦炭颗粒的破碎是残灰形成的两个重要过程。

1）表面灰粒的聚合

焦炭燃烧过程中，颗粒中包含的矿物逐渐裸露出来。由于焦炭燃烧是放热反应，颗粒可以达到比周围环境更高的温度，如 $80 \mu m$ 焦炭颗粒在 1450℃ 的环境温度中可以达到 2000℃ 甚至更高。在这样的高温下，绝大多数的表面矿物会呈现熔融状态，在表面张力的作用下，形成球状灰粒附着在焦炭颗粒表面。灰粒会随着燃烧的进行，彼此距离逐渐减小，当接触时就会聚合在一起形成较大的灰粒（图 2-23）。

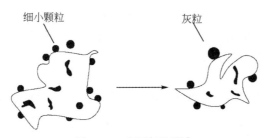

图 2-23　表面灰的聚合

表面灰粒的聚合速率并非恒定，焦炭在反应初期和末期时的聚合速率较快，而在反应中期时则较为平缓。反应初期，碳的氧化引起焦炭颗粒的曲率改变，使表面灰粒互相靠近发生接触而聚合。在此阶段灰粒聚合从无到有，聚合速度较快。同时聚合过程还会使表面灰粒之间的距离增大，再次聚合发生的概率减小，因此反应中期聚合速率减缓，此时灰粒的生长主要是内部矿物进入表面被吞并的结果。直到反应末期，由于焦炭粒径迅速减小，表面灰粒的距离越来越近，聚合作用变得十分强烈。所以表面灰粒的聚合程度是决定残灰最终粒径分布（PSD）的重要因素之一，聚合程度越高，生成飞灰的粒径越大。

2）焦炭颗粒的破碎

焦炭燃烧的理想模式是燃烧中焦炭如同一个不断缩小的球体，不发生破碎，燃烧完成后，单颗焦炭形成单颗灰。但实际的燃烧过程要复杂得多，由于存在焦炭破碎，1颗焦炭会生成 $3 \sim 5$ 颗直径大于 $10\mu m$ 的灰粒和 $200 \sim 500$ 颗直径在 $1 \sim 10\mu m$ 的灰粒，此外还有大量小于 $1\mu m$ 的飞灰生成。

焦炭的破碎与自身的孔隙结构密切相关。低热值煤本身是一个具有多种孔隙或裂纹的固体微团。在燃烧初期，这些孔隙是挥发性气体析出的重要通道，挥发性气体的析出又会导致颗粒内部结构的巨大变化，具体表现为新孔的产生、旧孔的消亡、孔径的扩大或减小、孔隙的连通或闭合等。在动力燃烧区域，氧气能够通过与外界相通的孔隙进入颗粒内部，在颗粒内表面与碳发生反应，这种在内外表面同时进行氧化反应的燃烧方式使焦炭结构呈现非均一性的特点。碳骨架比较脆弱，其中薄弱处首先氧化而断裂，当断裂增加到一定程度时，会导致破碎现象的发生。因此，孔隙结构的存在是引起焦炭破碎的主要原因，颗粒孔隙率越大，发生破碎的概率就越大。然而研究表明并非所有孔隙都对颗粒破碎有重大影响，起决定作用的是颗粒中的大孔（$> 0.05\mu m$）。因为大孔的存在降低了碳基质之间的联系，使焦炭在燃烧过程中容易解体成许多细小的碎片，最终形成大量粒径较小的飞灰。大孔越多，破碎越剧烈，生成飞灰的粒径越小，飞灰中小粒径的灰粒也越多。此外，除大孔结构外，燃烧模式也是影响焦炭破碎的重要因素，如果焦炭颗粒完全在扩散控制条件下燃烧，遵从理想状态的缩球模型，则不发生破碎，其包含的所有矿物将聚合在一起形成一颗灰粒。然而实际的燃烧是在动力控制区、动力与扩散混合控制区，并不是完全处在扩散控制区，这样氧气可以进入颗粒内部，使反应在颗粒内表面也能发生，所以颗粒破碎更加剧烈。

需要指出的是，焦炭的破碎对矿物聚合具有抑制作用，这也是影响残灰粒径分布的重要因素。若焦炭完全破碎，则没有聚合发生，每颗矿物颗粒形成一颗灰粒，生成的残灰颗粒数多而平均粒径小，残灰的粒径分布接近于低热值煤中矿物颗粒的粒径分布。而若焦炭不发生破碎，焦炭中所有矿物会聚合在一起生成一颗大粒径的灰粒，这样生成残灰颗粒数少且平均粒径大。在实际的燃烧系统中，由于燃烧条件的复杂多变，焦炭颗粒的破碎是不可避免的，因此，最终残灰颗粒的数量及粒径介于上述两种模式之间。总之焦炭破碎的程度决定了残灰颗粒的数量和粒径分布。

3）矿物颗粒的破碎

在低热值煤燃烧过程中不仅会发生焦炭颗粒的破碎，还会发生矿物颗粒的破碎。其中内在矿物的破碎一般发生在低热值煤燃烧初期，不过从最终飞灰的形成来看，内在矿物的破碎对残灰的影响可以忽略，因为低热值煤中的主要矿物，如硅酸盐和黏土没有明显的破碎，即使内在矿物发生了破碎，碎片也还是包含在颗粒内，当碎片裸露在颗粒表面时，周围高温环境会使其熔化并发生重新聚合。而外来矿物因为与碳基质没有或很少有联系，破碎之后的碎片可以彼此分离，形成单独的细小飞灰，所以它们的破碎对最终残灰粒径分布的影响不容忽视。外来矿物的破碎行为在很大程度上取决于组成矿物本身在燃烧过程中的热力学行为，主要是分解气体产物的快速释放及高温热冲击作用的结果。外来矿物的破碎不改变灰粒的化学性质，只改变飞灰的粒径分布（PSD），使残灰的平均粒径减小。

复习思考题

1. 低热值煤的着火有哪些类型？影响着火的因素有哪些？如何测定低热值煤的着火温度？
2. 简述低热值煤燃烧特性的评价方法。
3. 试比较低热值煤在煤粉炉、层燃炉和循环流化床锅炉中燃烧的主要差别。
4. 循环流化床锅炉的燃烧原理是什么？在低热值煤燃烧方面存在哪些优势？
5. 低热值煤燃烧过程中 SO_2 和 SO_3 的生成过程是怎样的？
6. 请说明循环流化床锅炉与煤粉炉在炉内氮氧化物生成特性上的差异。

第3章　气态污染物的炉内控制技术

3.1　硫氧化物在循环流化床锅炉炉内控制技术

循环流化床（CFB）锅炉是目前清洁煤技术中一项成熟的技术，正在向高参数大容量发展，其煤种适应性广，燃烧效率高，与锅炉尾部烟气脱硫相比，它不仅能脱除 SO_2，而且可减少 NO_x 的生成，投资成本和运行费用也较低。循环流化床锅炉脱硫最大的特点就是炉内固体物料实现流态化燃烧，保证了炉内强流体动力场和温度场；采用旋风分离器和固体物料回送装置，能够实现燃料和脱硫剂反复循环，达到脱硫剂反复煅烧和充分脱硫，在循环流化床锅炉特有的运行温度及其他运行参数的条件下，实现较高的脱硫效率。

3.1.1　炉内脱硫技术原理

循环流化床燃烧过程中最常用的脱硫剂是钙基脱硫剂，如石灰石（$CaCO_3$）、白云石（$CaCO_3 \cdot MgCO_3$）。其脱硫过程可分为炉内的煅烧过程与转化为硫酸盐的过程。

在床温超过其煅烧平衡温度时，将发生煅烧分解反应：

$$CaCO_3 \longrightarrow CaO + CO_2 \tag{3-1}$$

$$CaCO_3 \cdot MgCO_3 \longrightarrow CaO \cdot MgO + 2CO_2 \tag{3-2}$$

MgO 与 SO_2 的反应速度很慢，故一般情况下可认为其是惰性的，CaO 将在有富余氧气时与 SO_2 发生如下生成硫酸盐的反应：

$$CaO + SO_2 + 1/2O_2 \longrightarrow CaSO_4 \tag{3-3}$$

有时还有

$$CaO + SO_2 \longrightarrow CaSO_3 \tag{3-4}$$

1. 石灰石在炉内的煅烧过程

石灰石进入循环流化床锅炉后首先发生的是煅烧反应，煅烧过程对后续生成硫酸盐的过程有很大的影响。CaO 内部孔的结构特征——孔径大小、孔径分布和孔长度等会直接影响比表面积的利用率、气–固反应的速率及生成硫酸盐的效果等，几乎所有的石灰石品种都可以通过优化煅烧条件来提高反应活性和转化率。

天然的石灰石是一种致密的不规则结构的物质，其孔隙率和比表面积都很小，石灰石被喷入循环流化床炉内时发生煅烧反应，生成多孔氧化钙，煅烧反应见式（3-1）。由于氧化钙具有比石灰石更大的比表面积和孔隙率，一方面有利于储集反应产物，另一方面有利于反应气体（SO_2）穿透至颗粒内部进行反应和生成气体（CO_2）向外部扩散。

煅烧反应的发生需要一定的条件，主要取决于煅烧平衡温度和 CO_2 平衡分压。只有当煅烧温度高于环境 CO_2 分压对应的平衡温度，或者说环境 CO_2 分压低于该温度对应的 CO_2 平衡分压 P_e 时，煅烧反应才会发生。煅烧平衡温度和 CO_2 平衡分压的关系可以表示为：

$$P_e = 1.2 \times 10^6 \exp \left[E_a / (R T_e) \right] \tag{3-5}$$

式中，T_e 是煅烧平衡温度，单位 K；P_e 为 CO_2 平衡分压，单位 MPa；R 为摩尔气体常量，8.314kJ/（kmol·K）；E_a 是活化能，可以取 159kJ/mol。

煅烧反应速度和煅烧后氧化钙的孔隙结构主要取决于温度、CO_2 浓度和煅烧时间。煅烧过程中，石灰石颗粒内孔隙容积不断扩大，比表面积不断增加，煅烧初期比表面积增加较快，但是在煅烧后期由于开始出现烧结现象而使比表面积增加减缓。煅烧后氧化钙的孔径分布与母体石灰石结构、杂质含量和煅烧条件有关。分布随着煅烧程度的不同而持续变化，主要表现为大孔数量份额的持续减少和小孔数量份额的持续增加，到煅烧完全时，大孔的数量份额已经低到可以忽略的地步，并且随着煅烧的进行颗粒外围的平均孔径逐渐大于颗粒内部的平均孔径，这有助于提高颗粒对 SO_2 的吸收反应活性。CO_2 分压是影响煅烧后孔径分布的重要因素，在煅烧环境下，高 CO_2 分压虽然不能改变煅烧后的总孔隙率，但却显著地改变孔径分布，促进烧结过程。煅烧过程温度对颗粒外观影响明显，有研究得出，当煅烧温度低于 954℃时，石灰石颗粒体积膨胀了 7%；但当温度上升到 1343℃时，颗粒体积收缩明显。

2. 石灰石在炉内转化为硫酸盐的过程

石灰石煅烧成多孔氧化钙后，与炉内 SO_2 接触发生脱硫反应，生成硫酸钙，由于煅烧速度比转化为硫酸盐的速度快得多，因此可以认为生成硫酸盐的反应是在煅烧反应之后进行的。石灰石进入循环流化床锅炉脱硫的总反应，可以表示为：

$$CaCO_3 + SO_2 + 1/2O_2 \longrightarrow CaSO_4 + CO_2 \tag{3-6}$$

就整体化学反应而言，石灰石进入循环流化床锅炉以后是放热的，脱硫过程中同时发生着许多传热和传质过程。假设 $CaCO_3$ 煅烧后得到的 CaO 仍为一球形颗粒，CaO 转化为硫酸盐的反应主要有以下四个过程：①二氧化硫气体向脱硫剂表面扩散；②二氧化硫气体通过固体颗粒内孔隙的扩散；③二氧化硫气体在固体颗粒内孔隙表面上的物理吸附；④二氧化硫与氧化钙之间的化学反应。其中，过程①为扩散控制，过程②③④则与脱硫剂的温度、物理特性和活性有关。

3.1.2　工艺流程

循环流化床锅炉炉内脱硫工艺按照脱硫剂与燃料进入炉膛的方式不同，可分为混合式、独立式与改进的独立式三类。

1. 混合式石灰石脱硫工艺

石灰石粉与燃料同时从各自的料斗中落入皮带输送机上，一起输送到炉前储煤仓中暂存，经炉前给煤机进入锅炉炉膛燃烧、脱硫。这种方式的优点是系统较为简单，投资省，运行方便，设备维修工作量小。但它也有时效性较差的弊端，即无法根据 SO_2 的排放浓度及时调整进入储煤仓中石灰石粉的量。可能出现 SO_2 的排放浓度超标时，无法及时增加石灰石粉的量，从而难以保证排放达标；反之，又可能造成石灰石粉的浪费。该工艺流程如图 3-1 所示。

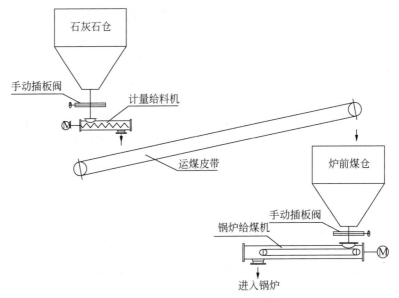

图 3-1　混合式石灰石脱硫工艺流程

2. 独立式石灰石脱硫工艺

将锅炉间外的石灰石粉仓下的石灰石粉通过给料机、气力输送装置输送直接吹入锅炉炉膛，参加脱硫反应。与混合式相比，独立式的系统和设备比较复杂、投资大、运行电耗高。该方式的优点是能将石灰石给料系统和给煤系统完全分开，可自由地根据 SO_2 的排放值随时调节石灰石给料量，从而达到保证排放达标的目的。该工艺流程如图 3-2 所示。

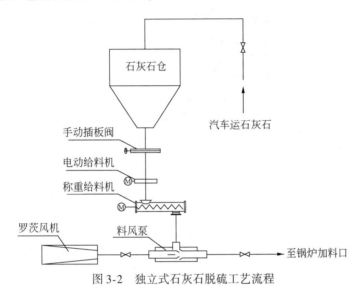

图 3-2　独立式石灰石脱硫工艺流程

3. 改进型的独立式石灰石脱硫工艺

将锅炉前的石灰石粉仓下的石灰石粉通过给料机直接送到炉前给煤机或其后的煤管道内，石灰石粉与煤混合后同时进入锅炉炉膛燃烧、脱硫。该方式结合了混合式和独立式的优点，相比混合式工艺不仅可根据 SO_2 的排放值调节吸收剂给料机改变给料量，保证 SO_2 的排放达标，还可以避免过度加入吸收剂数量造成浪费；相比于典型的独立式工艺，简化了石灰石粉输送系统，从而降低了投资与运行电耗，并避免了管道磨损，达到经济运行、减小维修量的目的。该工艺流程如图 3-3 所示。

3.1.3　系统组成及设备

炉内脱硫系统主要包括脱硫剂制备系统、脱硫剂炉前物料输送系统与脱硫控制系统。

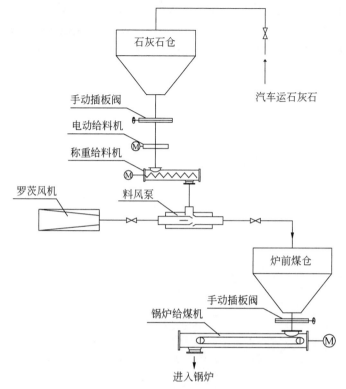

图 3-3　改进型的独立式石灰石脱硫工艺流程

1. 脱硫剂制备系统

根据外购石灰石的粒度不同，为满足入炉脱硫剂尺寸要求，石灰石粉制备系统可分为以下三类。

1）直接外购系统

此系统在电厂内不设破碎设备，外购成品脱硫剂粉，用气力罐车运至电厂内。厂区内设置脱硫剂储仓。

2）二级破碎系统

此系统为一级破碎机将块料脱硫剂进行初步破碎，然后由刮板给料机（或皮带）将其输送到主厂房内的脱硫剂料仓。自料仓下来的脱硫剂由刮板给料机（或皮带）送入二级破碎机，将脱硫剂破碎至粒度符合要求的成品脱硫剂粉。该系统示意如图 3-4 所示。

3）三级破碎系统

该系统示意如图 3-5 所示。系统以颚式破碎机、圆锥式破碎机和柱磨机构成三级破碎石灰石粉制备系统，配备振动给料机、皮带输送机、斗式提升机、永磁除铁器、振动筛、除尘器等配套设备。

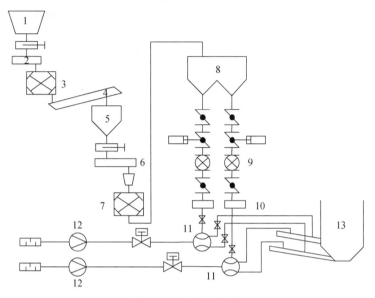

图 3-4　二级破碎系统

1. 块料仓；2. 刮板输送机；3. 一级破碎机；4. 刮板输送机；5. 料仓；6. 刮板输送机；7. 二级破碎机；
8. 粉仓；9. 气锁阀；10. 给料机；11. 风粉；12. 送粉风机；13. 锅炉

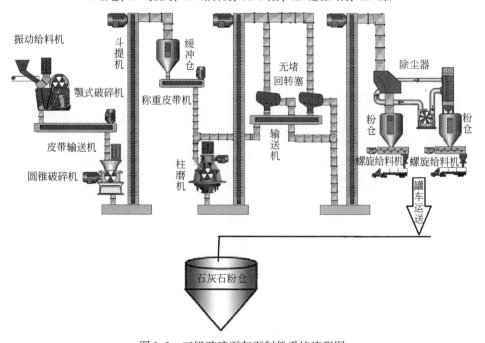

图 3-5　三级破碎石灰石制粉系统流程图

4）混合脱硫剂制备系统

除了采用粉状石灰石作为脱硫剂，也有将燃料与石灰石细粉混合压球成型的混合型脱硫剂，混合型脱硫剂制备系统如图 3-6 所示。该类脱硫剂解决了细石灰石和煤泥无法利用、脱硫效率低的问题，同时使炉内深度脱硫的脱硫效率得以保证。

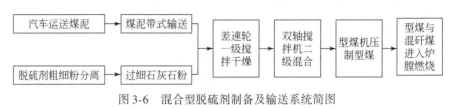

图 3-6 混合型脱硫剂制备及输送系统简图

2. 脱硫剂炉前物料输送系统

脱硫剂炉前物料输送系统，也被称为脱硫剂给料系统。由于循环流化床锅炉一般为微正压运行，所以脱硫剂给料系统也采用正压给料方式。根据物料的输送方式分为气力输送与机械输送。

1）气力输送

将粒度符合要求的成品脱硫剂粉由压缩空气送至脱硫剂粉仓。从粉仓下来的粉料经气锁阀，由送粉风机提供压力风送至炉膛。

（1）装设给料机的气力输送系统

日用仓下来的粉料进入给料机，给料机出口设有 100% 容量的恒速旋转气锁阀，该阀动静间隙的密封风来自压缩空气。由旋转气锁阀出来的脱硫剂粉，用送粉风机提供的压力风经过布置于炉膛四周的输送管道送至给料口喷入炉膛。其特点是脱硫剂粉由炉墙四周喷入，因此脱硫剂与煤混合比较均匀，可较好地进行脱硫反应。且系统调节性能也比较好。运行中可根据煤质或锅炉负荷变化与煤一起等比例进行调节，保持锅炉进料中的 Ca/S 比接近常数（根据煤和脱硫剂性质确定）。也可以根据排烟中的二氧化硫含量的反馈信号，通过给料机进行调节修正脱硫剂给料量。该系统的缺点是系统比较复杂、造价偏高。每台锅炉一般配备两套给料系统，都按 100% 容量设计。两套系统可以互为备用，也可各带 50% 的负荷运行。该系统示意如图 3-7 所示。

（2）无给料机的气力输送系统

该系统主厂房内的日用仓设计成三叉料斗，每一出口所接的系统都是相同的。每一系统按满负荷所需脱硫剂量的 50% 设计，都装有变速旋转气锁阀。三叉料斗内的脱硫剂通过旋转气锁阀进入分流三通。从各送粉风机出来的空气进入三通、携带从旋转气锁阀下来的脱硫剂经过一根单管进入分流器。该分流器将携带脱硫剂的气流分成相等的两股送至进料口喷入炉膛内。为控制二氧化硫的生

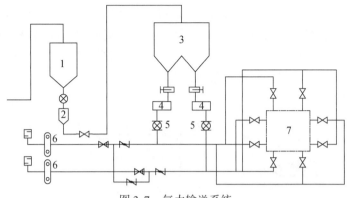

图 3-7　气力输送系统

1. 储仓；2. 仓泵；3. 日用仓；4. 给料机；5. 旋转气锁阀；6. 送粉风机；7. 锅炉

成，由自动控制旋转气锁阀的转速来调节脱硫剂的供给量。此系统省去了价格偏高的给料机，因此系统简单、初投资不高。该系统的示意如图 3-8 所示。

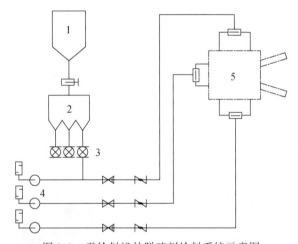

图 3-8　无给料机的脱硫剂给料系统示意图

1. 储仓；2. 日用仓；3. 旋转气锁阀；4. 送粉风机；5. 锅炉

2）机械输送

机械输送系统通常包括原料仓、称重式皮带输送机、斗式提升机、链式输送机、锁气给料机等。该输送系统流程可参见第 7 章工程实例中图 7-7。

3. 脱硫控制系统

1）超前脱硫控制系统

超前脱硫控制系统是指超前预估控制系统中石灰石粉仓的脱硫剂，其典型工艺流程如图 3-9 所示。石灰石粉仓的下端设两个出料口，其中一个出料口通过星型给料机+计量螺旋输送机送入斗式提升机，斗式提升机将物料提升到输煤栈桥皮带正上方，在斗式提升机下料口处安装三通换向阀，通过其可向两条皮带随意调换石灰石粉，实现脱硫剂量的调整，将物料送到运行的输煤机皮带上，与煤一起进入炉膛燃烧脱硫。

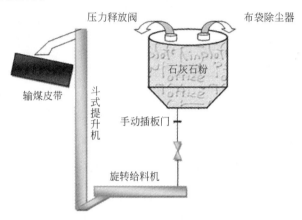

图 3-9　超前脱硫控制系统工艺流程图

2）炉前脱硫控制系统

CFB 锅炉炉前脱硫控制系统工艺流程如图 3-10 所示。炉前脱硫控制系统具有缓冲作用的收料泵和给料泵，保证了石灰石粉仓中石灰石的供料是间断、周期性的。

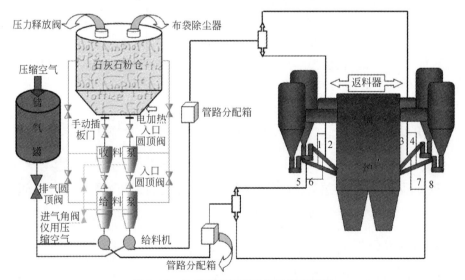

图 3-10　炉前脱硫控制系统工艺流程图

1，2，3，4，5，6，7，8 为旋风返料器入口

3.1.4　循环流化床锅炉炉内脱硫效率的影响因素

影响脱硫效率的主要因素为钙硫摩尔比（Ca/S）、温度、脱硫剂的性质、粒径等。

1. Ca/S

所需脱硫剂的数量一般用钙硫摩尔比（Ca/S）表示，Ca/S 直接反映了加入炉内石灰石的相对量的多少，被公认为影响循环流化床锅炉炉内脱硫效率和 SO_2 排放的首要因素。当入炉燃料量一定，燃料中的硫含量和石灰石的钙含量均不发生变化时，钙硫摩尔比随着石灰石加入量的增加而增大，随之使 SO_2 与 CaO 接触反应的概率增加，硫的脱除率增加，脱硫效率上升。但并非喷入的石灰石量越大，脱硫效果就越好。达到一定的脱硫效率，不同炉型所需的 Ca/S 摩尔比是不同的。例如，要达到 90% 的脱硫效率，常压鼓泡床锅炉中的 Ca/S 摩尔比为 3.0～3.5，常压循环流化床锅炉为 1.8～2.5，增压流化床锅炉为 1.5～2.0。显然，在所有类型的流化床锅炉炉内脱硫中，需要投入远大于化学当量比的石灰石或白云石。这是因为 CaO 的生成速度比硫酸钙 $CaSO_4$ 的生成速度缓慢，因此，一旦生成氧化钙就很快与 SO_2 发生反应而被转变成 $CaSO_4$。就单位质量的钙而言，$CaSO_4$ 的体积大于 CaO 的体积，即 $CaSO_4$ 的相对分子质量比 CaO 大得多，因此，CaO 的细孔很容易被反应产物 $CaSO_4$ 覆盖而阻塞，使 CaO 失去反应所必需的多孔内表面。

2. 石灰石品质

不同种类的石灰石在炉内反应性能差异较大，在 $CaCO_3$ 含量、晶体结构和孔隙特征上也有所不同。石灰石中 $CaCO_3$ 含量越高，加入炉内的脱硫剂量就越少，从一定程度上降低钙硫比。而石灰石中的一些杂质会影响脱硫反应过程，氧化铁在低温区会降低脱硫反应活性，但在高温区则会对固硫反应起到催化作用，氧化铝在脱硫反应中可提高固硫产物的二次分解温度，从而提高脱硫剂利用率。一般应对石灰石做热重分析（TGA），测定其反应率指标，从而准确推算出 Ca/S 摩尔比。

3. 石灰石颗粒的粒径

石灰石的颗粒粒径对床内脱硫反应工况具有重要的、甚至决定性的影响。采用的石灰石粒度较小时，循环流化床锅炉脱硫效果较好。因为颗粒粒度小，比表面积较大，其与 SO_2 接触的机会就增加，反应的可能性也就大大增加，脱硫效率就会上升。但如果颗粒太细，它从床中带出后不能被分离器捕捉送回炉内，则不能被充分利用；如果颗粒太粗，CaO 与 SO_2 反应后在颗粒表面形成 $CaSO_4$，由于 $CaSO_4$ 的相对分子质量比 CaO 大得多，颗粒外表面致密的 $CaSO_4$ 层将阻止烟气中的 SO_2 与颗粒内部 CaO 的进一步反应。因此，在循环流化床锅炉脱硫过程中，对石灰石颗粒的尺寸有严格要求，应在保证能被旋风分离器分离的条件下尽可能细。一般来讲，进入炉膛的石灰石颗粒粒径应小于 1mm。

4. 型煤固硫剂

循环流化床锅炉采用型煤作燃料时，其脱硫有很多特点。首先型煤中的脱硫剂颗粒是被均匀地压制到型煤颗粒内部的，硫的氧化和被吸收过程发生在颗粒内部；其次型煤脱硫过程中，石灰石的煅烧过程是和型煤燃烧同时进行的，而且在燃烧过程中，局部区域的温度会非常高。在高温下，会导致脱硫产物 $CaSO_4$ 发生分解，使脱硫率下降，所以型煤脱硫效果是多因素作用的综合结果。对型煤脱硫效果影响最大的因素除所选用的脱硫剂种类外，还有脱硫剂在型煤中的掺混均匀度。如果脱硫剂颗粒在型煤中分布不均匀，在燃烧过程中就会出现有些部分脱硫剂含量大于脱硫需要，而有些部分则没有足够的脱硫剂可以与 SO_2 发生反应，从而对型煤的整体脱硫效果有较大影响。因此在脱硫剂添加和掺混过程要尽量保证其在型煤中的均匀掺混。

除去脱硫剂种类及掺混均匀度外，对型煤脱硫效果影响较大的因素还有黏结剂、原煤粒度、脱硫剂颗粒度等，这些都会对型煤的脱硫效果产生一定的影响，其中脱硫剂颗粒度对其影响较为显著。由于型煤是由脱硫剂与燃料均匀混合后压制而成的，脱硫剂颗粒扬析的可能性减少，停留时间相应增加，同时由于型煤中的脱硫剂与煤炭颗粒之间并不存在相对运对，两者的反应只能在邻近颗粒之间进行，因此，脱硫剂颗粒越细，型煤内部混合越均匀，对脱硫反应越有利。

5. 温度

化学反应的快慢和反应程度都与温度有直接关系，脱硫反应也不例外。床温直接影响了石灰石脱硫反应的速度、固体产物的分布情况和孔隙堵塞的特性，从而影响石灰石的利用率，进而影响脱硫效率。

一般认为，脱硫效率较高的温度范围为 800~870℃，当温度高于或低于这个范围时，脱硫效率降低。当温度低于 800℃时，石灰石分解生成氧化钙的速度进一步减缓，减少了可供反应的表面积，脱硫效率降低。当温度低于 750℃时，分解反应几乎不再进行。当温度高至 870~1000℃时，氧化钙内部分布均匀的小晶粒会逐渐融成大晶粒，温度越高晶粒越大，氧化钙的比表面积减少，会直接影响脱硫效果，同时在氧化钙表面还会产生结壳现象，而失去其吸收 SO_2 的活性。当温度超过 1000℃ 时，已经生成的硫酸钙会再分解释放出 SO_2 而进一步降低脱硫效率。

6. 流化速度

一次风系统提供循环流化床锅炉所必需的流化风。增加流化风速，实际上增加了物料的携带速度，从而使循环回料量增加，相应地延长了脱硫剂在炉膛内的停留时间。但如果一次风速太大，使炉膛出口烟气速度超过旋风分离器的捕捉速度，造成循环回料量减少，反而会降低脱硫效率。在运行中，可通过调节风流量、一、二次风配比等达到调节流化风速的目的。

7. 循环倍率

循环倍率指单位时间内通过床料回送装置返回炉膛的床料量与锅炉投入固体物料量的质量比。循环倍率越大，脱硫效率越高。因为循环延长了石灰石在床内的停留时间，提高了脱硫剂的利用率。但并非循环倍率越大越好，因循环倍率提高增加了风机的电耗，加重了对设备的磨损，而且提高循环倍率会使稀相区和烟气中颗粒浓度增加，使炉膛上部燃烧份额增加，气温相应升高。

8. 气相停留时间及炉膛高度

循环流化床锅炉中，煤的燃烧绝大部分发生在炉膛中，基本是在密相区内完成。但石灰石细颗粒较多，所以脱硫反应发生在整个炉膛中。炉膛的高度和表观风速决定了 SO_2 气体在炉膛内的停留时间，即有效反应时间，其会影响到锅炉的脱硫效率。SO_2 停留时间越长，它与石灰石的接触时间也就越长，越有利于 SO_2 的脱除。循环流化床锅炉较深的床层对炉内脱硫有利，这是由于悬浮空间内颗粒浓度较高，同时悬浮段的利用均增加了 SO_2 的反应时间。

9. 石灰石输送系统的品质

石灰石粉具有硬度高、堆积密度大、离散性大、易吸水受潮结块、逸气性强、亲和力差等特性，属于较难输送的物料，因此在石灰石输送系统运行过程中，若设计不合理、设备质量本身不过关，就会影响石灰石输送系统的稳定运行，造成石灰石输送系统出力不足、下粉不畅、堵管、磨损及设备不可靠等问题，这些问题最终会导致 CFB 锅炉脱硫系统无法稳定运行。

3.1.5　循环流化床锅炉的强化脱硫技术

为了使循环流化床锅炉在更为经济有效的脱硫方式下运行，在较低钙硫比下仍获得较高的脱硫效率，就必须发展适用于 CFB 锅炉的强化脱硫技术，以达到提高脱硫剂钙利用率的目的。

1. 改善煅烧后 CaO 的孔隙结构

一种方法是采用添加剂对石灰石进行改性，添加剂可以使脱硫剂发生重结晶，对钙基脱硫剂的微观结构、固硫气固反应及增湿时对吸湿性与钙基脱硫剂中钙的形式产生影响。目前对于添加剂调质机理的认识仍然不够深入，大多数研究者仅在微观结构这一物理变化层次给予了解释，加之各实验室实验条件不同，还很难对某种添加剂的调质效果有实际的指导意义。但寻求价格低廉、工艺简单易行的调质技术无疑是发展脱硫添加剂的重要方向。采用添加剂方法的缺点是加入的碱性添加剂会导致锅炉的腐蚀与结垢。

另一种方法是在控制气氛的前提下，对石灰石进行预煅烧，可以使脱硫剂获得很理想的孔径分布。缺点是增加了昂贵的煅烧设备，使脱硫费用增加很多。

2. 改变石灰石的投加方式

如使石灰石与燃料搅拌充分混合后再送入炉内，充分利用了燃料凝聚结团的特性，使脱硫剂均匀分布在燃料中，由于凝聚结团作用使固硫剂在炉内的停留时间大大延长，使固硫剂和二氧化硫能充分反应，从而有助于提高固硫剂中钙的利用率。

3. 发展可再生人工合成脱硫剂

人工合成高活性的脱硫剂经过固硫反应后，再进行相关处理，使其回到新鲜脱硫剂的状态，多次循环利用。从目前来看，脱硫剂制备处理费用过于昂贵，尚不适合工业应用。

4. 飞灰回燃提高钙利用率

所谓飞灰回燃，就是把尾部烟道的飞灰收集下来，再回送入炉内。飞灰回燃技术是以降低飞灰中未燃烧碳含量为主要目标，但同时也把未反应的石灰石粒子返回炉内循环利用，从而起到节约石灰石的作用。飞灰回燃技术的缺点是飞灰回送量过大时，一方面会影响锅炉燃烧的稳定性；另一方面会带来锅炉尾部烟道灰浓度增大、受热面磨损加剧。目前飞灰回燃技术已经获得一定的工业应用。实践表明，飞灰回燃可以使飞灰未燃烧碳降低，但由于飞灰颗粒很细，在炉内的停留时间有限，使其与 SO_2 的接触时间太短，对提高钙利用率方面贡献不大。

为了克服飞灰回送入炉内停留时间短的缺点，发展了飞灰团聚技术，即将流化床后除尘器收集的飞灰制团后，再用于流化床脱硫。相关研究表明，在床内投加制团后的飞灰提高了钙基捕获硫的能力，脱硫效率上升，同时也增加了钙基脱硫剂的利用率。这是因为飞灰中含有未反应的 CaO 细小颗粒，制成团粒后具有较好的孔隙结构，脱硫活性高于同样大小的石灰石颗粒，另外团粒的粒径较大，延长了飞灰在炉内的停留时间，多次循环使 CaO 得到充分利用。但是该技术需要额外增加专门的制团设备，从而增加了费用，目前实际工业应用很少。

5. 脱硫灰/渣改性后高温再脱硫

为了利用脱硫灰中未反应的 CaO，可以从两个方面着手：①提高脱硫反应时间，适用于产物层较薄的脱硫剂颗粒；②采取活化措施对脱硫灰进行改性。循环流化床脱硫灰中未反应的 CaO 被密实的产物层包裹着，若能利用活化措施打开产物层，使未反应的 CaO 重新暴露出来，将很大程度上提高脱硫灰的再次脱硫能力。目前对脱硫灰的活化措施主要有：机械研磨活化、蒸汽活化与水活化。

1）机械研磨活化

该研磨技术是使炉内形成的 $CaSO_4$ 表面致密的产物层脱落，打开颗粒新表面，使内部未反应的 CaO 核暴露出来，获得再次脱硫反应能力。机械研磨应控制合适的研磨细度，若研磨不够细，效果会不理想；但研磨过细又会导致更多的小颗粒未来得及反应就被带出反应区，且消耗能量较多。研磨方法提高脱硫灰的脱硫活性，主要适用于颗粒较大的灰渣，对于循环流化床飞灰作用不大，且由于需要制造特殊的研磨设备，目前仍处于研究阶段。

2）蒸汽活化与水活化

蒸汽活化脱硫原理是水蒸气从产物层扩散到内部，将脱硫灰/渣中的 CaO 水合反应生成 $Ca(OH)_2$，由于 $Ca(OH)_2$ 的摩尔体积比 CaO 大得多，导致产物层外壳发生膨胀破裂，从而使未反应的 CaO 暴露出来。脱硫灰/渣重新回送入炉内后，$Ca(OH)_2$ 在高温下发生脱水分解反应，增加了脱硫剂的孔隙，从而使 SO_2 扩散到颗粒内部与未反应 CaO 进行反应。

水活化是在一定温度下将脱硫灰/渣在水中活化，提高游离 CaO 含量，从而有效提高脱硫剂的钙利用率。其脱硫作用机理与水蒸气活化相同。水合反应器较昂贵，达到较高的水合化程度时，要求水合时间较长，而且生成的副产物有可能使活化的颗粒结块，阻碍脱硫剂的再生。

3.1.6　SO_3的炉内脱除技术

循环流化床锅炉中，SO_3的炉内脱除技术备受关注。可通过在燃烧中喷入碱性物质，如氢氧化钙、氢氧化镁等有效减少SO_3的排放。炉内喷入碱性物质可脱除部分SO_2和高达90%的SO_3，同时可防止SCR的砷中毒。在炉膛顶部喷入$Mg(OH)_2$和MgO等碱性物质，一般以$Mg(OH)_2$浆液形式喷入炉膛，因炉内温度高，使水分蒸发，成为MgO颗粒，MgO颗粒与气相SO_3在炉内高温下发生反应生成$MgSO_4$，从而达到脱除SO_3的目的。美国Gavin电厂炉膛喷镁脱硫效果显著，当Mg/SO_3摩尔比为7时，SO_3脱除率高达90%。

3.2　氮氧化物的炉内控制技术

3.2.1　炉内低NO_x控制原理

1. 燃料型NO_x的控制原理

正如第2章所述，在燃煤过程中燃料型NO_x，尤其是挥发分NO_x的生成量占的比例最大，因此低NO_x燃烧技术的基本出发点就是抑制燃料型NO_x的生成。煤在燃烧过程中，一部分N以HCN、NH_3和焦油N的形式存在于挥发分中，剩余的N存在于半焦中。

根据燃料型NO_x的生成机理，可以将由挥发分中N转化来的NO_x的生成过程归纳为如下竞争反应：

$$燃料氮 \longrightarrow I \qquad I+RO \longrightarrow NO+\cdots \qquad (3-7)$$

$$I+NO \longrightarrow N_2+\cdots \qquad (3-8)$$

其中，I代表含氮的中间产物（N、CN、HCN和NH_i），RO代表含氧原子的化学组分（OH、O和O_2）。反应式（3-7）是指含氮的中间产物被氧化生成NO_x的过程，反应式（3-8）指生成的NO_x被含氮中间产物还原成N_2的反应。因此抑制燃料型NO_x的生成，就应从提供使还原反应式（3-8）显著快于氧化反应式（3-7）的条件和气氛方面着手。煤种、停留时间、加热速率和热解温度是影响挥发分中N的存在形式的主要因素。

焦的含氮量和半焦的生成条件是影响半焦燃烧生成NO_x的主要原因。这两个因素对半焦燃烧生成NO_x的影响非常复杂。

研究认为燃料型 NO_x 的生成与煤热解气和火焰的氧气浓度有密切关系，氧气的浓度和分布状况对 NO_x 的生成起着决定性的作用，如果使煤粉在锅炉主燃区与氧气的混合延迟，使燃烧中心缺氧，可以使大部分的挥发分的 N 和部分半焦中的 N 转化为 N_2。

2. 热力型 NO_x 的控制原理

抑制热力型 NO_x 的生成也能在一定程度上减小 NO_x 的排放量，只是效果并不显著。燃烧过程中的燃烧温度、过量空气系数和烟气在高温区的停留时间对热力型 NO_x 的生成有很大影响。一般来讲抑制热力型 NO_x 的主要原则是：①降低一次风量、过量空气系数和氧气的浓度，使煤粉在缺氧的条件下燃烧；②降低燃烧温度并控制燃烧区的温度分布，防止出现局部高温区；③缩短烟气在高温区的停留时间。

3. 快速型 NO_x 的控制原理

根据快速型 NO_x 的生成机理，其对温度的依赖性不强，在 O_2 浓度较低时才会发生，在燃煤锅炉中生成量非常少，基本可以忽略不计，只有在不含氮的碳氢燃料在低温燃烧时才需要特别关注。

4. 再燃还原 NO_x 机理

再燃区还原 NO_x 反应分为非均相反应和均相反应，非均相反应是依靠半焦的吸附作用，在半焦表面被 C（s）还原。均相反应主要是 NO_x 与 H_2、C_nH_m、CH_i、HCN、NH_i、CO 等之间的反应。反应式如下：

$$2NO + 2C \longrightarrow N_2 + 2CO_2 \tag{3-9}$$

$$2NO + 2H_2 \longrightarrow N_2 + 2H_2O \tag{3-10}$$

$$2NO + 2CO \longrightarrow N_2 + 2CO_2 \tag{3-11}$$

$$4NO + (CH)_4 \longrightarrow 2N_2 + CO + H_2O \tag{3-12}$$

$$2NO + 2C_nH_m + \left(2n + \frac{m}{2} - 1\right)O_2 \longrightarrow N_2 + 2nCO_2 + mH_2O \tag{3-13}$$

再燃技术是目前被广泛研究的一种有前景的 NO_x 控制技术。从提高再燃区内还原 NO_x 的效果角度考虑，气体作为再燃燃料最为合适。

5. 控制 NO_x 生成的主要途径

根据以上分析，煤燃烧过程中 NO_x 的生成与转化途径可以总结为图 3-11。据此，减少 NO_x 生成的主要途径有：①降低燃烧温度；②保持适当的氧浓度；③缩短燃料在高温区的停留时间；④采用含氮量低的燃料；⑤扩散燃烧时推迟燃料与空气的混合；⑥向炉膛内添加还原性物质等。这种通过改变燃烧条件，或合理组织燃烧方式等方法来降低 NO_x 产生量的技术统称为低 NO_x 燃烧技术。

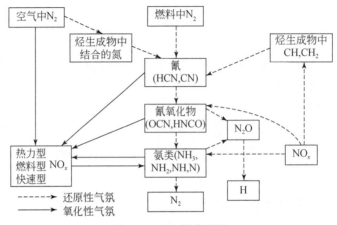

图 3-11　NO_x 转化途径

低 NO_x 燃烧技术是降低燃煤锅炉 NO_x 排放值比较经济的技术。虽然低 NO_x 燃烧技术的减排效率通常只有 30% ~ 60%，远低于 NO_x 烟气控制技术可达到的90% 脱硝率，但其成本要远低于 NO_x 烟气控制技术，因此将这一减排措施纳入锅炉的整体设计是合理而必要的。下面，将分别介绍三种低热值煤燃烧常用炉型的炉内 NO_x 控制技术。

3.2.2　煤粉炉低 NO_x 燃烧技术

目前已经提出了大量煤粉炉内低 NO_x 燃烧的技术和方法，按照大类可以分成三种，即对燃烧方式的改进、低 NO_x 燃烧器及低 NO_x 炉膛，这三大类方法中又包括若干技术，见表 3-1。

表 3-1　低氮燃烧技术汇总

分类	技术	NO_x 排放降幅
对燃烧方式的改进	低氧燃烧、空气分级、燃料分级、烟气再循环、先进再燃、解耦燃烧、降低预热温度、降低空气系数等	30% ~ 60%
低 NO_x 燃烧器	混合促进型燃烧器、阶段燃烧型燃烧器、分割火焰型燃烧器、烟气再循环型燃烧器等	40% 左右
低 NO_x 炉膛	燃烧室大型化、分隔燃烧室、切向燃烧室等	20% 左右

　　各项技术的利用方式不同，在燃煤锅炉中的布置位置也不同，如图 3-12 所示。实际中为了达到更好的效果，还经常将两到三种技术联合起来使用。

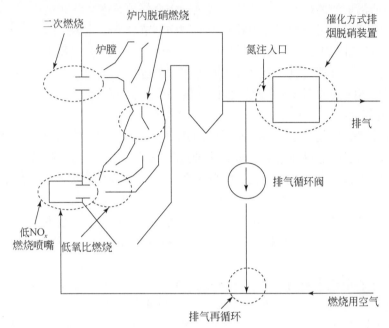

图 3-12　燃煤锅炉的低 NO$_x$ 燃烧控制技术

1. 对燃烧方式的改进

1) 低氧燃烧

　　对 NO$_x$ 控制而言，主燃烧区空气的最佳量，是它既可以产生足够高的温度析出气体挥发分并维持初步的燃烧，又没有足够的氧完成 NO$_x$ 的生成反应。

　　低氧燃烧是一种最基本、最简单的低 NO$_x$ 燃烧技术。燃料氮的转换率与过量空气系数之间关系较大，随着过量空气系数增大，燃料氮的转换率相应增加。过量空气系数对燃料氮的转换率的影响与煤的挥发分有关，挥发分高的煤受其影响较大，挥发分低的煤受其影响较小。当过量空气系数小于 1 时，高挥发分煤的燃料 N 的转换率比低挥发分煤的来得低，这是因为高挥发分煤迅速着火使得局部的氧量进一步降低，从而不利于燃料氮向 NO 转化。NO 在还原性气氛中会与 (CH)$_i$ 进行还原反应生成 HNC→NH→N$_2$，而低挥发分煤的 (CH)$_i$ 少，故其生成的 NO 不容易被还原成 N$_2$，这就是为什么控制燃用低挥发分煤锅炉的 NO 排放困难得多的主要原因。

　　通过燃烧调整控制入炉空气量，保持每只燃烧器喷口合适的风粉比使煤粉燃烧尽可能在接近理论空气量条件下进行，可以抑制 NO$_x$ 的生成。低氧燃烧一般情况下可降低 NO$_x$ 排放 15% ~ 20% ，但当炉膛内氧浓度过低（如低于 3%）时，会造成 CO 浓度和飞灰含碳量的急剧升高，从而增加化学不完全和机械不完全燃烧损失，降低锅炉的燃烧效率。此外，低氧燃烧会使炉膛内某些区域呈现还原性气氛，从而降低煤灰熔点而引起炉膛水冷壁壁面结渣和高温腐蚀。因此，在锅炉设计和实际运行过程中，应根据所燃用的煤质特性选取合适的炉膛出口过量空气系数，燃烧过程中合理配风，兼顾降低 NO$_x$ 和锅炉运行安全和经济之间的关系，避免为了降低 NO$_x$ 排放而导致一些其他问题的发生。

2）空气分级

空气分级燃烧技术是目前电站锅炉应用最广泛的降低氮氧化物排放的技术，降低 NO$_x$ 的幅度可达 60% 左右。该技术通过控制送风方式，降低燃烧中心的氧气浓度，抑制主燃烧区 NO$_x$ 的形成，燃料完全燃烧所需要的其余空气由燃烧中心区域之外的部位引入，使燃料燃尽。在主燃烧区，由于风量减少，形成了相对低温、贫氧而富燃料的区域，燃烧速度低，抑制 NO$_x$ 生成。燃料经主燃烧区后，再将剩余的部分空气送入，使燃料燃尽。空气分级燃烧技术又可分为垂直分级和水平分级两种。

（1）垂直分级。常用的垂直分级方法如图 3-13 所示，将燃烧所需氧量，沿炉膛高度分级送入，首先将部分（80%）二次风移到燃烧器上部，作为主燃空气送入，并拉开适当的距离，从而造成下部主燃烧区的过量空气减少，提高煤粉浓度，使其处于缺氧燃烧状态，炉内温度的降低将减少热力型 NO$_x$ 的生成，同时主燃区内氧量减少也使得燃料型 NO$_x$ 生成量减少，还原性气氛还可将已生成的部分 NO$_x$ 还原为 N$_2$，从而降低 NO$_x$ 总的生成量。之后，上部火上风（OFA）使燃料进一步燃尽。采用火上风既可以降低主燃烧区的氧量，减少燃料型 NO$_x$ 的生成

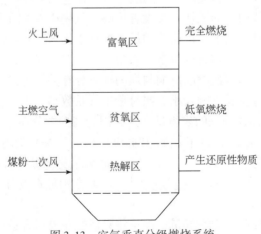

图 3-13　空气垂直分级燃烧系统

量，又能扩大燃烧区域，分散燃烧区域热负荷，降低燃烧温度，也可减少热力型NO$_x$的生成量。垂直分级可以降低 30% 左右的 NO$_x$。

（2）水平分级。水平分级的基本思想是将二次风与一次风在水平方向上偏转一定角度，形成一次风在内、二次风在外的空气分级结构，部分二次风射流偏离炉膛，远离燃烧中心，延迟煤与空气的混合，减少火焰中心的氧量，使一次风煤粉气流在缺氧条件下燃烧，降低燃烧过程中 NO$_x$ 生成量，同时水冷壁附近氧浓度水平较高，可有效防止水冷壁高温腐蚀和结渣的发生。这种技术的特点是将二次风向外偏转一个角度，形成一个与一次风同轴但直径较大的切圆，即同轴燃烧。由于二次风向外偏转后，在煤粉气流喷出口处推迟了与一次风的初期混合，一次风切圆形成缺氧燃烧的"火球"，从而达到空气分级送入煤粉燃烧火焰中心的目的，使 NO$_x$ 的生成量降低。

同轴燃烧技术有两种形式：一种是偏转的二次风切圆与一次风切圆的旋转方向相同；另一种则是将二次风偏转一定的角度与一次风形成同向反切圆。第一种技术有加剧炉内整体旋转动量的趋势，炉膛出口烟气的残余旋转要比第二种技术强，出口温度偏差也较大，当燃烧易结焦煤时，不适用该技术。第二种技术由于一、二次风切圆方向相反，使煤粉和空气的混合加强，过量空气系数适当减小。两种形式的同轴燃烧技术如图 3-14 所示。同轴燃烧技术的关键在于二次风的偏转角度，偏转角度过大，NO$_x$ 的减排幅度增加，但飞灰中可燃物也会增加，合适的偏转角因煤粉而异，一般选择在 25° 左右。

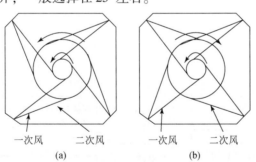

一次风　　二次风　　　　一次风　　二次风
(a)　　　　　　　　　(b)

图 3-14　同轴燃烧系统一、二次风射流
(a) 一、二次风同向；(b) 一、二次风反向

在同轴燃烧原理的基础上，研究者们还相继研制出一些适用于直流煤粉燃烧器的低 NO$_x$ 燃烧系统。例如，有的设计对不同层燃烧器分别采用同向和反向同轴燃烧的组合技术，也有将同轴燃烧技术与炉膛整体空气分级技术结合在一起，使降低 NO$_x$ 排放的效果更明显。杨华针等采用复合型多功能直流燃烧技术对一台410t/h 的煤粉锅炉进行了空气分级方案的设计及改造。数值模拟结果表明，通过一次风反切、一次风背火侧布置性能调节风、增设燃尽风等技术措施有效实现了炉内

水平和垂直方向的空气分级，大大降低了 NO_x 的生成量，同时减弱了煤粉颗粒的贴壁趋势，将煤粉燃烧集中在炉膛中部区域，并在水冷壁处形成保护风膜，从而有效防止了水冷壁的结渣和高温腐蚀。该技术还能减小四角配风不均所引起的气流切圆偏斜，避免由于配风不均导致的结渣等问题。改后的现场运行情况证明该技术不仅较好地解决了锅炉存在的结渣、超温问题，同时将 NO_x 排放量降低近40%。

　　3）燃料分级

　　燃料分级燃烧，是指在炉膛内设置二次燃烧贫氧燃烧的 NO_x 还原区段，以控制 NO_x 最终生成量的一种炉内燃料分级燃烧技术，由德国人在 20 世纪 80 年代提出，并很快被广泛应用。在空气分级燃烧技术中，煤粉先进行的是富燃料燃烧，不利于点燃和稳定燃烧，为了避免这个问题，燃料再燃烧技术采用煤粉先经过完全燃烧，生成 NO_x，然后再利用燃料中的还原性物质将其还原，从而减少 NO_x 排放。与空气分级燃烧技术类似，燃料再燃烧技术有通过燃烧器实现燃料分级和炉膛内燃料再燃两类。

　　（1）通过燃烧器实现燃料分级。燃料分级燃烧器的原理是在燃烧器内将燃料分级供入，使一次风和煤粉入口的着火区在富氧条件下燃烧，然后再与上方喷口进入的再燃燃料混合，进行再燃，旨在提高着火过程稳定性和进一步降低 NO_x 浓度。此类燃烧器中最具代表性的是德国 Steinmuler 公司 MSM 低 NO_x 燃烧器。

　　（2）炉膛内燃料再燃。利用炉膛内燃料再燃技术，可以使 NO_x 的排放量降低 50%～60%。如图 3-15 所示炉膛内燃料再燃法将整个炉膛分成了主燃区、再燃区和燃尽区三个部分。

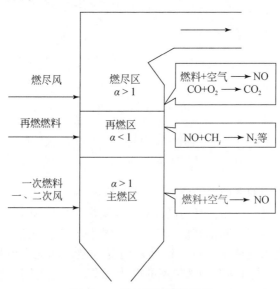

图 3-15　燃料分级燃烧原理

主燃区：这是主要的燃烧释放区，约 80% ~ 85% 的燃料在该区燃烧并放出热量。主燃烧区燃料在过量空气系数大于 1 的条件下燃烧，由于该区氧气充足，火焰温度也较高，因此将形成较多的 NO_x，这一区域产生的 NO_x 值是进入再燃区和燃尽区 NO_x 的初始值。在该区域没有完全燃尽的燃料将与生成的 NO_x 共同进入再燃烧区。

再燃烧区：再燃燃料喷射到空气不足的主燃烧区的上部，形成富燃料、还原性气氛的再燃烧区。再燃燃料在氧化过程中分解形成烃类生成物，同时也放出燃烧热量。进入该区的活性氮类包括来自主燃烧区的 NO_x 及再燃燃料本身所含有的燃料氮。这些活性氮类与烃生成物反应生成中间产物，如 HCN 和 NH_3，将主燃烧区生成的大部分 NO_x 还原为 N_2。

燃尽区：这是炉膛内的最终燃烧的区域，过量的空气加入该区域形成富氧氛围，以促进剩余燃料的燃尽。

（3）燃料分级燃烧的影响因素有以下几种。

二次燃料种类及比例（再燃比）的影响。再燃燃料应该选择能在燃烧时产生大量不含氮的碳氢化合物，如天然气、煤粉、生物质、水煤浆等。煤粉作再燃燃料时，挥发分较高的煤较其他煤种降低 NO_x 的效果好，煤粉再燃对 NO_x 还原效果要略差于天然气。为保证还原效果，必须送入再燃区足够数量的二次燃料，以保证还原 NO_x 所必需的碳氢化合物浓度，对具体的二次燃料，其合适的比例要由试验确定。

再燃区内过量空气系数的影响。再燃区中过量空气系数对 NO_x 的浓度有很大的影响。条件不同，最佳的过量空气系数不同。最佳的过量空气系数值要通过试验确定。

再燃区内温度和停留时间的影响。再燃区内的温度越高，停留时间越长，还原反应就越充分，NO_x 的降低率就越大。在整个再燃脱硝过程中，再燃区是决定脱硝效率的核心位置。

众多研究表明，天然气是最合适的再燃燃料，但是我国天然气资源匮乏，且初期投资和运行成本相对较高，因而推广较难。近年来，煤粉、水煤浆、焦炉煤气、生物质等作为再燃燃料受到广泛关注。

4）烟气再循环

烟气再循环是指将燃烧后进入空预器之前的烟气抽取一部分再返回燃烧区循环使用的方法。由于这部分烟气的温度较低（140 ~ 180℃）、含氧量也较低（8% 左右），因此可以同时降低炉内燃烧区的温度和氧气浓度，从而有效地抑制了热力型 NO_x 的生成。循环烟气可以直接喷入炉内，或用来输送二次燃料，或与空气混合后掺混到燃烧空气中，工程实践中最后一种方法效果最好，应用也最多，如图 3-16 所示。

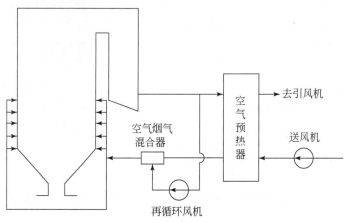

图 3-16　烟气再循环系统示意图

用于再循环的烟气量与不采用再循环时的总烟气量的比值称为再循环率，再循环率与 NO_x 排放量的关系如图 3-17 所示。可见，随着烟气再循环率的增大，NO_x 的排放量降低。但是，再循环率的提高是有限度的，循环烟气量的增加，会使入口处煤粉气流速度增大，使燃烧趋于不稳定，发生脱火现象，同时增加了未完全燃烧的热损失；一般再循环率控制在 15% ~ 20%，此时 NO_x 排放可以降低 25% 左右。

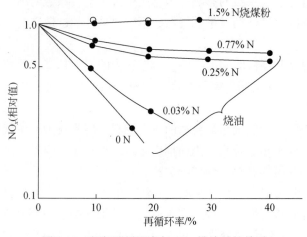

图 3-17　烟气再循环率与 NO_x 排放量的关系

由于热力型 NO_x 在燃煤锅炉中生成比例较小，所以该方法对降低总 NO_x 排放的效果也相对较小。另外必须注意的是，采用烟气再循环技术虽然降低了燃烧温度和氧气浓度,但也会造成未燃炭的增加。另外该法需要添加配套设备,如风机、风道等,使系统变得复杂并增加了投资,对于旧机组改造时往往受到场地的限制。

5)先进再燃

除燃料再燃和烟气再循环外,还有一种常用的再燃还原 NO_x 的方法,即从炉膛上方喷入氨基还原剂,在一定的条件下还原已生成的 NO_x。由于 NH_3 只与烟气中的 NO_x 发生反应,所以这种方法被称为选择性非催化还原法(SNCR)。这种方法具有投资小、运行成本低和 NO_x 还原率高等优点。但是由于 NH_3 还原 NO_x 只能在 $950 \sim 1050℃$,所以必须具有良好的混合与反应时间,在实际操作中存在 NH_3 的泄漏过多等问题,在实际应用中也受到一定限制。

为了改善炉顶直接喷氨的方法,先进再燃提出将再燃和 SNCR 相结合,即在再燃区、燃尽区及其下游 SNCR 的基础上喷入 H_2、CH_4 等还原性气体作为 SNCR 的促进剂,调整合适的燃烧气氛,拓宽氨剂还原 NO_x 的温度窗口,优化氨剂还原 NO_x 的反应条件,通常在有还原性气体存在的情况下,氨剂脱硝的效率可以提高到 80% ~ 90%。其技术示范最早被成功应用于美国的 105MW NYSEG Greenidge 电站。

20 世纪 90 年代,美国 energy and environmental research corporation(EER)对传统先进再燃过程进行了改良,提出第二代先进再燃 second generation advanced re-burning(SGAR)技术:氨剂可喷入再燃区;另外喷入添加剂,可以提高再燃、氨剂还原效果;添加剂可从不同位置随同氨剂喷入或单独喷入。图 3-18 是常规再燃、先进再燃与 SGAR 的示意图。改良的先进再燃充分利用再燃区、燃尽

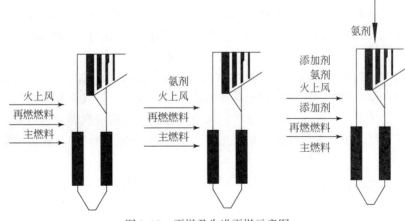

图 3-18　再燃及先进再燃示意图

区及其下游的燃烧气氛和温度特性，在不同位置以不同形式灵活喷入氨剂、添加剂和燃尽风，从而增强再燃区、燃尽区及其下游的 NO_x 还原反应。因此，先进再燃技术关键已不仅是再燃与 SNCR 的联合，而且添加剂在再燃和 SNCR 过程中发挥重要的增效作用。该技术可应用在各种燃煤炉型上，脱硝效率可达 95%，无需重大部件改造，成本仅为 SCR 的一半。

国内的应用研究表明，该技术所用的再燃燃料可以为液化气、合成气、生物质及各种燃料废料等；添加剂可以选用碱金属、含铁化合物、含氧有机化合物等。该工艺满足现有 NO_x 排放标准，投资运行成本较低，易于实现对老锅炉的改造，适合我国国情。

6）解耦燃烧技术

解耦燃烧技术是一种新型的低氮燃烧技术，其原理是将燃烧分为两个阶段，即煤热解与热解气和半焦的燃烧。第一阶段，煤在很高的还原性气氛下发生热解、气化和燃烧，充分利用煤自身的还原性热解产物还原煤炭燃烧过程中生成的 NO_x；第二阶段，提供高温富氧但不产生热力型 NO_x 的环境，确保焦炭充分燃尽。因此，解耦燃烧技术可以解除煤燃烧飞灰含碳量与 NO_x 的耦合关系。

由于煤燃烧过程中，不同阶段的多相反应组分、浓度和反应温度等条件不同，各尺度下的 NO_x 转化和抑制机理存在明显的差异，系统内多个尺度下的过程和物理场存在相互作用与耦合，因此，以多尺度方法更易于深入地分析和控制 NO_x 的转化过程。解耦燃烧理论提出，强化较小尺度和中等尺度的深度分级燃烧，有效利用煤自身热解产物，减小对较大尺度分级燃烧的依赖；通过形成不同尺度、不同气氛的多个分区，更细致、均匀地控制浓度场和温度场，以抑制燃料型、控制热力型 NO_x 的生成；提高炉膛利用率，降低火焰中心和顶部燃尽风率，将可燃物在高温区燃尽，从而降低 NO_x 排放的同时保障燃烧效率。解耦燃烧技术在小尺度上可以通过解耦燃烧器实现，在中等尺度上可以由多角解耦切圆燃烧炉膛来实现。

中科院过程所研发的一种分流增浓的煤粉解耦燃烧器，如图 3-19 所示。该燃烧器通过位于浓侧通道内的阶梯状集粉稳焰器，推迟淡粉气流和浓粉气流的混合，在一次风内部、二次风混合前的较小空间范围内提高解耦燃烧的效果。该过程是属于小尺度上的分级燃烧；中尺度上多角解耦切圆燃烧炉膛将在后续章节中进行介绍。

另外，解耦燃烧技术同样适用于层燃炉，详见 3.3.2 节。

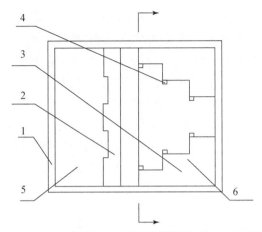

图 3-19　一种分流增浓的煤粉解耦燃烧器喷口纵截面

1. 喷口；2. 分流隔板；3. 集粉稳焰器；4. 分流堰；5. 淡侧气流通道；6. 浓侧气流通道

2. 低 NO_x 燃烧器

1）对低 NO_x 燃烧器的性能要求

性能良好的燃烧器一方面能够组织良好的燃烧，对锅炉的可靠性和经济性起着决定性的作用；另一方面，由于燃料型 NO_x 主要是在煤粉着火阶段生成的，因此，性能良好的燃烧器对 NO_x 的生成还应具有一定的减排作用。将空气分级及燃料分级的原理应用于燃烧器的设计，尽可能地降低着火区的氧浓度和温度，从而达到控制 NO_x 生成量的目的，这类特殊设计的燃烧器就是低 NO_x 燃烧器，一般可以降低 NO_x 排放浓度的 30% ~60%。低 NO_x 煤粉燃烧器的设计核心是通过各种可行技术，来实现在煤粉气流火焰的局部区域造成缺氧燃烧环境，有效抑制燃烧初期的 NO_x。另外，结合低热值煤着火特性，为了提高锅炉低负荷稳燃及对低挥发分或劣质煤种的适应性，低 NO_x 燃烧器同时还必须满足劣质煤稳燃的"三高一强"原则，即提高着火区烟气温度、提高煤粉浓度、提高气流卷吸烟气的体积，以及强化燃烧过程初始阶段。

2）低 NO_x 燃烧器的分类

（1）据降低 NO_x 产生量的原理分类。根据燃烧器降低 NO_x 产生量的原理不同，可分为浓淡分离燃烧器、预燃室燃烧器、混合促进型燃烧器、阶段燃烧型燃烧器、分割火焰型燃烧器及烟气再循环型燃烧器等。

浓淡分离燃烧器，把一次风粉混合物通过燃烧器内的结构，分为煤粉浓度不同的浓淡两股气流，使一部分燃料作过浓燃烧，另一部分燃料作过淡燃烧，但整体上空气量保持不变。由于两部分都在偏离化学当量比下燃烧，这种燃烧又称为偏离燃烧或非化学当量燃烧。该燃烧器既避免了高温还原性火焰燃烧初期与二次风过早接触，同时又保证了浓煤粉挥发分的快速着火，使火焰温度维持在较高水平，减少不必要的燃烧推迟，保证燃尽率。除了能降低 NO_x 排放之外，浓淡分离燃烧还具有改善劣质煤着火特性、提高燃烧效率和防止燃烧器区域结焦结渣的作用。目前国内常用的浓淡分离燃烧器主要包括 PM 型直流燃烧器、WR 型燃烧器、撞击式浓淡燃烧器、百叶窗式浓淡燃烧器等。为了提高燃烧器喷口气流与高温烟气的接触面积，强化热交换，国内还开发了顿体、火焰稳定船燃烧器等。

预燃室燃烧器，一般由一次风（或二次风）和燃料喷射系统等组成，燃料和一次风快速混合，在预燃室内一次燃烧区形成富燃料混合物，由于缺氧，只是部分燃料进行燃烧，燃料在贫氧和火焰温度较低的一次火焰区内析出挥发分，因此减少了 NO_x 的生成。

混合促进型燃烧器，通过改善燃料与空气的混合，缩短烟气在高温区的停留时间，同时降低氧气剩余浓度。

阶段燃烧型燃烧器，先将燃料进行浓燃烧，然后送入剩余空气，使燃料在偏离理论计量比的情况下燃烧。

分割火焰型燃烧器，通过将火焰分割成多股小火焰，增大火焰散热面积，从而降低火焰温度。

烟气再循环型燃烧器是利用空气抽力，将部分炉内烟气引入燃烧器，进行再循环，从而降低火焰温度、氧浓度，达到降低 NO_x 产生量的目的。

（2）据火焰形式分类。低 NO_x 燃烧器依据火焰形式的不同主要有直流和旋流两种类型。

直流燃烧器，通常采用四角切圆布置，风粉混合物从四角喷入炉膛，形成一团旋转上升的火焰，停留时间长，混合强烈，有利于煤粉颗粒的燃尽，但由于旋转残余动量在折焰角上方过热器附近经常会因为烟气的旋转而产生热偏差。这种燃烧器的气流和火炬之间的相互影响和作用很重要，可以通过调节一、二和三次风喷口相互之间的位置和风速来组织高效燃烧，并避免过热器附近热偏差和高温腐蚀等问题。

旋流燃烧器，将一次风煤粉气流以直流或旋流的方式进入炉膛，二次风从煤粉气流的外侧进入炉膛，射流的强烈旋转使两股气流进入炉膛后强烈混合，卷吸大量已着火的高温烟气，在着火段形成烟气氧气过量的燃烧区域中。通常采用前后墙对冲布置，旋转的二次风会在燃烧器出口附近形成一个回流区，使高温烟气回流来稳定煤粉燃烧。单个的旋流燃烧器就能组织燃烧，又可以避免过热器受热面的热偏差。但是，旋流燃烧器对形成回流区的大小要求比较高，回流区小了不利于煤粉的稳燃，大了又容易造成热气流刷墙；燃烧火焰的行程也较短，后期混合较差。按照结构不同，旋流燃烧器大体上可以分为蜗壳式旋流燃烧器和可动叶片式旋流燃烧器两种。目前来看，所有的旋流燃烧器设计都朝着空气分级和使煤粉初期处于富燃料区燃烧的方向发展。目前，国内应用较广的旋流燃烧器主要有：哈尔滨工业大学孙绍增等开发的径向浓淡旋流燃烧器和浙江大学岑可法院士团队开发的可控浓淡分离旋流燃烧器。

自 20 世纪 70 年代开始，各国学者和研究人员开发出了多种类型的低 NO_x 燃烧器，许多大公司也都有自己品牌的低 NO_x 燃烧器。典型的低 NO_x 燃烧器有：三菱公司的 PM 型燃烧器、CE 公司的直流式宽调节比 WR 燃烧器、Rileystocke 公司的多股火焰燃烧器、A-PM 型燃烧器、新型低 NO_x 旋流燃烧器、带中心风的旋流燃烧器等。

3）典型低 NO_x 燃烧器介绍

下面主要介绍两种新型、典型的低 NO_x 燃烧器，其他低 NO_x 燃烧器参见相关文献。

（1）A-PM 型燃烧器。A-PM（advanced-pollution minimum）型浓淡煤粉燃烧技术是在 PM 型燃烧器的基础上开发的，其主要技术路线是将原来的 PM 型浓淡煤粉燃烧器改进为 A-PM 型浓淡煤粉燃烧器，如图 3-20 所示。A-PM 型浓淡煤粉燃烧器将单个喷嘴的火焰形成同轴对称火焰，使局部过于集中的浓煤粉气流分解为火焰中心是淡煤粉气流，外围是浓煤粉气流。这样，不仅降低了局部的高热负荷，而且在火焰中心区形成 NO_x 的还原区，大幅度降低了 NO_x 的生成量。而在火焰外围的浓煤粉气流区维持了火焰的稳定性。尤其是在喷口内设置的稳焰器，可进一步提高煤粉着火和燃烧的稳定性，使低负荷燃烧器稳燃能力增强。A-PM 型浓淡浓煤粉燃烧器采用分隔风箱的结构，可实现单个火焰的灵活调节，有利于保持单个燃烧器的良好运行。

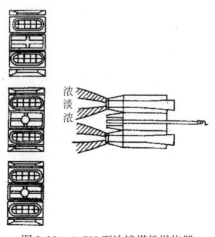

图 3-20　A-PM 型浓淡煤粉燃烧器

（2）新型低 NO$_x$ 旋流燃烧器。由于大部分煤粒中的挥发分在 30~50ms 内析出，当煤粉气流的速度为 10~15m/s 时，挥发分析出的行程小于 1m。要控制该区域中的 NO$_x$ 的生成量，就应控制燃烧着火初期的过量空气系数。为了降低传统的旋流燃烧器的 NO$_x$ 排放量，需要在空气分级上克服旋流燃烧器一、二次风过早强烈混合的问题，使二次风逐渐混入一次风气流中，实现沿燃烧器射流轴向的分级燃烧过程，避免形成高温、富氧的局部环境。这一类型燃烧器具有代表性的是双调风煤粉燃烧器。

双调风煤粉燃烧器的结构是根据火焰内脱氮的概念来设计的，火焰内脱氮的概念如图 3-21 所示。

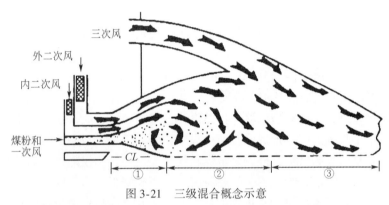

图 3-21　三级混合概念示意

①燃料非常浓的区域；②中间加入空气的区域；③最后加入空气的燃尽区

根据不同煤种的燃烧特性，采用合理的结构设计，在运行中控制燃烧器出口的一次风和二次风气流的动量等可以达到低 NO$_x$ 燃烧的目的。国内外不同锅炉制造厂家研制的低 NO$_x$ 双调风旋流燃烧器在结构上各具特点且种类较多，此处不再详述，下面介绍双调风煤粉燃烧器分级原理，如图 3-22 所示。

双调风煤粉燃烧器的一次风管外围设置了两股二次风，即内二次风和外二次风（又称三次风），分别由各自通道内的调风器控制其旋流强度，内二次风的作用是促进一次风煤粉气流的着火和稳定火焰，外二次风的作用是在火焰下游供风以保证低热值煤粉的燃尽。另外，旋转的外二次风卷吸的热烟气也能起到改善火焰稳定性的作用。这一空气分级方式可以将燃烧的不同区段控制在沿射流轴向的不同位置，适当延迟燃烧过程，可降低火焰的峰值温度和燃烧强度，从而形成一个核心为富燃料、四周为富氧的稳定火焰，既有利于稳定燃烧，也有利于减少 NO$_x$ 的排放。

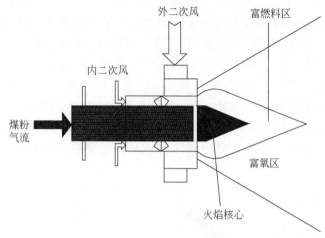

图 3-22　双调风旋流燃烧器

3. 低 NO$_x$ 炉膛技术

1）低 NO$_x$ 炉膛的种类

低 NO$_x$ 炉膛技术，主要包括燃烧室大型化、分隔燃烧室、切向燃烧室等。燃烧室大型化是采用较低的炉膛容积热负荷，增大炉膛尺寸，降低火焰温度，来控制热力型 NO$_x$ 的产生，但是该方法使炉膛体积大幅度增大，在实际应用中受到限制；分隔燃烧室是利用双面水冷壁把大炉膛分隔成小炉膛，提高炉膛冷却能力，控制火焰温度，从而降低 NO$_x$ 的浓度，但是该方法炉膛结构复杂，操作要求高，实际应用中也受限；切向燃烧室，一般与直流煤粉燃烧器配合使用，使煤粉气流由炉膛四角喷入炉膛，其出口气流的几何轴线切于炉膛中心的假想切圆。

2）典型低 NO$_x$ 炉膛介绍

切圆燃烧锅炉。根据喷嘴布设位置的不同，切圆燃烧锅炉可以分为四角切圆、四墙切圆、多角解耦切圆、六角切圆、单炉膛双切圆等。下面就前三种炉型进行分析讨论。

传统四角切圆锅炉、四墙切圆锅炉、多角解耦切圆锅炉的结构分别如图 3-23、图 3-24 和图 3-25 所示。

四角切圆锅炉中，煤粉及气流由四角喷入炉膛，形成假想切圆，造成气流在炉内强烈旋转，在炉膛中心区形成高温火焰团，火焰靠近炉壁流动，炉膛四周是强烈的螺旋上升气流，在中心则是速度很低的微风区。冷却条件好，再加上燃料与空气混合慢，火焰温度水平低，而且比较均匀，对控制热力型 NO$_x$ 较为有效。四角切圆锅炉可应用的锅炉容量从小到大不等，适用于几乎所有的煤种，包括低热值煤。由于以上优点，决定了其成为我国电站应用最广、最成熟的燃烧方式。但在实际运行中该燃烧方式仍存在着许多问题：① 燃烧锅炉的四角区域温度低，四墙中部温度高，既不利于难燃煤的稳燃和抑制 NO_x 排放，也容易造成水冷壁的结焦和高温腐蚀；② 随着四角切圆锅炉容量的增大，断面热负荷增高，炉内温度也升高，煤粉的挥发分释放和焦炭燃烧速率也增大，使燃料型 NO_x 的生成量提高，同时热力型 NO_x 的生成量也大幅度提高；③ 锅炉水平烟道中存在着不同程度的烟速、烟温偏差，而且随着锅炉容量的增大，偏差也增大，造成高温对流过热器超温爆管；④ 低负荷时对低热值煤稳燃效果差，且飞灰中可燃物含量过高。

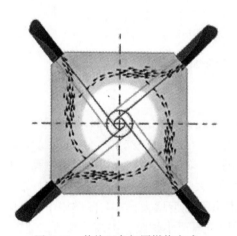

图 3-23　传统四角切圆燃烧方式

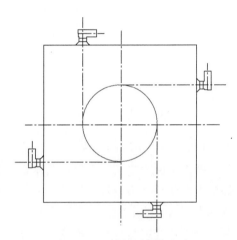

图 3-24　四墙切圆燃烧方式

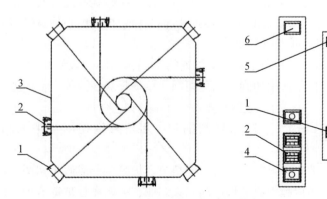

图 3-25　多角解耦切圆炉膛及其布风

1. 二级二次风喷口；2. 一次风喷口；3. 炉壁；4. 一级二次风喷口；5. 角燃尽风；6. 墙燃尽风

为了解决四角切圆锅炉四角热负荷水平低等问题，四墙切圆锅炉将煤粉及气流喷口布置在壁面热负荷最高区域，这样既充分利用了切圆燃烧方式中特有的气粉混合强烈，上游射流高温烟气可点燃下游煤粉气流、湍动度大、燃尽率高的优点，又吸收了 W 型火焰使射流卷吸到炉膛内最高温度水平烟气的特点。另外，切圆旋转的高温烟气能直接冲刷至燃烧器喷口火焰根部，这是四角切圆燃烧方式及 W 型火焰燃烧方式都不具备的。燃烧器喷口射流吸热后使炉膛中部水冷壁温度下降，炉膛四角处由于没有射流吸热，四角壁面上仍能保持较高温度，使整个燃烧器区域炉膛壁面温度趋于平衡。但是四墙切圆锅炉中一次风刚性较弱，一次风气流侧面受到上游高温气流的直接冲击，偏转较为严重，易在侧墙边壁处形成煤粉高浓度区，形成还原性高温区，容易造成结渣与高温腐蚀。

为了更精准地控制切圆燃烧炉膛内的温度与气体组成分布，高效控制低挥发分贫煤及低热值煤的着火、稳燃和 NO_x 生成，中国科学院过程工程研究所依据解耦燃烧理论，设计了多角解耦切圆锅炉，如图 3-25 所示，通过布设在四墙与四角的喷口，达到在中等和较大尺度上强化解耦燃烧的目的。

根据解耦燃烧理论，该多角切圆将一次风喷口相对集中地布置在炉膛侧墙，距炉膛火焰中心较近，不仅有利于难燃煤的稳燃，也有利于提高煤粉的热解气化速度，降低焦炭氮的比例。一级二次风喷口布置在一次风喷口组的上、下部，可进行点火助燃和防止煤粉离析；二级二次风喷口设置在一次风下游的炉膛角部，可在沿气流旋转方向从一次风到二次风射流之间，形成多个区域较大的局部强还原性燃烧区，既延长了煤粉燃烧初期到中期的还原性范围，也通过一二次风的逐步扩散混合提高了炉膛的充满度和均匀性，避免出现局部高温高氧的条件。采用可垂直和水平摆动调节倾角的角部二次风，精确控制内侧一次风与炉墙侧二次风的混合，有效防止水冷壁结焦和高温腐蚀；侧墙二次风喷口和侧墙燃尽风喷口距离炉膛中心较近，气流贯穿到炉膛中心的能力较强，因而可加强整个炉膛空间的风粉混合，提高炉膛的充满度，使煤粉及时燃尽。

3.2.3　循环流化床锅炉低温燃烧技术及其低 NO_x 技术

1. 循环流化床锅炉低温燃烧技术

循环流化床（CFB）锅炉由于其燃烧温度一般在 $1123 \sim 1173K$，属于低温燃烧，因此 NO_x 排放浓度低，本身就是一种洁净煤发电技术。

由于早期人们比较关注燃烧的经济性，燃烧温度偏高往往超过 900℃，甚至更高。较高的燃烧温度，有利于组织炉内的燃烧过程，有助于提高燃煤的燃尽程度，但过高的炉内温度对脱硫和脱硝过程却是极为不利的。为了在燃烧过程中同时兼顾燃烧、脱硫、脱硝三个过程，对温度的控制要求较为严苛，建议燃烧温度控制在900℃左右。在这一燃烧温度下，热力型和燃料型 NO_x 生成量都要比常规煤粉炉低得多，中国电力企业联合会2012年统计了87台135～300MW级CFB锅炉 NO_x 排放情况，87台锅炉中 NO_x 的平均排放浓度为160mg/m³，其中135MW级162mg/m³，200MW级146mg/m³，300MW级161mg/m³，在不考虑其他低 NO_x 控制技术的情况下，这一排放水平远低于同等容量煤粉炉的 NO_x 排放值。

2. 循环流化床锅炉低 NO_x 技术

1）空气分级燃烧技术

近年来研究人员逐步在CFB锅炉上开展了空气分级燃烧技术的研究和应用，为进一步降低CFB锅炉 NO_x 的排放提供了可能。通过减少由布风板送入的一次风量，其余燃烧空气由二次风在密相区上面的悬浮段送入。当控制一、二次风的比例在60%：40%到40%：60%、床温不超过1173K、$\alpha \le 1.25$ 条件下，NO_x 浓度可以控制在70～150mg/m³。

2）喷氨脱硝技术

要进一步降低CFB锅炉 NO_x 的排放，还可以采用炉内喷氨脱硝等技术，即在炉膛尾部或旋风分离器中通入氨气或尿素，利用分解产生的 NH_2 基团，与NO和 N_2O 反应降低 NO_x 的排放浓度。在循环灰的作用下，NH_3 能较好地还原氮氧化物，使其排放浓度明显下降，并且 NH_3 还可以有效地降低 N_2O。由于CFB锅炉的循环灰在燃烧过程中大量存在并且含有丰富的金属氧化物，如 Fe_2O_3、Al_2O_3、CaO，是没有成本的催化剂，因此在分离器出口喷氨，不仅在该温度下可发生选择性非催化还原反应，还可以形成高温条件下的无催化剂消耗的 NH_3 选择性催化还原 NO_x 的工艺。这是CFB锅炉超低排放燃烧技术的基础之一。在采用石灰石进行燃烧中脱硫的过程中，CaO对还原NO有一定的催化作用，但其同时对氨的氧化反应也有催化作用。研究发现，当Ca/S摩尔比为2时，CFB锅炉的 NO_x 排放值比不加石灰石时增加了一倍。因此，应该合理控制石灰石的添加量，以实现同时脱硫脱硝；另外，氧气浓度很高时，循环物料也会促进 NH_3 氧化，造成 NO_x 脱除率下降，因此还需要控制过量空气系数，以实现高效脱氮。

3）N_2O 控制技术

与常规煤粉炉相比，CFB锅炉由于低温燃烧，具有低 NO_x 排放特性，但同时，却产生了较多的 N_2O，煤粉炉中 N_2O 的排放浓度为0～0.0005%，而CFB锅炉中 N_2O 的排放浓度为0.003%～0.025%。为了降低 N_2O 的排放，可适当提高CFB锅炉燃烧室的运行温度，在运行中进行燃烧调整、降低过量空气系数，或者组织后期燃烧，也可在分离器中喷天然气，有条件时可加入催化剂促使 N_2O 分解。如何有效降低流化床锅炉低温燃烧过程中 N_2O 的生成量，已经成为目前流化床锅炉燃烧技术中研究的重点。

3.2.4　层燃炉低 NO_x 燃烧技术

适用于煤粉炉的低 NO_x 燃烧技术也可以用于层燃炉：如采用低过量空气系数运行，最多可降低 NO_x 排放值 20%；在除尘器后将再循环烟气引入炉膛内，以降低炉膛中氧的浓度和燃烧温度，可降低 NO_x 的排放值 20%；采用燃料分级燃烧时，可降低 NO_x 排放值 50%。此外，还可以采用解耦燃烧技术，将炉膛分为热解区和燃烧区两个部分，以强化煤自身热解气及焦炭对 NO_x 的还原作用。目前，成熟的解耦燃烧技术主要有民用炊暖两用炉低 NO_x 燃烧技术、热解燃烧链条炉低 NO_x 燃烧技术及新型低排放层燃炉等。

1. 民用炊暖两用炉低 NO_x 燃烧技术

山西大学资源与环境工程研究所开发了一种清洁高效的民用炊暖两用家用煤炉，如图 3-26 所示。该煤炉适用于不同煤种，可大幅度地提高锅炉热效率、降低烟尘、NO_x、SO_2 及室内 CO 的浓度。产生的热量既可以用来烹饪，又可用于提供家庭取暖或生活用热水。

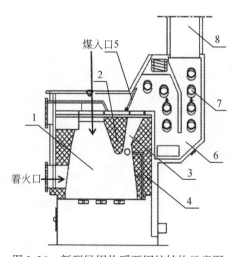

图 3-26　新型民用炊暖两用炉结构示意图

1. 炉膛一区；2. 炉拱；3. 炉膛二区；4. 二次风管；5. 盖板；6. 烟道；7. 水冷管；8. 烟囱

　　该炉炉膛用炉拱分隔为炉膛一区和炉膛二区，即将炉膛分为热解区和燃烧区两个部分。从炉排附近至炉膛二区设置一根或多根第一补风管，用以将炉排附近的热空气引入炉膛二区助燃。从外壳至炉膛二区设置一根或多根第二补风管，用以将外界空气引入炉膛二区助燃。炉膛二区和烟囱烟道之间由可移动的盖板分隔。炉排附近的热风和炉外的空气通过第一补风管被引入炉膛二区，一方面可加强燃烧，避免产生黑烟；另一方面也充分利用了炉排附近热空气所携带的热量。不做饭的时候，关闭加煤口和看火口，炉膛一区上层的煤块处于干馏状态，下层的煤块处于燃烧状态；产生的烟气进入炉膛二区燃烧。煤干馏时产生的还原性气体沿着炉拱和炉排之间的通道也进入炉膛二区内，可将燃烧所产生的氮氧化合物还原为 N_2。并且，由于烟气下行，半焦对烟气中的氮氧化合物也有很好的还原作用。根据需要可以调节第二补风管末端的调节开关，从而调节引入炉膛二区助燃的空气量。

　　在山西省柳林县进行的实际应用试验结果（图 3-27、图 3-28）表明，该民用锅炉燃烧过程中烟尘、氮氧化合物、二氧化硫及室内一氧化碳的排放量都明显低于普通民用炊暖锅炉。如果配合使用含脱硫剂的生物质型煤，则含硫气体排放量会进一步减小。

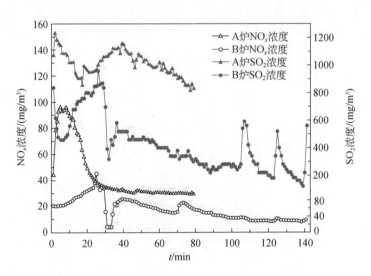

图 3-27　传统与新型民用炊暖两用炉 NO_x 及 SO_2 排放监测数据

A 炉：传统民用炊暖两用炉；B 炉：新型炊暖两用炉

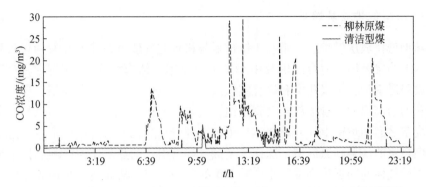

图 3-28　新型民用两用炉燃柳林原煤和环保型煤 24h 室内 CO 浓度监测数据

2. 热解燃烧链条炉低 NO_x 燃烧技术

热解燃烧链条炉是根据层燃链条炉热解燃烧技术原理设计出的新型层燃炉，结构如图 3-29 所示。与普通层燃链条炉相比，热解燃烧链条炉融合了燃料再燃技术，可以有效抑制炉内 NO_x 的生成。其实现方式如下：将链条炉分解为前段热解区及后段半焦还原和可燃气燃烧区。前段热解气化区产生的对 NO_x 具有还原作用的可燃气被导入后段燃烧炉膛后，形成了燃料再燃，可对链条炉排半焦燃烧生成的 NO_x 起到很好的抑制效果，同时半焦中的 C(s) 本身对生成的 NO_x 也具有有效的还原作用，从而达到降低 NO_x 排放的目的。

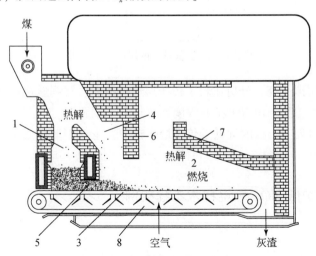

图 3-29　热解燃烧链条炉示意图

1. 热解气化炉膛；2. 层燃炉膛；3. 链条炉排；4. 上层连接室；5. 下层连接室；
6. 前拱；7. 后拱；8. 空气室

3. 新型低排放层燃炉

新型低排放层燃炉，也是基于解耦燃烧机理与气体再燃技术开发的一种强化脱除 NO_x 的层燃炉，适合民用及中小型工业使用，结构如图 3-30 所示。该新型低排放层燃锅炉，由炭化室和燃烧室组成，燃烧室中包括后拱和前拱，后拱中设置带孔的耐高温输气管道或输气管道组，输入具有还原性的气体；前拱从炭化室和燃烧室之间的炉壁上伸向燃烧室，干馏气导管从炭化室沿着炉壁下行通过前拱进入燃烧室的高温高氮区域。这样，干馏气导管引入的热解还原气和后拱上输入的还原性气体共同强化高温区生产的 NO_x 的还原反应，从而达到炉内高效脱氮的作用。该锅炉具有易生火、能够有效利用煤炭热值及工农业废气的热值、氮氧化合物排放低、烟尘排放量小，热效率高等优点。

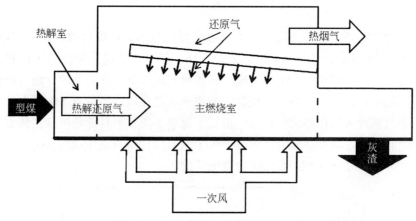

图 3-30　一种低排放的层燃炉示意图

通过数值模拟研究，分析比较了传统层燃链条炉、解耦燃烧层燃炉及新型低排放层燃炉三种炉型。由 NO_x 排放浓度计算结果（图 3-31）可见，新型低排放层燃锅炉烟道出口处 NO_x 浓度远低于传统层燃锅炉，也低于解耦燃烧层燃炉，具有显著降氮的特点。

3.2.5　煤粉炉低 NO_x 燃烧技术工程实例

1. 概况

某厂 2#机组为 330MW 直接空冷汽轮发电机组，采用单炉膛Π型布置、平衡通风、四角切圆燃烧方式、尾部双烟道、固态排渣、全钢架悬吊结构、半露天布

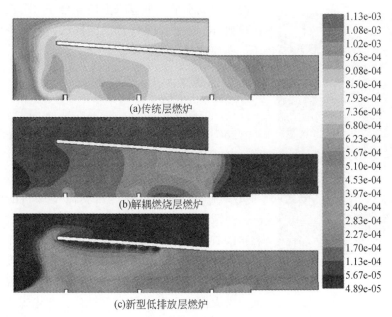

图 3-31　几种层燃炉的氮氧化物排放数值计算结果比较（单位：mg/m³）

置。该锅炉控制 NO_x 的技术主要为水平浓淡燃烧器+四角切圆炉膛+深度分级高效低 NO_x 燃烧系统，燃烧器和一、二、三次风及燃尽风的独特配风方式能够保证煤粉均匀燃烧，避免火焰冲刷炉墙，炉膛热负荷分布均匀，能有效地降低飞灰、炉渣含碳量、保证锅炉燃烧效率。

2. 低氮燃烧技术

本项目锅炉采用四角布置、切向燃烧、手动摆动式直流煤粉燃烧器，假想切圆直径为 Φ790mm。燃烧器所配制粉系统为钢球磨煤机中储式热风送粉系统，磨煤机型号为 MTZ3872，共 3 台。煤粉仓中的煤粉由经空气预热器预热后的一次风携带，通过水平浓淡燃烧器分浓淡两股进入炉膛，煤粉从设置在炉膛四角的燃烧器，分浓淡两股沿假想切圆切线喷入炉膛中心。浓侧煤粉在向火侧，进入炉膛中心火焰之前在缺氧环境下热解，释放出还原性气体，还原性气体在焦炭与二次风燃烧中还原燃烧生成的 NO_x；淡侧气流则流向水冷壁一边，在避免附近形成富氧保护层。这样，水平浓淡燃烧器与四角切圆的相互配合，使炉膛水平方向上形成中间贫氧，周围富氧的空气分级。炉膛垂直方向上采用深度空气分级，下层一、二次风区域贫氧燃烧，控制 NO_x 生成，上层三次风与燃尽风补足氧气，使燃料充分燃尽，有效降低下层燃烧区热负荷、降低飞灰、炉渣含碳量。

综上，运用水平浓淡燃烧器+四角切圆炉膛+深度分级高效低 NO_x 燃烧系统，

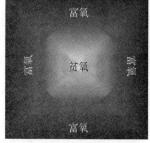

图 3-32　复合空气分级

炉膛内形成水平与垂直双方向复合空气分级，如图 3-32 所示，在控制 NO$_x$ 产生的同时，保证锅炉热效率、避免炉壁高温腐蚀。

3. 系统组成及主要设备

1）低氮燃烧器

2#锅炉低 NO$_x$ 燃烧器采用楔形体水平浓淡燃烧器（C、D）及偏置周界风设置，结构如图 3-33 所示。该浓淡燃烧器将一次风煤粉气流分离成富粉流和贫粉流两股水平气流。富粉流中煤粉浓度的提高，将减少煤粉的着火热，提高火焰传播速度，使燃料的着火提前；另外，由于煤粉在贫氧条件下燃烧，降低了挥发分氮的产生。然而煤粉浓度并不是越高越好，煤粉浓度过高，会引起颗粒升温速度降低，着火困难，煤粉燃烧不充分，产生煤烟。水平浓淡燃烧器的最佳煤粉浓度与煤种有关，燃用劣质烟煤和低挥发分煤需要比烟煤更高的最佳煤粉浓度值。燃烧器通过选取合适百叶窗浓缩器结构，如浓缩器叶片间距、叶片长度、叶片倾角等结构，控制浓淡侧风量比在 1.1 ~ 1.2，使燃烧器喷口浓淡两侧在较小的浓淡风量偏差下实现适当的煤粉浓度比，防止燃器烧坏及结焦、降低 NO$_x$ 生成。所有叶片采用楔形体结构，消除叶片后因气流的绕流作用而形成的回流区，防止煤粉沉积和减小燃烧器阻力。

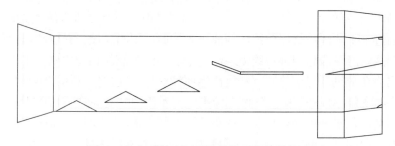

图 3-33　楔形体水平浓淡燃烧器内部结构图

在燃烧器内浓缩器内表面、楔形体表面、挡板的两面都进行贴防磨陶瓷内衬处理，可以提高这些易磨损表面的表面硬度。陶瓷贴片主要成分为 Al$_2$O$_3$，其含量达到 97%，采用压制、烧结成型，成型后密度不低于 3.5g/cm³。

一次风喷口 C、D 中布置半锥体及稳焰齿，如图 3-34 所示，能够有效提高低负荷稳燃能力。半锥体位于浓侧喷口内，使一次风浓煤粉气流偏离主气流方向 7.5°反切喷入炉内，首先与高温烟气混合并延迟与二次风的混合，以增强煤粉气流的着火和稳燃能力，形成水平方向分级燃烧，降低 NO_x 的生成量，同时增加煤粉在炉内的停留时间。

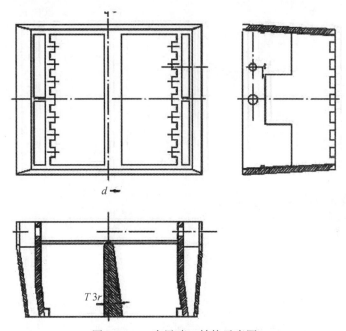

图 3-34　一次风喷口结构示意图

周界风设置在一次风喷口两侧，并偏置（即增大淡侧喷口周界风口尺寸、减小浓侧周界风口尺寸）使得淡侧的周界风起到侧二次风的作用，增加淡测一次风刚性，增加水冷壁附近的氧化性气氛，进一步防范水冷壁高温腐蚀和结渣现象的发生。

水平浓淡燃烧器以四角切圆的方式设于锅炉四角，如图 3-35 所示，浓淡分离燃烧器的浓侧气流靠近向火侧，使进入炉膛的浓侧煤粉气流直接与上游来的高温烟气混合，上游来的高温烟气直接冲刷浓侧一次风气流，使一次风气流迅速得到加热，保证了煤粉气流及时着火稳定燃烧；水平浓淡燃烧器中的淡侧一次风位于背火侧，一方面，水平浓淡燃烧器采用的是惯性分离的原理，这使得淡侧一次风的煤粉含量少、颗粒细，这可避免大颗粒冲刷水冷壁；另一方面，煤粉浓度低的淡一次风在客观上起到了"风屏"的作用，可有效地阻碍和延缓浓侧一次风中大的煤粉颗粒向水冷壁方向移动，进一步减小颗粒冲刷水冷壁的可能，避免了火焰刷墙。

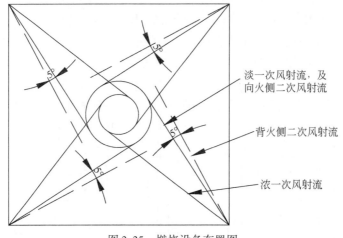

淡一次风射流，及向火侧二次风射流

背火侧二次风射流

浓一次风射流

图 3-35　燃烧设备布置图

2）分级高效低 NO$_x$ 燃烧系统

每角燃烧器共布置 15 层喷口，如图 3-36 所示，其中有 4 层一次风（A、B、C、D；其中 A、B 层为等离子）喷口，6 层二次风喷口（AA、AB、BB、BC、DD、FF，其中 AB、BC 层布置有燃油装置，FF 在运行中暂仅通风冷却），2 层三次风喷口（E、F），3 层燃尽风喷口（SOFA1、SOFA2、SOFA3）。煤粉燃烧器一、二、三次风及燃尽风喷口均能上下摆动±15°，以调节炉膛内各辐射受热面的吸热量，从而调节再热汽温。燃尽风室可作±10°的水平摆动，以此来改变反切动量矩，达到最佳平衡炉膛出口烟温效果。

为降低 NO$_x$ 排放，改善炉膛出口动力场和温度场的偏差，一次风、二次风及燃尽风喷口采取不同的射流方向布置。一、二次风喷嘴间隔布置，部分一次风采用反切设置，部分主二次风采用正向偏转设置。其目的是为了在下部主燃烧区缺氧条件下，通过偏转二次风在水冷壁面附近形成一层风膜，结合水平浓淡燃烧器偏置周界风及煤粉淡气流背火侧的设置，在共同作用下，有利于形成风包粉模式。以防止水冷壁结渣和高温腐蚀事故的发生，并有利于防止水冷壁管超温爆管。同时，偏转二次风系统在横截面方向形成空气分级，可以降低 NO$_x$ 排放，其主要方法是建立早期着火和使用控制氧量的燃料/空气分段燃烧技术。

三次风喷口与主燃烧器为一组，布置在主燃烧器上部。在主燃烧器最上层三次风喷口中心线上方 5059mm 位置布置一组三层燃尽风 SOFA1、SOFA2、SOFA3喷口，从而使炉内燃烧布置大格局形成分级燃烧的 3 个区域：初始燃烧区、还原

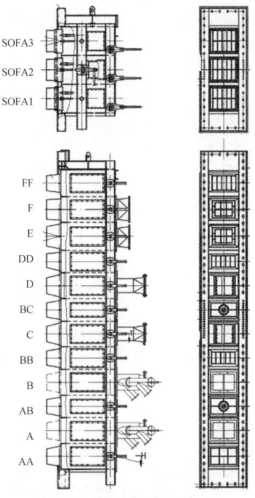

图 3-36　燃烧器喷口布置示意图

区和燃尽区，从而在下部缺氧燃烧控制 NO_x 排放，上部富氧燃烧控制飞灰含碳量。这样主燃烧区的氧量和火焰强度都降低，抑制了 NO_x 的生成；燃尽风使未燃尽煤粉继续燃烧，但此处的炉温已降低，不会再生成过多的 NO_x，这样锅炉总的 NO_x 生成量显著降低。主燃烧区域整体燃烧温度不会太高，将会适当分散炉膛内的高热负荷区，从而使整个炉膛内的热力水平得到有效的控制；因此可大幅减轻燃烧器区域结焦状况。为了削弱炉膛出口烟气的旋转强度，减小四角燃烧引起的炉膛出口烟温偏差，三组燃尽风全部采用固定反切 15°，其目的是形成一个反向动量矩，来平衡主燃烧器的旋转动量矩，从而减少炉膛出口烟温偏差。各燃烧器运行参数见表 3-2。

表 3-2　燃烧器运行参数

名称	符号	单位	
炉膛出口过量空气系数	α	—	1.2
入炉总风量	Q	t/h	1311.64
总燃料消耗量	B	t/h	169.97
计算燃料消耗量	B_p	t/h	167.42
燃烧器投运数量	n	—	16
燃尽风率（SOFA）	R_{sofa}	%	26
一次风率	R_1	%	18.5
二次风率	R_2	%	28.7
三次风率	R_3	%	18.8
周界风率	R_z	%	8
燃烧器一次风粉混合温度	t_1	℃	220
燃烧器二次风温度	t_2	℃	326
燃烧器三次风温度	t_3	℃	90
煤粉细度	R_{90}	%	10

4. 自动控制

1）控制系统

该机组的锅炉降低 NO_x 排放的主要手段除了对锅炉设备的技术改造外，在燃烧控制策略上也进行了优化。

锅炉运行过程中的锅炉含氧量、磨煤机编组方式、周界风、燃烬风、燃烧器摆角、配风方式、配粉方式及一次风压等都和 NO_x 的排放浓度有关。锅炉燃烧自动控制系统从控制任务的角度分析是由燃料控制子系统、送风控制子系统和引风控制子系统组成，具体地说，燃烧控制系统可分为燃料量控制系统、磨组控制系统、一次风压控制系统、二次风量控制系统、炉膛压力控制系统及辅助控制系统等几个子系统。

2）控制逻辑说明

（1）二次风量控制。锅炉 MFT 后风门挡板的控制：锅炉 MFT 后应将周界风风门、燃尽风风门及其他所有二次风风门置于全开位置（>95% 为全开），但是：①MFT 时，若炉膛总风量小于 30% B—MCR 风量，则 5min 后才允许风门动作；②MFT 时，若送风机全跳或引风机全跳，则 1min 后才允许风门动作。

炉膛吹扫阶段：将所有二次风门置于吹扫位置，以维持炉膛总风量及各风箱通风量均为 25% ~ 40% BMCR 时相应的风量，二次风门的吹扫位置可事先通过试验确定（指令 40%；反馈 30%）。

锅炉运行阶段：炉膛总风量是锅炉负荷的函数，锅炉运行中应通过省煤器出口的烟气含氧量对该函数进行修正。

二次风作为煤粉完全燃烧所需空气送入炉膛；它分为燃烧用二次风、周界风、燃尽风、未投运燃烧器冷却风四部分。

周界风挡板的控制。当锅炉负荷 <60% B-MCR 时，未投运煤粉喷嘴所对应的周界风风门挡板应全开；投运煤粉喷嘴所对应的周界风风门挡板的开度是该层煤粉喷嘴的出力的函数，如图 3-37 所示；当锅炉负荷 ≥60% B-MCR 后，所有周界风风门挡板应全开。炉膛吹扫时及锅炉停运阶段应将风门置于吹扫位置即全开位置。

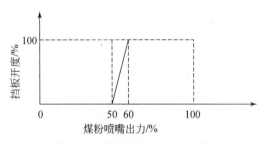

图 3-37　周界风挡板开度函数

燃尽风风门挡板的控制（FF 层）。锅炉进入启动程序后，燃尽风风门开度作为锅炉负荷的函数，其控制要求如图 3-38 所示。但炉膛吹扫时及锅炉停运阶段应将风门置于吹扫位置即全开位置。

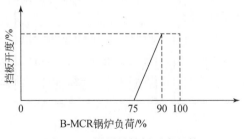

图 3-38　燃尽风挡板开度函数

普通二次风风门挡板的控制。普通二次风指未布置有油枪的二次风或虽布置有油枪但油枪未投入运行的二次风。①锅炉停运阶段应将普通二次风风门置于全开位置；②锅炉进入启动程序后，在炉膛吹扫前，将风门置于吹扫位置；③炉膛吹扫完成后，应将所有普通二次风风门挡板纳入"压差控制"方式，即使这些二次风门处于某个中间位置，以增大燃烧器二次风阻力，维持大风箱与炉膛间所需静压差。这些风门的所谓中间位置应随时调整，以维持相应的压差要求，如图3-39所示。

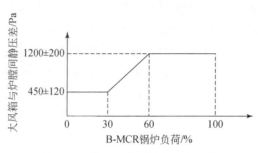

图3-39　普通二次风挡板开度函数

（2）送风量控制。该机组通过调节A、B两台送风机的动叶来调节风流量。锅炉主控指令和实际燃料量中的大选值计算出总风量定值，再经氧量微调系数的修正后作为风量给定，风量给定最低不得低于最小风量限值。

此方案中实现了风煤交叉限制，即增负荷时，先增加风量，后增加燃料量；减负荷时，先减燃料，后减风量。

总风量计算：总风量＝总一次风量+总二次风量；所有风量均经过温度校正。A侧和B侧二次风量两个测点分别经风压校正后，相加上磨的一次风量合为总风量作为控制回路的被调量。

增益补偿：单台送风机投入自动或两台送风机都投入自动时，因对二次风量的调节能力有所不同，需对调节器的增益进行修正。根据送风机投入自动的运行台数，动态修改控制器的参数。

双侧平衡：当两台送风机都运行时，为了防止两台风机出力不平衡引起"倒风"现象，需要调节各风机动叶的开度，使得两台风机的出力一致。运行人员可根据情况调整偏差值，调节两台风机的出力平衡。该偏差同时加到各风机的控制偏差上，作用符号相反，使得A增B减（或A减B增），最终达到平衡偏差输出为零。

当两台风机均投入自动时，平衡控制允许操作；当两台风机均在手动时，平衡控制不起作用。具体的控制逻辑如图3-40所示。

NO_x的生成与氧浓度有直接的关系，运行氧量越大，则NO_x的排放浓度越大。在不同负荷点NO_x浓度随氧量的变化幅度都差不多，氧量调整降低1.3% ~ 1.6%，NO_x浓度降低31 ~ 40mg/Nm³。同时，随着氧量的降低，锅炉效率明显提

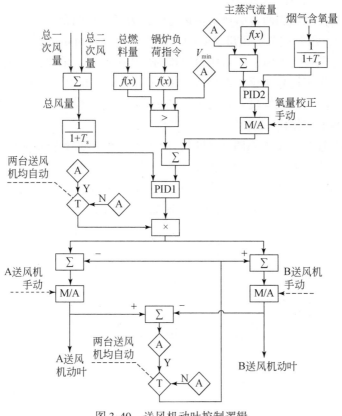

图 3-40　送风机动叶控制逻辑

高，各负荷点平均达到 0.45%。所以，采取低氧燃烧控制 NO_x 浓度是比较经济的。

（3）炉膛压力控制。通过调节 A、B 引风机动叶维持炉膛压力稳定。三个炉膛负压测点选择后作为控制回路的被调量。

调节死区：由于炉膛压力信号总是带有小幅度的噪声干扰信号，直接采用这样的测量信号会引起引风机挡板动作过于频繁，不利于机组安全运行。而如果对炉膛压力信号进行较强的惯性滤波，又增加了炉膛压力测量值的反应时间，使调节变得不灵敏。因此宜采用调节器内的死区来改善调节性能，死区设为 0.02kPa 左右。

送风前馈：将送风指令经函数运算后作为前馈修正炉膛负压控制偏差，使得负压控制回路跟随送风调节动作，减小锅炉送风调节时对炉膛负压的扰动。

增益补偿：单台引风机投入自动或两台引风机都投入自动时，因对炉膛负压的调节能力有所不同，需对调节器的增益进行修正。引风机投入自动的运行台数，动态修改控制器的参数。

双侧平衡控制：当两台引风机都运行时，为了防止两台风机出力不平衡引起"倒风"现象，需要调节各风机动叶的开度，使得两台风机的出力一致。运行人员可根据情况调整偏差值，调节两台风机的出力平衡。该偏差同时加到各风机的控制偏差上，作用符号相反，使得 A 增 B 减（或 A 减 B 增），最终达到平衡偏差输出为零。当两台风机均投入自动时，平衡控制允许操作；当两台风机均在手动时，平衡控制不起作用。

MFT 超驰控制：发生 MFT 跳炉时，由于进入炉膛的燃料瞬间切断，炉膛压力短时间内会急剧下降，稍后再恢复正常。为了减小 MFT 跳炉时炉膛压力的扰动，在发生 MFT 时先将引风机的动叶开度减小，保持一段时间后再恢复。动叶关小的幅度是发生 MFT 时的送风指令的函数。具体的控制逻辑如图 3-41 所示。

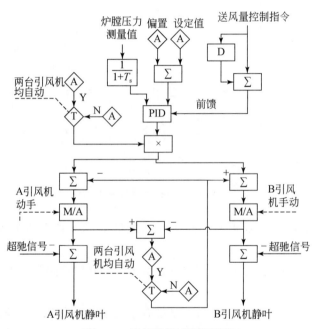

图 3-41　引风机静叶控制逻辑

（4）一次风压控制。通过调节一次风机动叶来调节的热一次风母管压力。

设定值：一次风压的定值为负荷指令的函数，运行人员还可通过偏置微调定值。回路手动时，自动计算偏置使得设定值跟踪被调量，以便手/自动的无扰切换。

增益补偿：单台一次风机投入自动或两台一次风机都投入自动时，因对一次风压的调节能力有所不同，需对调节器的增益进行修正。根据一次风机运行自动投入台数，动态修改控制器的参数。

双侧平衡控制：当两台一次风机都运行时，为了防止两台风机出力不平衡，需要调节各风机的开度，使得两台风机的出力一致。运行人员可根据情况调整偏差值，调节两台风机的出力平衡。该偏差同时加到各风机的控制偏差上，作用符号相反，使得 A 增 B 减（或 A 减 B 增），最终达到平衡偏差输出为零。当两台风机均投入自动时，平衡控制允许操作；当两台风机均在手动时，平衡控制不起作用。其控制逻辑类似于送风控制，在此不做详述。

（5）制粉系统控制。锅炉制粉系统采用钢球磨煤机中储式冷一次风机热风送粉系统。配三台磨煤机，其中三台均为运行磨，每套制粉系统有以下几个控制系统：磨料位控制系统，磨出口温度控制系统，磨入口负压控制系统。

磨料位控制。通过 DCS 系统与磨煤机优化控制系统相互配合来完成磨煤机的料位控制，其中 DCS 系统相当于手操站，磨煤机的料位控制由给煤机转速来实现。控制逻辑如图 3-42 所示。

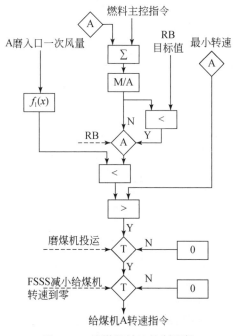

图 3-42　给煤机转速控制逻辑

每台给煤机的转速指令均来自燃料主控制站输出，运行人员可在上述指令基础上手动设定偏置。只有当给煤机转速控制在自动控制方式时，才允许手动设置偏置。燃料主控指令加上偏置经过给煤机控制站输出给煤量指令。

　　能否增加燃料量首先要看有无足够风量，为确保实际风量大于给煤量所需风量，磨煤机入口一次风量经函数轰器 $f_1(x)$ 后转换为该一次风量允许的给煤量，与给煤量指令通过低值选择器输出，以保证磨煤机入口一次风量有一定富裕度，防止磨煤机堵塞。

　　在正常运行时，给煤机转速指令应不小于最小转速要求，以保证磨组有一定负荷，使煤粉能稳定燃烧。因此，低值选择输出与给煤机可控最小转速经高值选择后，输出给煤机转速指令控制应给煤机转速。除正常控制外，给煤机转速指令还受到 RB 指令和 FSSS 系统的限制。

　　磨煤机入口风量和出口温度的控制。对于采用直吹式制粉系统的锅炉来说，通过磨煤机热风挡板和冷风挡板的调节，既要使磨煤机入口一次风量满足给煤量要求，又要维持磨煤机出口温度在设定值上，这是一个具有耦合特性的双输入双输出被控对象。

　　该机组在冷热风控制方案上采用了前馈–反馈控制系统，通过调节热风挡板开度控制磨煤机入口一次风量，通过调节冷风挡板开度控制磨煤机出口温度。风量和温度控制都采用常规反馈控制方式的基础上，再用给煤机转速指令作为前馈信号。这样当给煤量改变时，能够通过前馈通道预先改变冷风挡板和热风挡板的开度。该控制方案能在一定程度上消除冷风和热风的耦合，从而将风量定值扰动对出口温度造成的影响减到最小。

　　磨出口温度控制。通过调节磨煤机入口冷风调门来控制磨煤机的出口温度，磨煤机入口热风调门辅助调节。控制逻辑如图 3-43 所示。

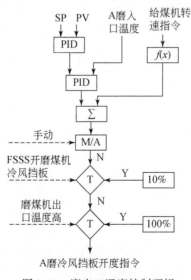

图 3-43　磨出口温度控制逻辑

　　冷风挡板控制的主要任务通过调节冷风挡板的开度使磨煤机出口温度保持在设定值，使磨煤机有合适的温度，保证磨煤机安全运行。

　　该机组冷风控制采用前馈–串级控制系统。如图3-43所示，外回路取磨煤机出口温度为被调量，磨煤机出口温度由三个通道测量值经三取中回路得到，磨煤机出口温度的设定由运行人员根据经验设定。两者的偏差经 PID 调节器运算后作为设定值，与导前温度磨煤入口温度求偏差后，经内回路 PID 调节器运算后，再加上给煤机转速指令经函数发生器 $f(x)$ 转化而来的前馈信号，送至冷风挡板控制站，给出磨煤机入口冷风挡板开度指令。

　　该串级控制系统设计能够改善磨煤机出口温度的大滞后特性，及早消除磨煤机入口温度变化的扰动，有效消除冷风挡板过调，使磨煤机出口温度有较好的调节品质。同时，控制回路加入给煤机转速指令作为其前馈，减少了控制系统调节的滞后。

　　磨入口负压控制。通过调节排粉风机出口再循环门来控制磨煤机的入口负压。是一个简单的单回路控制系统，控制逻辑略去。

　　5. 运行效果

　　该机组运行稳定，锅炉主蒸汽温度、再热蒸汽温度、减温水量及壁温等主要参数均维持在正常范围内。锅炉出口 NO_x 排放浓度在 $600 \sim 700 mg/Nm^3$（干基，标态，$6\% \, O_2$）之间。在额定负荷下能够稳定控制在（折算后）$580 \sim 630 mg/Nm^3$，中低负荷能够控制在（折算后）$580 \sim 700 mg/Nm^3$。若采用合适混煤煤质及配比方式，在该负荷下运行，SCR 脱硝装置前 NO_x 排放浓度可控制在（折算后）$550 mg/Nm^3$ 以内。额定负荷下炉膛出口过量空气系数控制在 1.16 左右时，可在保证锅炉效率的同时实现低 NO_x 排放。SOFA 燃尽风对降低 NO_x 排放作用明显，随着负荷的变化，维持二次风箱与炉膛压差在合理范围内时，随着 SOFA 燃尽风的开大，NO_x 排放呈单边下降趋势。

复习思考题

　　1. 在使用石灰石作为循环流化床锅炉炉内脱硫剂时，请阐述炉内 SO_2 的脱除过程。

　　2. 影响炉内脱硫效率的因素主要有哪些？

　　3. 根据所学知识，请阐述可以通过哪些方法提高循环流化床炉内脱硫效率？

　　4. 设计一条石灰石脱硫剂从制备到入炉的工艺流程简图。

　　5. 依据 NO_x 的迁移转化机理，分析给出在燃烧过程中影响 NO_x 生成的主要因素和控制方式。

6. 请阐述煤粉炉、循环流化床锅炉与层燃炉燃烧过程中控制 NO_x 的不同技术方案，并说明其采用不同技术的依据。

7. 目前控制 NO_x 采用的燃烧器的主要有哪些类型？并说明其理论依据。

8. 分析总结循环流化床锅炉炉内 NO_x 控制技术的发展方向，提出可行的技术思路。

9. 概述 N_2O 燃烧中控制的研究进展。

参 考 文 献

岑可法, 倪明江, 骆仲泱, 等. 1997. 循环流化床锅炉理论设计与运行. 北京：中国电力出版社.

岑可法, 姚强, 骆仲泱, 等. 2002. 高等燃烧学. 杭州：浙江大学出版社.

陈干锦. 2002. 循环流化床锅炉在我国的发展. 锅炉技术, 33 (7): 1-6.

陈焱, 许月阳, 薛建明. 2011. 燃煤烟气中 SO_3 成因、影响及其减排对策. 电力科技与环保, 27 (3): 35-37.

何京东. 2006. 煤炭解耦燃烧 NO 抑制机理实验研究. 北京：中国科学院过程工程研究所博士学位论文.

刘传亮. 2007. 循环流化床锅炉强化脱硫技术的研究. 杭州：浙江大学硕士学位论文.

刘德昌. 1999. 流化床燃烧技术的工业应用. 北京：中国电力出版社.

刘圣华, 姚明宇, 张宝剑. 2006. 洁净燃烧技术. 北京：化学工业出版社.

王三平, 马红友, 姜凌. 2010. 火电厂循环流化床锅炉炉内脱硫效率影响因素分析. 科技信息, 17: 976-977.

徐旭常, 吕俊良, 张海, 等. 2012. 燃烧理论与燃烧设备. 北京：科学出版社.

徐旭常, 周力行. 2008. 燃烧技术手册. 北京：化学工业出版社.

郑瑛, 陈小华, 周英彪, 等. 2002. $CaCO_3$ 分解动力学的热重研究. 华中科技大学学报, 30 (8): 71-72.

Davini P, DeMichele G, Ghetti P. 1992. An investigation of the influence of sodium chloride on the desulphurization properties of limestone. Fuel, 71: 831-834.

John P, Joel B. 1994. Natural gas reburn: cost effective NO_x control. Power Engineering, 98 (5): 47-50.

Juan A. 1997. Study of modified calcium hydroxides for enhancing SO_2 removal during sorbent injection in pulverized coal boilers. Fuel, 76: 257-265.

Mereb J B, Wendt J O L. 1994. Air staging and reburning mechanisms for NO_x abatement in a laboratory coal combustor. Fuel, 73 (7): 1020-1026.

Miller J A, Bowan C T. 1989. Mechanism and modeling of nitrogen chemistry in combustion. Progress in Energy and Combustion Science, 15: 287-338.

Smoot L D, Hill S C, Xu H. 1998. NO_x control through reburning. Progress in Energy Combustion Science, 24 (5): 385-408.

Soliethoff H, Hein K. 1994. Vebrennungsablauf and Schadst of fentstehung in Der Koh lenstaubfeuerung. Magdeburg: DVV-Kolioquium.

Tree D R, Clark A W. 2000. Advanced reburning measurements of temperature and species in a pulverized coal flame. Fuel, 79 (13): 1687-1695.

Williams A, Pourkashanian M, Bysh P, et al. 1994. Modelling of coal combustion in low-NO_x P. f. flames. Fuel, 73 (7): 1006-1026.

第4章 烟气脱硫技术及原理

现有的脱硫方法按照脱硫剂发挥作用的阶段可划分为燃烧前脱硫、燃烧中脱硫和燃烧后脱硫三类。燃烧前脱硫是指原煤在使用前，利用物理、化学或生物方法脱除燃料中的硫分。包括煤炭洗选、煤的气化、液化技术、水煤浆技术及型煤加工技术，是实现燃料高效、清洁利用的有效途径。燃烧中脱硫，即炉内脱硫，已在第3章中进行了详细的介绍。

燃烧后脱硫，又称为烟气脱硫（flue gas desulfurization，FGD），是火电厂中广泛应用的脱硫技术。

4.1 烟气脱硫的基本原理与分类

4.1.1 烟气脱硫的基本原理

从本质上来说，烟气中的 SO_2 是酸性的，可以通过与适当的碱性物质反应而从烟气中脱除出来。烟气脱硫最常用的碱性物质是石灰石（主要成分是 $CaCO_3$），原因在于石灰石产量丰富，价格便宜，并且能通过加热来制取生石灰和熟石灰。有时也用纯碱（主要成分为 Na_2CO_3）、$MgCO_3$ 和 NH_3 等其他碱性物质。这些碱性物质以溶液（湿法烟道气脱硫技术）或具有湿润表面的固体（干法或半干法烟道气脱硫技术）形式与 SO_2 反应，产生亚硫酸盐和硫酸盐的混合物，所生成的亚硫酸盐和硫酸盐的比率取决于工艺条件。根据所用的碱性物质不同，这些生成的盐可能是钙盐、钠盐、镁盐或铵盐。

依据反应物与 SO_2 接触反应机理的不同，烟气脱硫的技术原理主要有吸收法和吸附法。为便于理解，将在下面相应的小节中结合具体技术对基本技术原理进行介绍。

4.1.2 烟气脱硫技术分类

为全面且系统地了解脱硫技术，可按多种标准对其进行分类。

按脱硫剂的种类划分，主要可分为以下五种方法：以 $CaCO_3$（石灰石）为基础的钙法，以 MgO 为基础的镁法，以 Na_2SO_3 为基础的钠法，以 NH_3 为基础的氨法，以及以有机碱为基础的有机碱法。其中，钙法是目前世界上最普遍使用的脱硫商业化技术，所占比例在 90% 以上。

按脱硫产物是否回收，FGD 技术可分为抛弃法和回收法。前者是将 SO_2 转化为固体残渣抛弃掉，后者则是将烟气中的 SO_2 转化为硫酸、硫黄、液体 SO_2 或化肥等有用物质回收。

按吸收剂及脱硫产物在脱硫过程中的物料状态可分为湿法、干法和半干（半湿）法。湿法 FGD 技术利用含有吸收剂的溶液或浆液，在湿态下脱硫，该方法脱硫反应速度快、脱硫效率高，但普遍存在腐蚀严重、运行维护费用高及易造成二次污染等问题。干法 FGD 技术的脱硫吸收和产物处理均在干态下进行，该法具有无污水废酸排出、设备腐蚀程度较轻，烟气在净化过程中无明显降温、净化后烟温高、利于烟囱排气扩散、二次污染少等优点，但存在脱硫效率低、反应速率较慢、设备庞大等问题。半干法 FGD 技术是指脱硫剂在干燥状态下脱硫、在湿态下再生（如水洗活性炭再生流程），或者在湿态下脱硫、在干态下处理脱硫产物（如喷雾干燥法）的烟气脱硫技术。在湿态下脱硫并在干态下处理脱硫产物的半干法，既有湿法脱硫反应速度快、脱硫效率高的优点，又有干法无污水废酸排出、脱硫后产物易于处理的优势，受到人们广泛的关注。

4.2　干法脱硫

干法脱硫是粉末状或颗粒状的固体吸附剂和催化剂利用吸附或是催化转换的原理脱除烟气中的 SO_2，通常在不降低烟气温度和不增加其湿度的条件下进行。

干法脱硫技术主要包括炉内喷钙、荷电干式吸收剂喷射、活性焦吸附法与以电子束照射和脉冲电晕等离子法为代表的高能电子活化氧化法等方法。其中，高能电子活化氧化法在脱硫的同时也对烟气中的 NO_x 进行脱除，因此在同时脱硫脱硝技术中介绍，这里仅介绍活性焦干法脱硫技术。该技术已有近四十年研究应用历史，早期技术研究及应用主要集中在德国、日本、美国等。目前国外已有规模为 $120 \times 10^4 m^3/h$ 的活性焦法脱硫装置、装机容量为 300MW 的同时脱硫脱硝装置及 600MW 活性焦干法烟气脱硫装置。

4.2.1　技术原理

活性焦干法脱硫技术属于吸附法脱硫。在涉及固体和气体组成的两相体系中，相界面上出现的气相组分浓度升高的现象，称为固体吸附。吸附操作就是利用某些多孔固体有选择地吸附流体中的一个或几个组分，从而使混合物分离的方法，它是分离和纯净气体和液体混合物的重要单元操作之一。

根据固体表面吸附力的不同，吸附可分为物理吸附、化学吸附。若吸附剂和吸附质之间是通过分子间的引力（即范德华力）而产生的吸附，称为物理吸附。由于分子引力普遍存在于各种吸附剂与吸附质之间，故物理吸附无选择性。另外，物理吸附的吸附速率和解吸速率都较快，易达到平衡状态。一般在低温下进行的吸附主要是物理吸附。若吸附剂与吸附质之间产生了化学作用，生成化学键引起的吸附，称为化学吸附。由于生成化学键，所以化学吸附是有选择性的，且不易吸附与解吸，达到平衡慢。化学吸附放出的热很大，与化学反应相近。化学吸附速率随温度升高而增加，故化学吸附常在较高温度下进行。活性焦对烟气中 SO_2 的吸附既有物理吸附也有化学吸附，特别是烟气中存在氧气和水蒸气时，化学吸附发挥更主要的作用。

活性焦内具有较多的大孔（>50nm）和中孔（2.0~50nm），以及数量较少的微孔（<2nm），孔隙以连贯的形态存在于活性焦内。活性焦对污染物的吸附机理有物理吸附和化学吸附两种。物理吸附作用来自于活性焦发达的孔隙和巨大的比表面积，烟气中的污染物在流经活性焦时被截留，因为活性焦微孔与分子半径的尺寸相近，污染物分子被限制在活性焦内，从烟气中脱离出来。化学吸附的作用来自于活性焦表面晶格有缺陷的 C 原子、极性表面氧化物和含氧官能团等，使其和特定的污染物之间产生化学作用，从而被固定在活性焦内表面上得以脱除。

4.2.2　工艺流程

活性焦干法脱硫工艺流程如图 4-1 所示。从锅炉尾部烟道来的 120~160℃的烟气由增压风机加压，以一定气速进入吸附塔。当烟气均匀地穿过活性焦吸附层时，SO_2、HF、HCl、二噁英等大分子氧化物和 Hg、As 等重金属被脱除，净烟气汇集后通过烟囱排放。达到吸附饱和的活性焦从吸附塔的底部排出，由输送系统运至解析塔，在解析塔内加热得以再生。再生的活性焦经筛分后与补充的新鲜活性焦，一起送入吸附系统进行再次吸附，以达到循环使用。破损的活性焦经筛分后从活性焦循环系统分离出来，送入锅炉进行燃烧或加工成其他的产品。在活性焦再生过程中被回收的高浓度 SO_2 混合气体可以作为浓硫酸的生产原料，送入硫回收系统进行加工生产。

4.2.3　系统及组成

活性焦干法脱硫系统主要由 6 个子系统组成：烟气系统、吸附系统、解析系统、活性焦储存及输送系统、硫回收系统。烟气的均匀分布对脱硫效率的影响较大，活性焦干法脱硫对流吸附塔烟气均布装置如图4-2所示。

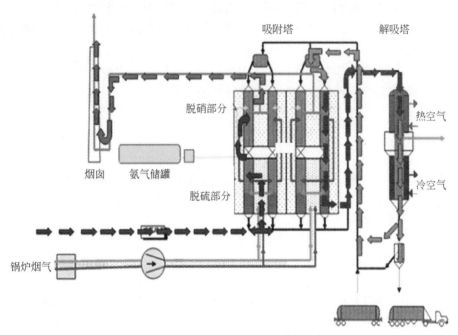

图4-1 活性焦干法脱硫工艺流程简图

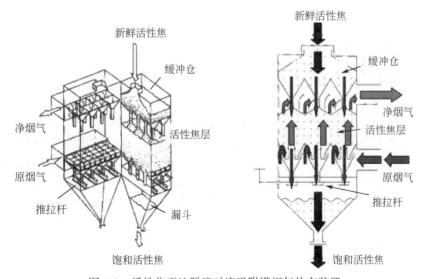

图4-2 活性焦干法脱硫对流吸附塔烟气均布装置

活性焦干法脱硫技术不仅可以脱硫，还可以同时脱除烟气中的 HF、HCl、二噁英等有机污染物和 Hg、As 等重金属，此外，加入喷氨装置还可以实现 NO_x 的脱除，是非常高效的烟气洁净方式。该项技术可以使脱硫的副产品变废为宝，改善我国硫资源不足、硫矿依赖进口、硫黄及其副产品价格长期受制国外硫矿垄断企业的局面。

目前，在国家各部委和各大发电企业的大力支持下，这种高度环保、深度节水的高效烟气洁净技术将在中国焕发出旺盛的生命力。

4.3　半干法脱硫

半干法脱硫技术（semi-FGD）通常利用高温烟气蒸发吸收液中的水分，使脱硫产物呈干态。主要包括旋转喷雾干法、增湿灰循环、炉内喷钙–尾部增湿活化、烟气循环流化床等方法。

4.3.1　旋转喷雾干法烟气脱硫

喷雾干法烟气脱硫，是将雾化的石灰浆液在喷雾干燥塔中与烟气接触，一方面石灰浆液与烟气中的 SO_2 发生化学反应，另一方面高温烟气不断将吸收剂和产物干燥，最终得到干燥的固体产物，通过除尘设备与飞灰一起被收集。在国外，为了将其与炉内喷钙脱硫进行区别，称其为半干法脱硫。四川白马电厂曾进行旋转喷雾干法烟气脱硫的中间试验，为在 200~300MW 机组上采用旋转喷雾干法烟气脱硫优化参数的设计提供了经验和依据。

4.3.2　增湿灰循环脱硫

增湿灰循环脱硫技术（NID 技术）是 ABB 公司开发的一种半干法脱硫技术。烟气经一级电除尘器及引风机后，从底部进入反应器，与在增湿循环灰中均匀混合的吸收剂发生反应。在降温和增湿的条件下，SO_2 反应生成亚硫酸钙和硫酸钙。随后，携带大量干燥固体颗粒的烟气进入除尘器收集净化。干燥的循环灰被除尘器从烟气中分离出来，送至混合器，同时也向混合器加入消化过的石灰，经过增湿及混合搅拌进行再次循环。净化后的烟气比露点温度高 15℃ 左右，无须再热，经过引风机排入烟囱。

4.3.3　炉内喷钙加尾部烟气增湿活化（LIFAC）脱硫

LIFAC 是在炉内喷钙脱硫工艺的基础上在锅炉尾部增设了增湿段，以提高脱硫效率。其工艺流程如图 4-3 所示。

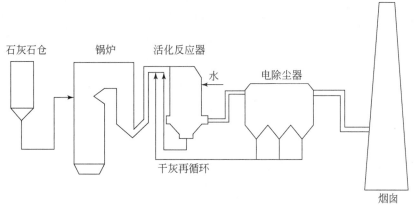

图 4-3　LIFAC 工艺流程示意图

该工艺多以石灰石粉为吸收剂，石灰石粉由气力喷入炉膛 $850 \sim 1150℃$ 温度区，石灰石受热分解为氧化钙和二氧化碳，氧化钙与烟气中的二氧化硫反应生成亚硫酸钙或硫酸钙。这是一个发生在气、固两相之间的反应。

气-固相反应过程一般由气相反应物向固相表面传递、进入固相内部传递及固体表面反应等串联步骤组成。表面反应速率和传递速率都会影响到反应速率，同时反应过程中颗粒性状的变化也会对反应产生影响。根据颗粒性状变化的特点，主要有缩核模型和缩粒模型两种反应模型。若以缩核模型来理解 SO_2 和脱硫剂颗粒的气-固相反应，可以认为残存的反应物或是固体生成物覆盖在未反应的核上，随着反应进行，SO_2 通过逐渐增厚的灰层，未反应的脱硫剂逐渐缩小，产物层逐渐增厚最后完全变成产物。该过程可能由气相组分的扩散控制或是固体核的表面反应控制。经过一段时间的利用后，脱硫剂的表面形成了脱硫产物层，此时 SO_2 扩散过程成为控制步骤，受到传质过程的影响，反应速率较慢，吸收剂利用率较低。因此，在锅炉尾部烟道和除尘设备间安置一个增湿活化反应器。在反应器内，增湿水以雾状喷入。细小的水滴与脱硫剂颗粒发生碰撞，在脱硫剂颗粒表面形成水膜，脱硫剂颗粒表面和 SO_2 气体可以在水膜中溶解，使原来的气-固相反应转化为在水膜中进行的均相离子反应，大大促进了脱硫反应的进行。

活化反应器内的脱硫效率通常为 40% ～60%，其高低取决于雾化水量、液滴粒径、水雾分布和烟气流速、出口烟温，最主要的控制因素是脱硫剂颗粒与水滴碰撞的概率。此外，活化反应器出口烟气中可能还会残存一部分可利用的钙，为提高其利用率，利用电除尘器将粉尘收集下来后返回到活化反应器中再进行利用，即实现脱硫灰的再循环。活化器出口烟温因雾化水的蒸发而降低，为避免出现烟温低于露点温度的情况发生，可采用烟气再加热的方法，将烟气温度提高至露点以上 $10 \sim 15℃$ 加热工质可用蒸气或热空气，也可用未经活化器的烟气。

整个 LIFAC 工艺系统的脱硫效率为炉膛脱硫效率和活化器脱硫效率之和，当钙硫比控制在 $2.0 \sim 2.5$ 时，一般为 $60\% \sim 85\%$。LIFAC 脱硫方法适用于燃用含硫量为 $0.6\% \sim 2.5\%$ 的煤种、容量为 $50 \sim 300MW$ 燃煤锅炉。与湿式烟气脱硫技术相比，该技术具有投资少、占地面积小的优点，适合于现有电厂的改造。

4.3.4 循环流化床烟气脱硫

20 世纪 80 年代后期，世界上第一台循环流化床锅炉的开发者，德国 Lurgi 公司将循环流化床技术引入烟气脱硫领域，开发了循环流化床烟气脱硫（CFB-FGD）技术。

循环流化床脱硫塔内的化学反应是非常复杂的。一般认为当石灰、工艺水和燃煤烟气同时加入流化床中，会有生石灰与液滴结合产生水合反应、SO_2 被液滴吸收、$Ca(OH)_2$ 与 H_2SO_3 反应及部分 $CaSO_3 \cdot \frac{1}{2}H_2O$ 被烟气中的 O_2 氧化等主要反应发生。烟气中的 HCl、HF 等酸性气体同时也被 $Ca(OH)_2$ 脱除。

总的反应式如下：

$$Ca(OH)_2 + 2HCl \longrightarrow CaCl_2 + 2H_2O \tag{4-1}$$

$$Ca(OH)_2 + 2HF \longrightarrow CaF_2 + 2H_2O \tag{4-2}$$

脱硫剂颗粒在流化床中激烈湍动，在烟气上升过程中形成聚团物向下运动，而聚团物在激烈湍动中又不断解体，重新被气流提升，气固间的滑落速度比单颗粒滑落速度的高几十倍。在流化过程中颗粒表面的固形产物外壳被破坏，里面未反应的新鲜颗粒暴露出来继续参加反应反复循环。由于高浓度密相循环的形成，脱硫塔内传热、传质过程被强化，反应效率、反应速率都被大幅度提高。由于反应灰中含有大量未反应完全的吸收剂，脱硫塔内实际钙硫比高达 40 以上，远大于表观钙硫比。这样循环流化床内气固两相流机制，极大地强化了气固间的传质与传热，为实现高脱硫率提供了根本的保证。

循环流化床烟气脱硫系统由石灰浆制备系统、脱硫反应系统和除尘引风三个系统组成。主要控制参数有：床料循环倍率、流化床床料浓度、烟气在反应器及旋风分离器中停留时间、钙硫比、反应器内操作温度、脱硫效率等。其工艺流程如图 4-4 所示。

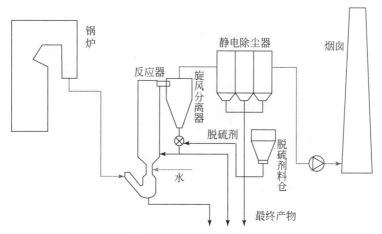

图 4-4　循环流化床烟气脱硫技术工艺流程

CFB-FGD 技术具有脱硫效率高、建设投资少、占地面积小、结构简单、易于操作、运行费用低等特点。

4.4　湿 法 脱 硫

湿法脱硫指利用碱性吸收液或含触媒粒子的溶液，吸收烟气中的 SO_2。目前，世界上常用的工业化烟气湿法脱硫工艺主要有石灰石–石膏湿法脱硫、双碱法脱硫、海水法脱硫、氧化镁法脱硫、氨吸收法脱硫等。在国内外燃煤发电厂中，湿法烟气脱硫占总烟气脱硫的 85% 左右，并有逐年增加的趋势。特别是石灰石–石膏湿法脱硫技术，由于具有吸收剂来源丰富、成本较低、脱硫效率高等优点，成为应用最广的烟气脱硫工艺，截止到 2010 年年底投运、在建和已经签订合同的火电厂烟气脱硫项目中，所占比例达 90% 以上。因此，我们仅对石灰石–石膏展开详细的介绍，对其他各种烟气脱硫工艺技术进行简要的介绍。

4.4.1　技术原理

烟气脱硫的基本原理：

$$碱性脱硫剂+SO_2 \longrightarrow 亚硫酸盐（吸收过程） \tag{4-3}$$
$$亚硫酸盐+O_2 \longrightarrow 硫酸盐（氧化过程） \tag{4-4}$$

以石灰石–石膏湿法脱硫技术中常用的逆流喷淋塔为例，按照如图 4-5 所示的吸收塔模块来介绍脱除 SO_2 的原理。

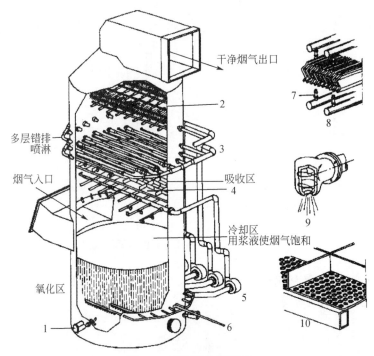

图 4-5　逆流吸收塔简图

1. 搅拌器；2. 除雾器；3. 错排喷淋管；4. 托盘；5. 循环泵；6. 氧化空气集管；7. 水清洗喷嘴；
8. 除雾器；9. 碳化硅浆液喷嘴；10. 合金多孔托盘

1. 吸收区

从喷淋层到液面这一部分为吸收区，烟气中的 SO_2 溶入吸收液的过程几乎全部发生在吸收区，也就是说吸收区主要发生的是 SO_2 的吸收反应：

$$SO_2 + H_2O \longrightarrow H_2SO_3 \tag{4-5}$$

$$H_2SO_3 \longrightarrow H^+ + HSO_3^- \tag{4-6}$$

在该区也有部分亚硫酸根被烟气中的 O_2 氧化成 SO_4^{2-}：

$$H^+ + HSO_3^- + 1/2O_2 \longrightarrow 2H^+ + SO_4^{2-} \tag{4-7}$$

由于浆液和烟气在吸收区的接触时间仅数秒钟，浆液中的 $CaCO_3$ 仅能中和部分 H_2SO_3 和 H_2SO_3 被氧化成为 H_2SO_4：

$$2H^+ + SO_4^{2-} + CaCO_3 + H_2O \longrightarrow CaSO_4 \cdot 2H_2O + CO_2 \tag{4-8}$$

也就是说，吸收区浆液的 $CaCO_3$ 仅有很少的一部分由于参加了化学反应而被消耗，因此随着液滴的下落，其 pH 急剧降低，相应的吸收能力也随之减弱。同时，由于吸收区上部浆液的 pH 较高，易产生 $CaSO_3 \cdot \frac{1}{2}H_2O$，而随着吸收液的下落，接触到的 SO_2 浓度越来越高，$CaSO_3 \cdot \frac{1}{2}H_2O$ 会转化成 $Ca(HSO_3)_2$，使吸收区下部浆液 pH 较低。

这是一个气液传质过程，通常的气液传质过程大致分为几个阶段：①气态反应物质从气相主体向气液界面的传递；②气态反应物穿过气液界面进入液相，并发生反应；③液相中的反应物由液相主体向相界面附近的反应区迁移；④反应生成物从反应区向液相主体的迁移。在吸收区主要进行的是水吸收 SO_2 的过程，一般被认为水吸收 SO_2 是一个物理吸收的过程，吸收过程的机理可用双膜理论来进行分析。双膜理论认为气液之间存在一个稳定的相界面，这个界面的两侧分别存在着很薄的气膜和液膜，在这两个膜层里 SO_2 分子以分子扩散的方式通过，阻力很大。而在膜层以外的中心区，由于流体充分湍动，SO_2 的浓度均匀，可以认为是没有阻力的。因此，SO_2 分子由气相主体传递到液相主体的过程中，其传递阻力主要来自于气膜与液膜的阻力之和。另外，研究发现，SO_2 在气相中的扩散常数远大于其在液相中的扩散常数，所以 SO_2 迁移的主要阻力在液膜中。

为了加快 SO_2 的吸收速率，一方面使 SO_2 的吸收过程有较大推动力，另一方面需要减小液膜阻力。工程上采用了两项措施：一是增加液气比，并使之高度湍动，同时使液滴的颗粒尽可能小，以增大气液传质面积，旋汇耦合器正是基于该思路提出的。该技术从多相紊流掺混的强质机理出发，利用气体动力学原理，通过特制的旋汇耦合装置产生气液旋转翻腾的湍流空间，气液固三相充分接触，降低了气液膜传质阻力，大大提高传质速率，迅速完成传质过程，从而达到提高脱硫效率的目的。通常来说，吸收塔内气体分布不均匀是造成脱硫效率低和运行成本高的重要原因，安装旋汇耦合器的脱硫塔，均气效果比一般空塔提高 30% ～ 50%，脱硫装置能在比较经济、稳定的状态下运行。此外，从旋汇耦合器的断面进入的烟气，通过旋流和汇流的耦合，旋转、翻覆形成很大的气液传质湍流体系，烟气温度迅速下降，有利于塔内气液充分反应，各种运行参数趋于最佳状态，有利于塔内防腐层的保护。应用该技术与同类脱硫技术相比，除具有空塔喷淋的防堵、维修简单等优点外，由于增加了气体的漩流速度，还具有脱硫效率高和除尘效率高的优点。图 4-6 为旋汇耦合器示意图。二是在吸收液中加入化学活性

图 4-6　旋汇耦合器示意图

物质，如加入 $CaCO_3$。由亨利定律可知，由于活性反应物的加入，使得 SO_2 的自由分子在液相中的浓度比用纯水吸收时大为降低，从而使 SO_2 的平衡分压大大降低。这样，在总压一定的情况下，会大大提高溶解的推动力，使吸收速率加快。

2. 氧化区

氧化区的范围大致是从反应罐液面至固定管网氧化装置喷嘴下方约 300mm 处。过量氧化空气均匀地喷入氧化区下部，将在吸收区形成的未被氧化的 HSO_3^- 几乎全部氧化成 H^+ 和 SO_4^{2-}：

$$H^+ + HSO_3^- + 1/2O_2 \longrightarrow 2H^+ + SO_4^{2-} \tag{4-9}$$

氧化反应生成的 H_2SO_4 迅速中和洗涤浆液中剩余的 $CaCO_3$，生成溶解状态的 $CaSO_4$：

$$CaCO_3 + H_2SO_4 \longrightarrow CaSO_4 + H_2O + CO_2 \uparrow \tag{4-10}$$

当 Ca^{2+} 和 SO_4^{2-} 浓度达到一定的过饱和浓度时，结晶析出二水硫酸钙，即石膏副产物：

$$Ca^{2+} + SO_4^{2-} + 2H_2O \longrightarrow CaSO_4 \cdot 2H_2O \tag{4-11}$$

根据 Miller 等对 SO_2 在水溶液中氧化动力学的研究，如图 4-7 所示，亚硫酸氢根离子 HSO_3^- 在 pH 为 4.5 时氧化速率最大。

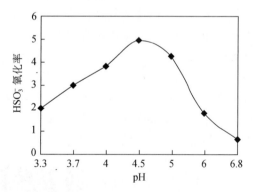

图 4-7　pH 对 HSO_3^- 氧化率的影响

但实际运行中，浆液的 pH 在 5.4～5.8，在此条件下，HSO_3^- 很不容易被氧化，为此，工艺上采取向循环槽中鼓入空气的方法，使 HSO_3^- 强制氧化成 SO_4^{2-}，以保证反应按下式进行：

$$HSO_3^- + 1/2O_2 \longrightarrow HSO_4^- \longrightarrow SO_4^{2-} + H^+ \tag{4-12}$$

氧化反应的结果，使大量的 HSO_3^- 转化成 SO_4^{2-}，使反应得以向右进行。加之生成的 SO_4^{2-} 会与 Ca^{2+} 发生反应，生成溶解度相对较小的 $CaSO_4$，更加大了 SO_2 溶解的推动力，从而使 SO_2 不断地由气相转移到液相，最后生成有用的石膏。

Matteson 和 Conklin 等的研究表明，除受 pH 的影响外，亚硫酸盐的氧化率还受到锰、铁、镁等金属离子的影响。因为这些金属离子具有催化作用，所以加速了 HSO_3^- 的氧化速率。这些金属离子的浓度很低，主要是通过吸收剂和烟气引入的。

形成硫酸盐之后，俘获二氧化硫的反应进入最终阶段，即生成固态盐类结晶，并从溶液中析出。在本工艺生成的是硫酸钙，从溶液中析出成为石膏 $CaSO_4 \cdot 2H_2O$，反应如下：

$$Ca^{2+} + SO_4^{2-} + 2H_2O \longrightarrow CaSO_4 \cdot 2H_2O \downarrow \tag{4-13}$$

3. 中和区

氧化区的下面被视为中和区。进入中和区的浆液中仍有未中和完的 H^+，向中和区加入新鲜的石灰石吸收浆液，中和剩余的 H^+，提升浆液 pH，活化浆液，使之能在下一个循环中重新吸收 SO_2：

$$CaCO_3 + 2H^+ \longrightarrow Ca^{2+} + 2H_2O + CO_2 \uparrow \tag{4-14}$$

通过上面的讨论可以知道，SO_2 的吸收和溶解几乎只发生在吸收区，而氧化反应、中和反应和析出结晶可以发生在吸收区、氧化区和中和区，只是程度不同而已。由于浆液的一次吸收循环周期大致是数分钟，而浆液在吸收区的停留时间仅 4s，因此大部分化学反应发生在反应罐内。

综上所述，脱硫过程主要分为下列步骤：SO_2 在气流中扩散；SO_2 扩散通过气膜；SO_2 被吸收，由气态转入溶液生成水合物；SO_2 的水合物和离子在液膜中扩散；石灰石颗粒表面溶解，由固相转入液相；H^+ 与 HCO_3^- 中和；SO_3^{2-} 和 HSO_3^- 被氧化；石膏结晶分离。

4.4.2　工艺流程

石灰石–石膏法烟气脱硫的常见工艺流程如图 4-8 所示。从除尘器出来的烟气一般要经过一个热交换器，然后进入吸收塔，在吸收塔里 SO_2 和磨细的石灰石悬浮液接触并被吸收去除，被洗涤后的烟气通过热交换器升温，然后通过烟囱被排放到大气中。由石灰石粉与再循环的洗涤水混合而成一定浓度的石灰石浆，石灰石浆用泵不断地打入吸收塔底部的持液槽，与槽中现存的石灰石浆一起经不同高度上的喷嘴喷射到吸收塔中。石灰石浆与烟气中的 SO_2 反应生成亚硫酸钙和石膏。为了将反应产物完全转化为石膏，需将氧化用的空气通入持液槽中。氧化过程完成后，将粗石膏晶体从洗涤液中分离出来，然后用脱水机械将石膏脱水到水分含量低于 10%，即可运走加工或进行进一步处理。

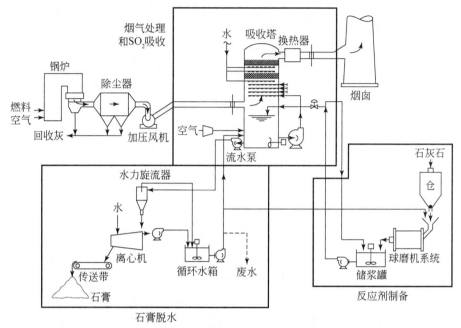

图 4-8　石灰石-石膏湿法脱硫工艺流程图

4.4.3　系统组成及设备

典型的石灰石-石膏湿法烟气脱硫系统一般包括 8 个子系统：石灰石浆液制备供给系统、SO_2 吸收系统、烟气系统（含烟气加热装置）、石膏脱水及储存系统、废水处理系统、公用系统、事故浆液排放系统和电气与监测控制系统。

1. 石灰石浆液制备供给系统

根据 FGD 几十年积累的运行经验，通常要求石灰石中 $CaCO_3$ 的质量百分数高于 90%，含量太低则会由于杂质较多给运行带来一些问题，造成吸收剂耗量和运输费用增加，石膏纯度下降，对抛弃工艺还将增加固体物废弃费用。我国的石灰石储量大，矿石品位较高，$CaCO_3$ 含量一般大于 93%。并且石灰石无毒无害，在处置和使用过程中很安全，是 FGD 理想的吸收剂。在选择石灰石作为吸收剂时，还必须考虑石灰石的活性，其脱硫反应活性主要取决于石灰石粉的粒度和颗粒的比表面积。一般要求石灰石粉 90% 通过 325 目筛（44μm），或 250 目筛（63μm）。石灰石经石灰石湿式球磨机磨制成石灰石浆液，或是购置石灰石碎块，经石灰石干式磨粉机制成石灰石粉，加水搅拌制成质量分数为 10% ~15% 的浆液。用泵将该灰浆经由带流量测量装置的循环管道打入吸收塔持液槽底部。石灰石浆液制备供给系统一般由石灰石破碎系统、石灰石浆液制备系统、石灰石供浆三个子系统组成。

2. SO₂吸收系统

SO₂吸收系统是 FGD 的核心组成，一般由 SO₂吸收装置、喷淋子系统、浆液循环子系统及石膏氧化子系统等四个部分组成。主要设备包括吸收塔、再循环泵、除雾器、搅拌器、氧化风机等。

1）吸收装置

其核心设备是吸收塔。吸收塔的作用是吸收除尘后的烟气中的 SO₂，并将吸收 SO₂后的浆液在塔体下部浆池内逐步氧化反应生成石膏。按照工作原理分为喷淋空塔、喷淋填料塔、喷射鼓泡反应器（简称鼓泡塔 JBR）、液柱塔等。其结构示意如图 4-9 所示。

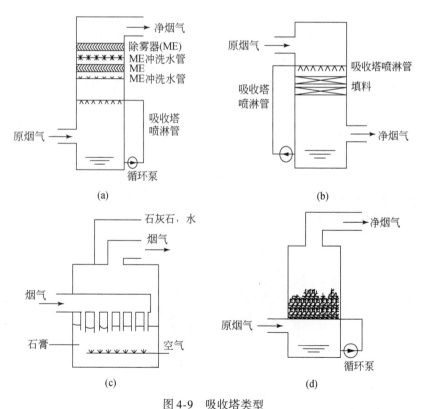

图 4-9　吸收塔类型

（a）逆流喷淋塔；（b）顺流喷淋填料塔；（c）喷射鼓泡塔；（d）液柱塔

在表 4-1 中列出逆流喷淋空塔、顺流格栅填料吸收塔、喷射鼓泡塔和液柱脱硫塔的比较。

表 4-1　四种脱硫塔的比较

项目	逆流喷淋空塔	顺流格栅填料吸收塔	喷射鼓泡塔	液柱脱硫塔
原理	吸收剂浆液在吸收塔内经喷嘴喷淋雾化，在与烟气接触过程中，吸收并除去 SO_2	吸收剂浆液在吸收塔内沿格栅填料表面下流，形成液膜与烟气接触过程中，吸收并去除 SO_2	吸收剂浆液以液层形式存在，而烟气以液泡形式通过，吸收并去除 SO_2	吸收剂浆液由布置在塔内的喷嘴垂直向上喷射，形成液柱并在上部散开落下，在高效气液接触中，吸收并去除 SO_2
脱硫率	>95%	>95%	90% 左右	>95%
运行维护	喷嘴易磨损、堵塞、损坏，需定期检修更换	格栅易结垢、堵塞，系统阻力大，需经常清洗除垢	系统阻力较大，无喷嘴堵塞问题，运行稳定可靠	能有效防止喷嘴堵塞、结垢问题，运行较稳定可靠
自控水平	较高	高	较高	较高

喷淋吸收塔通常采用先进可靠的喷淋空塔，无任何填料部件，一方面减小系统阻力，另一方面有效杜绝塔内堵塞结垢现象。因此具有适应性强、脱硫效率、可用率高等优点，是目前石灰石-石膏湿法烟气脱硫工艺的主导塔型。

喷淋空塔采用烟气与浆液逆流接触方式布置。通常吸收塔喷淋区下部布置有吸收塔托盘作为布风装置，烟气通过托盘后在整个吸收塔截面上均匀分布，非常有利于提高脱硫效率。此外，吸收塔托盘还使烟气与石灰石/石膏浆液在托盘上得以充分接触。从结构上来看，结构托盘为带分隔围堰的多孔板，如图 4-10 所示，通常被分割成便于从吸收塔人孔进出的板片，水平搁置在托盘支撑的结构上。

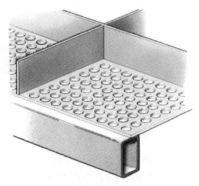

图 4-10　逆流喷淋空塔的多孔托盘

在吸收塔进口烟道处还提供工艺水冲洗系统，进行定期冲洗，防止结垢。

2）喷淋子系统

喷淋系统包括喷嘴、支撑、加强件、配件等。喷淋层设在吸收塔的中上部，吸收塔浆液循环泵对应各自的喷淋层。每个喷淋层都是由一系列喷嘴组成，其作用是将循环浆液进行细化喷雾。一个喷淋层包括母管和支管，母管的侧向支管成对排列，喷嘴就布置在其中。喷嘴的这种布置安排可使吸收塔断面上实现均匀的喷淋效果。

石灰石基 FGD 工艺的喷淋空塔设计的典型喷淋层数为 3～6 层，各层喷嘴交错布置，覆盖率达200%～300%，通常每层布置一个喷淋管网，装有足够多的喷嘴，每层间距离在 2m 左右。最下层喷淋管网距入口烟道顶部的高度一般是 2～3m。这样可以使喷出的浆液有效地接触进入塔内的烟气，并能避免过多的浆液带进入口烟道。最上层的喷淋管与除雾器底部至少应有 2m 的距离。图 4-11 是喷嘴在喷淋管道上的布置方式。

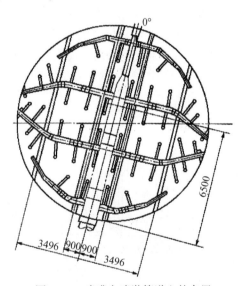

图 4-11　喷嘴在喷淋管道上的布置

3）浆液循环子系统

浆液循环子系统的作用是将吸收塔浆池和加入的石灰石浆液循环不断地送到吸收塔喷淋层。并且因为 $CaSO_3$ 或 $CaSO_4$ 从溶液中结晶析出是导致吸收塔发生结垢的主要原因，因此需要循环泵将含有硫酸钙晶体的脱硫液不断打回吸收区，硫酸钙晶体起到了晶种的作用，在后续的处理过程中，可防止固体直接沉积在吸收塔设备表面。

吸收塔再循环泵安装在吸收塔旁，用于吸收塔内石膏浆液的再循环。吸收塔浆液循环系统采用单元制，每个喷淋层配有一台与喷淋层上升管道连接的浆液循环泵。一般由三台或四台循环浆液泵和对应的喷淋系统组成，从而保证吸收塔内200%～300%的吸收浆液覆盖率。

4）石膏氧化子系统

氧化空气注入不充分将会引起石膏结晶的不完善，还可能导致吸收塔内壁的结垢。该部分的优化设置对提高系统的脱硫效率和石膏的品质非常重要。氧化系统由氧化风机、氧化装置、空气分布管等组成，氧化风机运行方式为一运一备。

目前普遍采用管网喷雾式，又称固定式空气喷射器（fixed air sparger，FAS）和空气喷枪组合式（agitater air lance assemilies，ALS）强制氧化装置。FAS在氧化区底部的断面上均布若干根氧化空气母管，母管上装有众多分支管。喷气喷嘴在整个断面上均匀分布，3.5个/m² 左右，通过固定管网将氧化空气分散鼓入氧化区。FAS有三种布置方式，其中两种是将搅拌器布置在管网上方［图 4-12（a）和（b）］，而应用更多、更合理的是将搅拌器布置在管网的下方［图 4-12（c）］。ALS强制氧化装置如图 4-13所示，氧化搅拌器产生的高速液流使鼓入的氧化空气分裂成细小的气泡，并散布至氧化区的各处。由于ALS产生的气泡小，由搅拌产生的水平运动的液流增加了气泡的滞留时间，因此，ALS较之FAS降低了对浸没深度的依赖性。

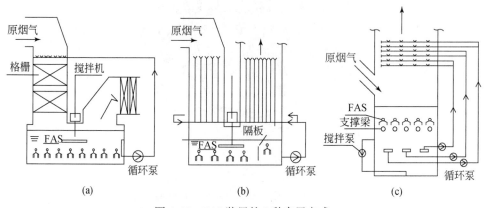

图 4-12　FAS 装置的 3 种布置方式

3. 烟气系统

烟气系统中烟气的流程为：从锅炉尾部烟道引出的烟气，经增压风机升压进入热交换器（GGH）降温至 90～100 ℃，进入吸收塔，在脱硫净化后经除雾器除去水分，再经GGH升温至 80 ℃左右，通过烟囱排放。示意图如图 4-14 所示。

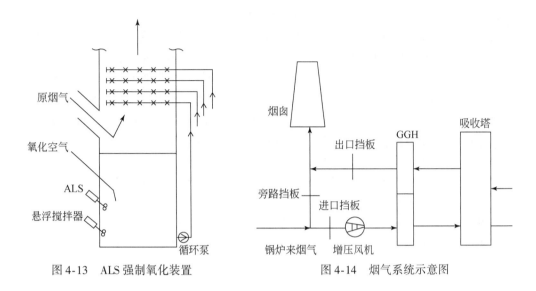

图 4-13 ALS 强制氧化装置　　　　图 4-14 烟气系统示意图

传统的脱硫烟气系统为锅炉风烟系统的延伸部分，包括烟道、（进、出口）烟气挡板、旁路门及烟道、增压风机、吸收塔和气–气加热器（GGH）等关键设备。随着国家对火电企业排放的环保要求越来越高，旁路门及烟道将被取缔，近年来也有采用引风机代替脱硫增压风机，取消增压风机的趋势。取消脱硫旁路，可以杜绝未经脱硫的烟气通过旁路挡板泄漏或恶意排放的情况，实现环保部门对污染排放的在线管控。在拆除旁路的同时取消增压风机，增大锅炉引风机出力，实现吸增合一，目的是为了降低厂用电，节约能耗。

经湿法脱硫后的烟气从吸收塔出来一般在 45～55℃，低于露点温度，并含有饱和水蒸气，如不经处理直接排放，易形成酸雾腐蚀烟道和烟囱，并且烟温过低将影响烟气的抬升高度和扩散。因此，湿法 FGD 系统通常配有一套烟气再热装置。气–气换热器是蓄热加热工艺的一种，它用未脱硫的 120～150℃的热烟气加热已脱硫的烟气到 80℃左右，然后排放。

在我国进行大规模脱硫改造阶段的初期，配置和取消 GGH 两家流派进行了长时间的争论和交锋。坚持取消 GGH 的人们认为取消 GGH 可以提高 FGD 系统的可靠性和可用率。而更多学者认为取消 GGH 后对大气环境带来不利影响。配置 GGH 可提高烟囱排出烟气的抬升高度以利于污染物的扩散，并且烟囱防水防腐问题较单一。

4. 石膏脱水及储存系统

在 FGD 系统中副产品是石膏浆，浆液主要由盐类混合物（$MgSO_4$、$CaCl_2$）、石膏、石灰石、CaF_2 和灰粒组成。因此需要将石膏从杂质中分离出来。分离出来的石膏可用来制造墙板或水泥。由于其稳定性好，对环境无害，也可用于土地回填。石膏脱水系统的作用包括：分离循环浆液中石膏，将循环浆液中的大部分石灰石和小颗粒石膏输送回吸收塔；将吸收塔排出的合格的石膏浆液脱水；分离并排放出部分化学污水，以降低系统中有害离子浓度。石膏脱水系统中的主要设备包括石膏排出泵、石膏旋流器、水环式真空泵、真空皮带脱水机、滤液泵、滤布冲洗水泵、滤液箱、废水箱、石膏仓及有关的管路、阀门、仪表等，流程如图 4-15 所示。

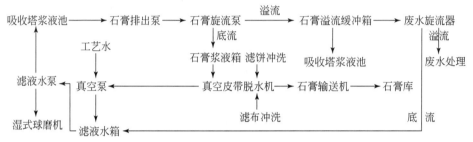

图 4-15　石膏脱水流程示意

石膏脱水系统由初级旋流器浓缩脱水（一级）和真空皮带脱水（二级）两级组成。从吸收塔排出的石膏浆液（固体物含量为 15% ~ 20%），送至高效水力旋流分离器，浓缩至含固量 40% ~ 60% 的石膏浆液，再经过真空皮带脱水机进一步脱水，形成含水 10% 的石膏（$CaSO_4 \cdot 2H_2O$），用汽车运至石膏加工车间或直接销售。

5. 其他系统

1）废水处理系统

烟气脱硫系统排放的废水一般来自 SO_2 吸收系统、石膏脱水系统和石膏清洗系统。脱硫废水的水质和水量由脱硫工艺、烟气成分、灰及吸附剂等多种因素决定。废水中的杂质除了大量的可溶性氯化钙外，还有氟化物、亚硝酸盐、重金属离子、硫酸钙及细尘等。表 4-2 为某电厂脱硫废水水质。

表 4-2　某电厂脱硫废水水质

项目	数值	项目	数值
pH	4.5 ~ 7	总 Ca	≤ 2000
悬浮物/（mg/L）	≤ 12 000	总 Cd	≤ 2.0
SO_4^{2-}	≤ 16 500	总 Al	10
总 Mg	1900 ~ 41 500		

这种脱硫废水因呈弱酸性、悬浮物和重金属含量超标，不能直接排放，必须处理达标后才能排放。目前国内针对石灰石–石膏湿法烟气脱硫产生的废水，采用两种处置方式：第一种为排入灰水系统。将脱硫废水直接输送到电厂的水力除灰系统（或灰场），与灰浆液一同处理。由于脱硫废水呈弱酸性，对弱碱性的灰浆液有一定的中和作用，而且脱硫废水数量较小，每天只有几十到几百吨的流量，不会对灰浆产生大的不良影响。第二种为设置一套废水处理装置，处理后的废水达标排放。

2）公用系统

为脱硫系统提供各类用水和控制用气。主要设备包括工艺水箱、工艺水泵、工业水箱、工业水泵、冷却水泵及空气压缩机等。

3）事故浆液排放系统

用于储存 FGD 装置大修或发生故障时由其排出的浆液，包括事故浆液储罐、地坑、搅拌器和浆液泵。

4）电气与监测控制系统

该系统包括电气设备、控制设备与在线仪表。电气设备用于为系统提供动力和控制用电。控制设备通过 DCS 系统控制全系统的启停、运行工况调整、异常情况报警和紧急事故处理。在线仪表用于监测和采集各项运行数据，还可以完成经济分析和生产报表。

4.4.4 石灰石–石膏湿法脱硫新技术

经过近几年的发展，石灰石–石膏湿法脱硫工艺衍生出多种技术，包括单塔单循环、单塔双循环、双塔双循环、单塔旋汇耦合脱硫及托盘技术等。以下主要介绍单塔双循环和双塔双循环两种常见的技术。

1. 单塔双循环技术

1）工艺流程

双循环工艺流程如图 4-16 所示，烟气进入吸收塔，首先与一级喷淋层喷淋管喷出的浆液逆向接触，经冷却、洗涤、脱除部分 SO_2 后，通过碗状的塔内托盘中的导流叶片进入上吸收区，烟气在这里与二级喷淋层即上循环喷淋的浆液进一步作用，SO_2 几乎被完全除去。脱硫后的清洁烟气经除雾器除去雾滴后，由吸收塔上侧引出，排入烟囱。烟气中 SO_2 的脱除分两级完成，集液斗（塔内托盘）将脱硫区分隔为一级、二级循环回路。一级循环回路由浆液池、一级循环泵、喷淋管等组成；二级循环回路由集液斗、吸收区加料槽（简称 AFT 浆池）、上循环泵、喷淋管等组成。

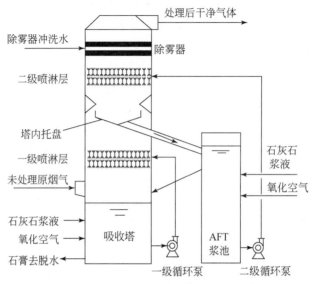

图 4-16 单塔双循环工艺流程图

2）核心设备

吸收塔是单塔双循环工艺技术的核心设备，主要特点是在吸收塔内设有收集浆液的集液斗（即塔内托盘）。集液斗是指位于一级吸收段上方、二级吸收段下方的碟、环型装置。主要是将来自 AFT 浆池的二级循环喷淋浆液收集后并输送回 AFT 浆池。由于系统运行中，该托盘装置上面承接较高 pH 浆液而易于结垢，下面受到携带较低 pH 浆液的烟气冲刷易于腐蚀，故设计中的材质选择和防腐施工十分重要。集液斗结构如图 4-17 所示。

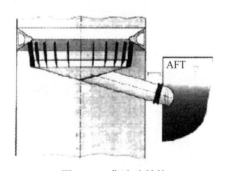

图 4-17 集液斗结构

浆池的设置有单塔分层浆池和单塔双浆池两种形式。单塔分层浆池的氧化区与结晶区不同 pH 控制，氧化区 4.5~5，结晶区 5~5.5。单塔双浆池，采用塔外浆池，塔外浆池 pH 进一步提高，提高吸收效果。塔内浆池同单塔双区，塔外浆池 pH 为 4.8~6.4。

2. 双塔双循环技术

1）工艺流程

双塔双循环也称双塔串联工艺，是指烟气依次经过两级逆流喷淋塔，对前塔出口的净烟气再次进行喷淋脱硫，以达到出口 SO_2 浓度达到标准的目的。双塔双循环技术适合于旧机组超低排放改造，采用原塔后串联吸收塔，二级塔 pH 适当提高到 5.8~6.4。

烟气在一级吸收塔内经过吸收塔浆液循环洗涤冷却并除去部分 SO_2、HCl、HF 等酸性气体，再进入二级脱硫塔，除去剩余 SO_2，在二级塔中加入新鲜的石灰石浆液，以维持高的钙硫比。脱硫后净烟气由装设于二级吸收塔上部的高效除雾器除雾使烟气中液滴浓度不大于 $35mg/Nm^3$。除去雾滴后的净烟气接入主烟道，并经烟囱排入大气，如图 4-18 所示。

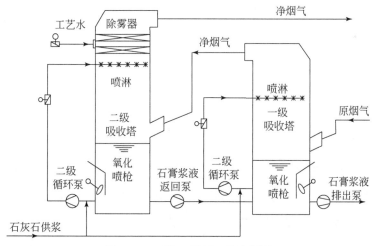

图 4-18　双塔双循环工艺流程图

2）核心设备

一级吸收塔内一般布置 3~4 层喷淋层，每层喷淋层对应 1 台浆液循环泵。上部安装一个两级除雾器，并设置有除雾器冲洗及吸收塔入口烟道表面冲洗系统。设置 2 台氧化风机（1 运 1 备）、2 台石膏浆液泵（1 运 1 备）。浆池配有脉冲悬浮系统，由 2 台（1 运 1 备）脉冲悬浮泵组成。在脉冲悬浮泵排出管上设有分析仪表（pH 计）。

二级脱硫塔内一般布置 2～3 层喷淋层，每个喷淋层对应 1 台浆液循环泵，两台氧化风机，设 2 台石膏强制循环泵及 1 台平衡石膏旋流站，将二级塔的浆液通过石膏强制循环泵打入一级塔，石膏浆液从一级塔排出，烟气经过一级塔能达到 86% 的脱硫效率。经过一级塔的烟气中 SO_2 浓度已降至 $700mg/Nm^3$，再进入二级塔反应，在二级塔中加入新鲜的石灰石浆液，以维持高的钙硫比，二次反应，脱硫效率达到 95.2%。使出口 SO_2 浓度已降至 $35mg/Nm^3$ 以下。二级塔浆池配有脉冲悬浮系统，由 2 台（1 运 1 备）脉冲悬浮泵组成。另外设有 pH 计测量泵。

4.4.5　关键技术指标

1. 脱硫效率

脱硫效率指单位时间内脱硫系统脱除的 SO_2 占进入脱硫系统烟气中 SO_2 的浓度百分数。脱硫率的高低表示脱硫系统脱硫能力的大小。脱硫系统必须有足够高的脱硫效率。然而除了系统本身所采用工艺的脱硫能力外，其他因素，如烟气量、烟温、烟气中的含水量等都会对脱硫效率产生影响。

2. 钙硫比（Ca/S）

钙硫比指参加反应的钙吸收剂分子数与未脱硫烟气中 SO_2 的摩尔比。理论上来讲，只要有一个钙基吸收剂分子就可以吸收一个 SO_2 分子，但实际上由于反应时的传热、传质的条件并不理想，因此需要增加吸收剂的量来保证吸收过程的顺利进行。因此，Ca/S 表示在一定脱硫率时所需要的钙基吸收剂的过量程度。

3. 吸收剂利用率

吸收剂的利用率是用来表示在脱硫系统中被用来脱除 SO_2 的吸收剂的量占加入脱硫系统的吸收剂的总量的百分数。可用下式表示：

$$吸收剂利用率（\%）= 脱硫效率/钙硫比 \times 100\% \qquad (4\text{-}15)$$

吸收剂的利用率与钙硫比有密切的关系，脱硫率一定时，所需要的钙硫比越低，钙的利用率越高。

4.4.6　其他湿法脱硫技术

双碱法在脱硫塔内采用钠基脱硫剂进行脱硫，脱硫产物排入再生池内用氢氧化钙进行还原再生，再生的钠基脱硫剂重新回到脱硫塔内循环使用。由于在吸收和吸收液处理中使用了钠基和钙基的碱，故称为双碱法。技术特点在于钠基脱硫剂碱性强，因此反应产物溶解度大，不会造成过饱和结晶而引起的结垢堵塞问题。根据所利用的碱的种类进行分类，有碱性硫酸铝－石膏法、氨－石膏法和钠钙双碱法等，最常用的是钠钙双碱法。

海水法脱硫工艺是一种湿法烟气脱硫方法。天然海水的 pH 为 7.5 ~ 8.3，天然碱度为 1.2 ~ 2.5mmol/L，因此可以用来吸收烟气中呈酸性的 SO_2。海水吸收 SO_2 后经空气强制氧化转化成为可以溶于海水且无害的硫酸盐。脱硫后的海水硫酸盐成分稍有提高，但一般认为当远离排放口一定距离后，浓度上的差异就会消失。该工艺过程中几乎不产生废弃物，技术成熟、工艺简单、系统运行可靠、脱硫效率高且投资运行费用低。但仅适合沿海地区和城市的工业烟气脱硫。

氧化镁湿法脱硫工艺，即镁法脱硫，与石灰－石膏法脱硫工艺类似，它是以氧化镁为原料，经熟化生成氢氧化镁作为脱硫剂的一种先进、高效、经济的脱硫系统。在吸收塔内，吸收浆液与烟气接触混合，烟气中的二氧化硫与浆液中的氢氧化镁进行化学反应从而被脱除，最终反应产物为亚硫酸镁和硫酸镁混合物。如采用强制氧化工艺，最终反应产物为硫酸镁溶液，经脱水干燥后形成硫酸镁晶体。

氨吸收法指用氨水吸收 SO_2 的烟气脱硫技术。与其他碱类相比，用氨作吸收剂的主要优点是费用低，并且脱硫产物可作为化肥使用。由于氨易挥发，吸收剂耗量增大，所以对吸收 SO_2 后的吸收液采用一定的方法进行处理。氨－硫酸铵法、氨－亚硫酸铵法和氨－酸法应用较为广泛。加入氨水的吸收液吸收 SO_2 生成 $(NH_4)_2SO_3$，在氧化塔内用空气加压氧化成 $(NH_4)_2SO_4$。若吸收液不用氨中和也可直接进行氧化，不仅得到硫酸铵溶液，还产生含 SO_2 气体。氨－亚硫酸铵法是直接将母液加工成亚硫酸铵，作为产品。氨－酸法是将吸收 SO_2 后的吸收液用硫酸分解，从而获得高浓度的 SO_2 气体和硫铵结晶，后者作为肥料。此工艺比较成熟，操作方便。

4.5　工 程 实 例

4.5.1　工程实例一：半干法烟气脱硫

1. 概况

某 350MW 循环流化床锅炉电厂采用半干法脱硫，其脱硫工艺为炉内一级喷钙+炉外循环流化床半干法二级脱硫，总脱硫效率不低于99%。其中炉外采用半干法脱硫除尘一体化装置，每台炉设置一座CFB-FGD反应器作为脱硫塔进行全烟气脱硫，其除尘效率≥99.97%（入口粉尘浓度76 167mg/Nm³，标干，6% O_2），脱硫效率≥90%（含硫量1.8%，入口 SO_2 浓度775mg/Nm³，标干，6% O_2）。循环流化床锅炉炉外脱硫设备布置于锅炉空预器后、布袋除尘器前，由脱硫塔、吸收剂制备及供应系统、物料循环及外排系统、工艺水系统及自动控制系统等构成。

2. 工艺流程

图4-19为循环流化床锅炉炉外脱硫工艺流程示意。烟气从底部进入脱硫塔，在文丘里管前后分别与脱硫剂和布袋除尘器除下的循环灰混合。脱硫剂由空气斜槽送入床体，循环灰由空气斜槽同时加入床体，经过脱硫塔下部的文丘里管混合加速后进入循环流化床床体。脱硫处理后的含尘烟气从脱硫塔顶部排出，然后进入布袋除尘器，最后经过除尘处理后的洁净烟气再通过引风机进入烟囱排放。经除尘器捕集下来的固体颗粒，通过除尘器下的再循环系统，返回脱硫塔继续参加反应，如此循环，多余的少量脱硫灰渣通过仓泵输送至灰库。脱硫除尘岛设有清洁烟气再循环系统，脱硫除尘岛的负荷范围能满足锅炉负荷在30%～110% BMCR负荷变化，脱硫系统在锅炉负荷低于70%时，方可开启清洁烟气再循环。

3. 系统组成及设备

该系统由脱硫塔、吸收剂制备及供应系统、物料循环及外排系统、工业水系统和自动控制系统等子系统组成。

1）脱硫塔

脱硫塔采用CFB-FGD反应器，它是半干法脱硫反应的核心设备。脱硫塔外壳呈圆形断面，钢体结构。脱硫塔入口设有导流装置，使气流分布均匀。塔内为空塔结构，反应段内部不设任何支撑件，以防灰的堆积。塔内布置有喷枪喷嘴，喷枪体为不锈钢材质，喷嘴采用碳化硅材料、回流式结构。脱硫塔喉部布置有文丘里管。脱硫塔自下而上依次为进口烟道、塔底排灰装置、塔底吹扫装置、文丘里管、CFB反应段、顶部出口段。

2）吸收剂制备及供应系统

生石灰仓和消石灰仓的有效容积不小于锅炉燃烧校核煤种BMCR工况下的3天用量，且生石灰仓的容积不小于150m³，筒体为圆柱体。吸收剂消化系统采用卧式干式双轴三级搅拌式消化器，消化装置的出力按单台锅炉采用校核煤种BMCR工况时石灰消耗量的150%～200%设计。消化器独立于主系统之外，本实

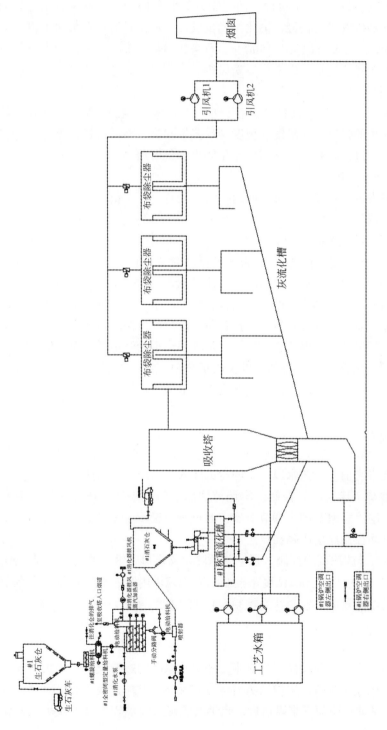

图 4-19　某350MW CFB锅炉炉外半干法脱硫工艺流程示意图

例中消化器的容量按200%设计，消化能力不小于10t/h，消化器为引进德国鲁奇技术。消化器排汽风机按最大消化排气量设计。消化后的消石灰为干粉态，含水率低于1.5%，比表面积大于$15m^2/g$。石灰的消化水泵采用1台全容量水泵。石灰石仓底部布置流化板，设专用罗茨风机。

3）物料循环及外排系统

每个灰斗的大部分灰循环回到吸收塔进行利用，物料循环采用空气斜槽方式，其流化板的强度、光滑度、坡度满足流场和物料循环通畅，流化帆布和密封材料采用原装进口材料。空气斜槽流化风机一备一用。

4）工业水系统

脱硫塔设置3台高压水泵，两运一备并配有工艺水箱。

5）自动控制系统

FGD系统的主要闭环调节回路：

（1）清洁烟气再循环控制。为满足循环流化床运行的条件，必须保证进入脱硫塔的烟气流量。当锅炉负荷降低一定数量时（75%以下），通过清洁烟气流量控制回路调节清洁烟气再循环风挡板，将清洁烟气补充进原烟气中。本调节回路以布袋除尘器出口烟气流量为被控对象，以烟气再循环风挡板为调节对象，通过烟气再循环风挡板，保证进入吸收塔烟气的流量始终不低于设计值。

（2）脱硫塔出口温度控制。以吸收塔出口温度为被控对象，以回水调节阀为调节对象，通过调节回水调节阀开度来调节回水流量，保证注入吸收塔的水量从而将吸收塔出口温度控制在设定值上，为消石灰和SO_2的充分反应创造条件。再循环流化床建立后，其产生的压降到达一个预先设定的数值（一般大于800Pa）后，就通过调节水喷嘴的回流水量开关控制吸收塔内的喷水量，从而使温度维持在设定值。工艺水以一定的压力注入，高压水由高压水泵提供。

（3）脱硫塔床层压降控制。本调节回路以吸收塔床层压降为被控对象，以物料循环气动流量调节阀为调节对象，通过调节气动流量调节阀开度来调节物料循环量，从而控制床层压降在设定值。

（4）SO_2排放浓度的控制。根据脱硫除尘器出口的烟气的流量（结合O_2的含量）和排放（净烟气）SO_2浓度来控制加入脱硫塔内吸收剂的用量，即调节消石灰调频旋转给料器的转速，从而控制SO_2排放浓度。

4. 运行状况

实际运行中，发现负荷变化对半干法脱硫系统的影响较大，当负荷变动较大时，塔内常压较难维持，锅炉低负荷运行时反应塔循环较差。对于硫分较高（大于2%）的煤种，脱除率难以达标。当烟气含硫量波动较大时，脱硫效率受循环灰量的影响较大，脱硫塔的循环灰控制不够灵敏，脱硫响应较迟缓。耗水量较小，基本控制在每天 170t 左右。烟气出口温度较高，无需增加 GGH 换热器，仅当气温低时才会出现烟囱"冒白汽"现象。

4.5.2　工程实例二：石灰石-石膏湿法烟气脱硫

1. 概况

某发电厂 2×600MW 亚临界燃煤机组，2007 年投产。锅炉型号为 HG-2080/17.5-YM，采用亚临界一次中间再热型式，由哈尔滨锅炉厂有限责任公司生产。为满足环保要求，同步配套建设烟气脱硫装置，采用石灰石-石膏湿法脱硫工艺，一炉一塔，脱硫效率 ≥95%。烟气脱硫装置购置于美国常净环保工程公司。

本工程一台炉配一座吸收塔，每台机组的脱硫装置布置在烟道北侧，并以烟囱为中心对称布置。氧化风机房、吸收塔循环泵房和电控楼集中为一幢建筑物，布置在#1、#2 吸收塔北侧。事故浆液箱布置在氧化风机房及吸收塔循环泵房西侧。本期工程烟气脱硫装置设置一个石膏脱水车间，并与石膏储存间、溢流箱、滤液箱等设施联合，统称石膏脱水楼，布置在#1 吸收塔的北侧。废水处理间与石膏脱水楼联合，靠石膏脱水楼西侧布置。石灰石制浆楼，与石灰石卸料间、石灰石磨制车间、石灰石浆液箱、工艺水箱等设施联合，布置在#2 吸收塔的北侧。

2. 工艺流程

本期 1、2 号机组每台锅炉设置一套烟气脱硫装置（共 2 套），处理烟气量按锅炉 BMCR 工况烟气量设计，2 套脱硫装置设置 1 套公用的吸收剂制备系统、石膏脱水系统、脱硫用水系统、浆液排放与回收系统、压缩空气系统等。该石灰石-石膏湿法脱硫工艺流程如图 4-20 所示。

为保证在燃用校核煤质 I（即含硫量 1.35%）时脱硫效率不低于 95%，二氧化硫吸收系统按照校核煤质 I 设计。

3. 系统组成及设备

1）烟气系统

本脱硫工程每台炉分别设置一套独立的烟气系统，流程如图 4-21 所示。烟气系统主要设备见表 4-3。

当 FGD 装置运行时，烟道旁路挡板门关闭，脱硫烟气从锅炉引风机出口汇集烟道引入，经脱硫增压风机升压后再进入吸收塔，洗涤脱硫后的烟气（约

50℃）经除雾器除去雾滴，通过烟囱排入大气。当 FGD 装置停运时，旁路挡板门打开，FGD 装置进出口挡板门关闭，烟气从旁路烟道进入烟囱直接排入大气。烟道挡板的型式为密封型双挡板，将具有 100% 的气密性，两层挡板之间设有密封风，密封风为空气，经电加热器加热后鼓入挡板门密封风接口。每套脱硫装置设置一套独立的挡板密封空气系统，由 2 台密封风机（1 运 1 备）向脱硫装置进、出口挡板门、旁路挡板门提供密封空气。旁路挡板具有快速开启的功能，全关到全开的开启时间将 ≤15s。考虑到脱硫后烟气对烟道的腐蚀问题，净烟道全部采用鳞片树脂防腐。增压风机为动叶可调轴流风机，每座吸收塔配置 1 台增压风机，电动机露天布置，为全封闭空冷式。

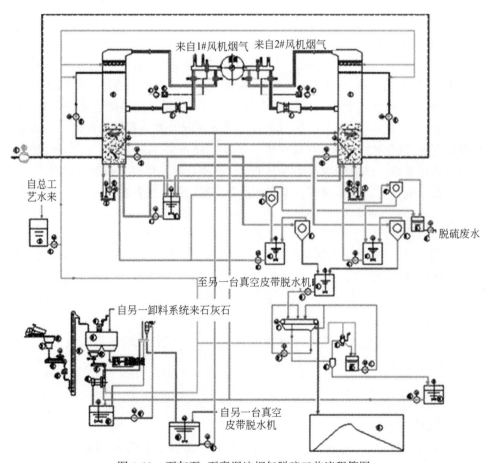

图 4-20　石灰石-石膏湿法烟气脱硫工艺流程简图

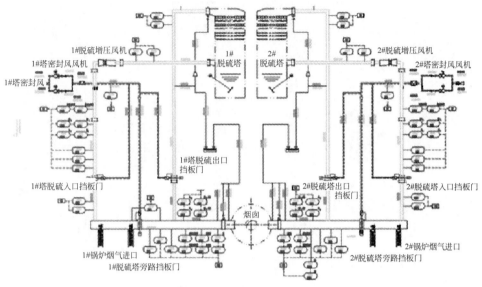

图 4-21　烟气系统流程图

表 4-3　烟气系统主要设备

名称	型号规格	数量	备注
脱硫增压风机	型式：轴流式，动叶可调 流量：$396×10^4 m^3/h$（TB 点） 风压：2750Pa（TB 点）	2 台	每炉 1 台
脱硫进口挡板门及执行机构	6.5m×10m 气动单轴双百叶	2 个	每炉 1 台
脱硫出口挡板门及执行机构	10.62m×5.31m，气动单轴双百叶	2 个	每炉 1 台
脱硫旁路挡板门及执行机构	13.62m×6.82m 气动单轴双百叶	2 个	每炉 1 台
挡板门密封风风机	流量：11 000m³/h 全压：3000Pa	4 台	每炉 2 台 （1 运 1 备）
挡板门密封风加热器	加热面积：180kW	2 台	每炉 1 台

2）SO_2 吸收系统

本工程每台炉设置一座吸收塔，吸收塔采用美国 Marsulex 公司的逆流喷雾塔，烟气由侧面进气口进入吸收塔，并在上升区与雾状浆液逆流接触，处理后的烟气经位于吸收塔顶部的除雾器去除水分后（水滴携带量不大于 $75mg/Nm^3$）送至烟囱排放，如图 4-22 所示。该系统的主要设备见表 4-4。

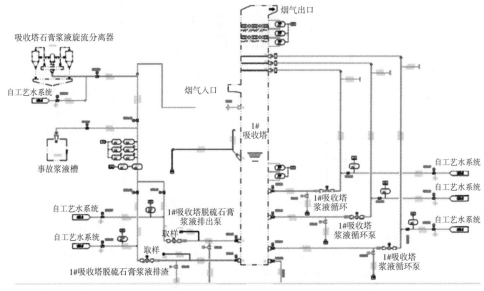

图 4-22　SO₂ 吸收系统流程图

表 4-4　SO₂ 吸收系统主要设备

名称	型号规格	数量	备注
吸收塔	内径 $\Phi16.41\text{m}\times H36.3\text{m}$, 立式喷淋塔（包括除雾器、喷嘴、氧化空气分配管等）	2 座	每炉 1 座
吸收塔浆液循环泵	型式：离心式 流量：10 158m³/h 扬程：21.5/23.5/25.5m	6 台	每炉 3 台
氧化风机	型式：多级离心 流量：10 505Nm³/h 风压：139 400Pa	3 台	两炉公用 （2 运 1 备）
石膏浆液排出泵	流量：407m³/h 扬程：44.6/45.5m	4 台	每炉 2 台 （1 运 1 备）

　　烟气中的 SO₂ 在吸收塔上部喷淋吸收区与石灰石浆液中的 CaCO₃ 发生化学反应生成亚硫酸钙，吸收塔反应池装有 5 台斜插式搅拌机。两座吸收塔共设置 3 台氧化风机（多级离心风机），2 运 1 备。氧化风机用于将氧化空气鼓入反应池中与浆液反应，最终生成 CaSO₄ · 2H₂O。每座吸收塔设置 3 台循环浆液泵和相应的喷淋层（每层喷淋层由 1 台循环浆泵单独供浆）。每座吸收塔设有 2 台石膏浆液排出泵，1 运 1 备，将石膏浆液送往石膏旋流站进行一级脱水，通过吸收塔内含

固量的高低值相应启闭至旋流器的阀门，以维持塔内浆液含固量在一定范围内。另外，如果需要将吸收塔排空时，也可以通过石膏浆液排出泵将浆液送往事故浆液箱。

3）吸收剂制备系统

吸收剂制备系统包括石灰石块卸料及储存系统、石灰石浆液制备及给料系统。吸收剂制备系统流程如图4-23所示，系统的主要设备见表4-5。

本工程设置2套石灰石块卸料系统，粒径为≤50mm的石灰石由自卸卡车经主体工程汽车衡计量后运至脱硫制浆楼石灰石卸料斗，经振动给料机进入石灰石破碎机，石灰石破碎后，粒径为0~10mm的石灰石由斗式提升机送入石灰石储仓内储存，再由称重给料机将石灰石送入湿式球磨机进行研磨，经旋流站分离后制成浓度约为30%的石灰石浆液储于石灰石浆液箱中，并由泵送至吸收塔。在石灰石卸料间底层设有2个卸料斗。地下卸料斗为钢筋砼结构，料斗上部用钢制格栅防止大粒径的石灰石进入；卸料系统还设有金属分离器。每列卸料系统的出力为90t/h，整套系统出力为2×90t/h。统配总容积为1000m³的石灰石储仓，能储存2台锅炉在BMCR工况下燃用设计煤种时3天的吸收剂耗量；仓体分为2个分仓，每个分仓的出口对应1台湿式球磨机，仓顶部设有库顶布袋除尘器。每个分仓设计1个出料口，出料口配1台称重给料机。石灰石储仓采用钢筋混凝土混合结构，下部锥体采用16Mn钢板制作。

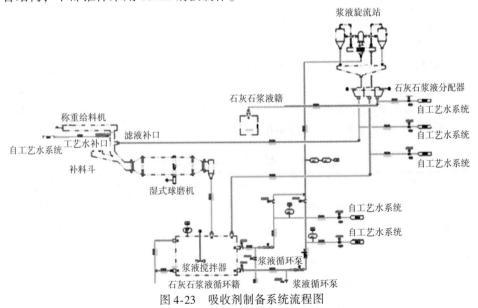

图 4-23　吸收剂制备系统流程图

表 4-5　吸收剂制备系统主要设备

名称	型号规格	数量	备注
石灰石仓	立式方形仓，上部为砼，下部为 16Mn 钢，有效容积约 1000m³	1 座	2 炉公用
湿式球磨机	出力：16t/h，入口粒径 ≤10mm	2 套	2 炉公用
石灰石浆液箱	碳钢+鳞片树脂 有效容积：340m³ $\Phi9$m×H9.5m	1 个	2 炉公用
石灰石浆液泵	流量：181m³/h 扬程：36m	2 台	2 炉公用（1 运 1 备）

本工程设置两台炉公用的两列湿式球磨机制浆系统，每列设备的出力按不低于两台锅炉 BMCR 工况下燃用设计煤质时 75% 的石灰石耗量选择。每台磨机配有独立的旋流分选系统，采用一级旋流分离，每套分离系统配有 2 台磨机浆液再循环泵和 1 套石灰石浆液旋流站，旋流站底流（粗颗粒）回磨机重新磨制，溢流自流进入石灰石浆液箱，成品石灰石浆液的粒径为 ≤0.045mm（95% 通过 325 目）。

设置 1 座 $\Phi9$m×9.5m 的石灰石浆液箱，两台炉共用，有效容积为 340m³，可储存两台锅炉 BMCR 工况下燃用设计煤种时脱硫装置 6h 的石灰石浆液量；石灰石浆液浓度为 30%（质量分数）。石灰石浆箱设有 1 台搅拌器，防止浆液沉淀。石灰石浆液泵共设置 2 台，两台炉公用，1 运 1 备，为 2 座吸收塔提供石灰石浆液，进入吸收塔的石灰石浆液量根据脱硫装置进口的 SO_2 浓度及吸收塔循环浆液的 pH 进行控制。为防止机组负荷变化时，浆液管道发生沉积现象，供浆系统采用循环回流输送方式。

4）石膏脱水及存储系统

石膏脱水系统主要设备见表 4-6。

表 4-6　石膏脱水系统主要设备

名称	型号规格	数量	备注
石膏浆液旋流器	进料：163m³/h	2 套	每炉 1 套
废水旋流器		2 套	每炉 1 套
吸收塔石膏旋流器溢流箱	碳钢+防腐内衬 有效容积：130m³ $\Phi6$m×H8.5m	2 个	每炉 1 座
吸收塔石膏旋流器溢流泵	流量：297m³/h 扬程：42.5m	4 台	2 炉 2 台 （1 运 1 备）

续表

名称	型号规格	数量	备注
真空皮带脱水机	出力：28t/h（10% 含水率），面积：约 30m² 碳钢+玻璃鳞片	2 台	两炉公用
滤液箱	有效容积：190m³ Φ7m×H8.5m	1 座	两炉公用
滤液泵	流量：183m³/h 扬程：22m	2 台	两炉公用（1 运 1 备）

两套脱硫装置设置 2 台公用真空皮带脱水机，且每台皮带脱水机配置 1 台水环式真空泵，每套真空皮带脱水机的出力按不低于 2 台炉 BMCR 工况下燃用设计煤种时脱硫石膏产量的 75% 设计。

每座吸收塔对应设置 1 套石膏浆液旋流器和 1 套废水旋流器。从吸收塔排出的石膏浆液（含固量约 15%）进入石膏浆液旋流器分离浓缩。石膏旋流器分离出来的溢流进入吸收塔石膏旋流器溢流箱，通过吸收塔石膏旋流器溢流泵将小部分溢流送入废水旋流器，而大部分溢流被送回吸收塔，废水旋流器的溢流（两套脱硫装置约为 16t/h）则进入废水箱，经泵送到废水处理系统处理。废水旋流器的底流回到吸收塔旋流器溢流箱；而石膏旋流器的底流（含固量 40% ~ 50%），自流进入真空皮带脱水机给料箱，由真空皮带脱水机给料泵送至真空皮带脱水机，经脱水处理后的石膏表面含水率不超过 10%，脱水后的石膏卸入石膏库存放待运。

本工程 2 套脱硫装置设置 1 座石膏库，其有效容积按 2 台锅炉 BMCR 工况下燃用设计煤种时 2 天的脱硫石膏产量设计；当脱硫石膏暂不能综合利用时，可用自卸汽车运至灰场分区堆放。

5）自动控制系统

该机组脱硫部分采用单独的控制系统。脱硫自动控制系统装置，采用有冗余 DPU 的 DCS 集中监控方式，并且可以通过就地操作箱内设置的远程/就地转换开关实现手动操作控制。脱硫自动控制系统包括三个主要功能：数据采集和处理（DAS）、模拟量控制（MCS）及开关量顺序控制（SCS）。

模拟量控制系统（MCS）包括：系统主要的模拟量控制系统包括增压风机入口压力控制、脱硫塔 pH 及 FGD 出口 SO_2 浓度控制、吸收塔供浆控制、石膏浆排出量控制等。

开关量顺序控制（SCS）包括：吸收塔循环浆液泵的顺启、顺停；石灰石浆液制备系统的顺启、顺停；石灰石浆液供应系统的顺启、顺停。

DAS 系统为运行人员提供主要的设备操作接口及监视记录手段，运行人员可从 DAS 中获得大量实时的或经过处理的机组信息，在 DAS 画面中直接对 FGD 的绝大多数设备进行操作，并在需要的情况下可获得各种操作指导或操作帮助等各种信息。

模拟量控制具体的逻辑如下：

（1）增压风机入口压力控制。为保证锅炉的安全稳定运行，通过调节增压风机导向叶片的开度进行压力控制，保持增压风机入口压力的稳定。为了获得更好的动态特性，对增压风机和锅炉的引风机进行协调控制。在 FGD 烟气系统投入过程中，需协调控制烟气旁路挡板门及增压风机导向叶片的开度，保证增压风机入口压力稳定；在旁路挡板门关闭到一定程度后，压力控制闭环投入，关闭旁路挡板门。其控制系统结构如图 4-24 所示。

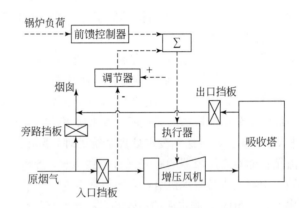

图 4-24　增压风机压力控制系统结构图

（2）吸收塔 pH 及 FGD 出口 SO_2 浓度控制。该调节采用进入吸收塔的石灰石浆液流量作为副调量，吸收塔内浆液 pH 作为主调量，采用锅炉总风量（指令信号）、锅炉指令负荷与原烟气 SO_2 含量的函数计算值作为前馈修正，组成一个串级调节回路，控制吸收塔入口石灰石浆液调节阀开度调整进入塔内的浆液流量。其控制系统如图 4-25 所示。

（3）吸收塔供浆控制。通过调整供浆泵频率，使得供浆流量为被调变量，比较实测流量与给定流量变化情况，以达到控制出口烟气污染物的目的。烟气脱硫控制系统依据吸收塔入口烟气流量与实测 SO_2 浓度计算得到烟气中 SO_2 含量，通过设定脱硫效率（如 98.9%），计算所需石灰石 $CaCO_3$ 理论用量，然后乘以吸收塔内浆液 pH 的修正系数 $[f(x)]$，就形成基准供浆流量信号（设定值信号），控制逻辑图如图4-26所示。

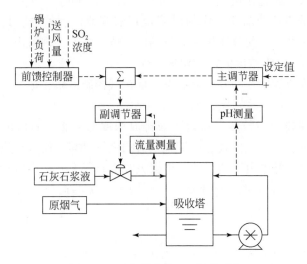

图 4-25　吸收塔浆液 pH 控制系统

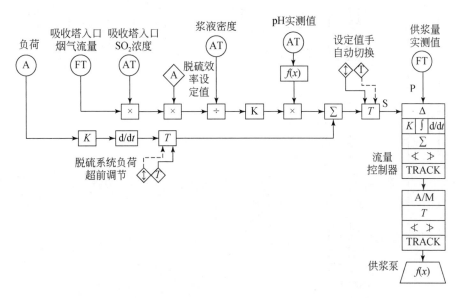

图 4-26　固定脱硫效率控制方式

将基准供浆量设定值信号送入 PID 控制器与供浆量实测值比较,经 PID 控制器运算后发出调节信号控制供浆泵的频率,实现供浆量的自动调节。

此外,由于 SO_2 的检测过程和脱硫系统 SO_2 脱除过程存在一定滞后,当机组快速升降负荷时,吸收塔入口 SO_2 浓度变化较快,单纯靠固定脱硫效率控制已无法满足控制要求，因此在快速升降负荷时，需加入负荷（也可用烟气量、给煤量）的微分（或者比值前馈）作为供浆量超前调节控制信号。其原理是将负荷信号作为超前信号，提前改变供浆流量的设定值，从而实现对由负荷大幅度变化带来的吸收塔入口 SO_2 浓度波动的快速消除。

鉴于固定脱硫效率控制方式的缺点，优化其控制策略，把上面的单回路控制改进为串级控制。控制逻辑图如图 4-27 所示。

（4）石膏浆排出量控制。石膏浆液排放浓度低会影响石膏的品质，控制好石膏浆液的排放也可以减少真空皮带脱水机的运行时间，使真空皮带脱水机系统间断运行，达到降低电负荷的目的。根据吸收塔石灰石浆液供应量及排出石膏浆的密度值，来控制石膏浆液的排放和石膏脱水系统的运行。其控制逻辑图如图 4-28 所示。

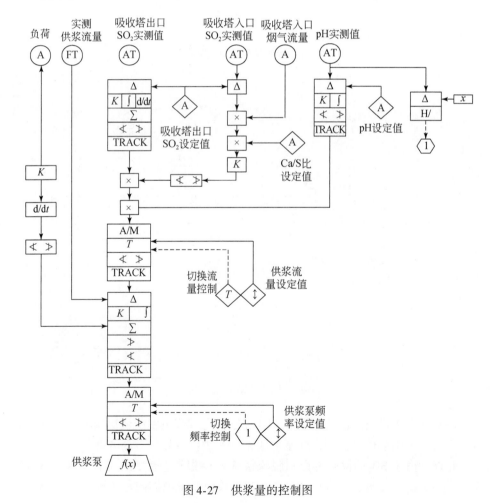

图 4-27　供浆量的控制图

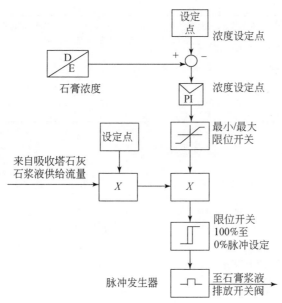

图 4-28　石膏浆液排放控制系统

开关量控制具体的逻辑如下：

吸收塔循环浆液泵，顺启逻辑如下：

步序	本步发出的命令	本步应具备的条件
1	关循环浆液泵 A 入口电动门	无循环浆液泵保护跳闸，吸收塔底部液位 >4m
2	关吸收塔石灰石浆液供浆电动门 1	循环浆液泵 A 入口电动门已关
3	开循环浆液泵 A 入口电动门	吸收塔石灰石浆液供浆电动门 1 关
4	延时 1s 启动循环浆液泵 A	循环浆液泵 A 入口电动门开
5	顺启完成	循环浆液泵 A 运行

正常停止顺序逻辑如下：

步序	本步发出的命令	本步应具备的条件
1	停循环浆液泵	
2	关吸收塔石灰石浆液供浆电动门 1	循环浆液泵停
3	关循环浆液泵入口电动门	吸收塔石灰石浆液供浆电动门 1 关
4	开循环浆液泵入口排放电动门，延时 120s	循环浆液泵入口电动门关

续表

步序	本步发出的命令	本步应具备的条件
5	关循环浆液泵入口排放电动门	无
6	开循环浆液泵出口冲洗水电动门，延时60s	无
7	关循环浆液泵A出口冲洗水电动门	无
8	顺停完成	

石灰石浆液制备系统，顺启逻辑如下：

步序	本步发出的命令	本步应具备的条件
1	关石灰石浆液输送泵A入口电动门 关石灰石浆液输送泵A出口电动门 关石灰石浆液输送泵A冲洗水电动门 关石灰石浆液输送泵A入口排放电动门	石灰石浆液制备箱液位>1.5m 石灰石浆液箱液位<5.0m
2	开石灰石浆液输送泵A入口电动门	第一步中四个电动门全部处于关闭方式
3	开石灰石浆液输送泵A冲洗水电动门	石灰石浆液输送泵A入口电动门开
4	关石灰石浆液输送泵A冲洗水电动门	石灰石浆液输送泵A冲洗水电动门开并延时5s
5	启动石灰石浆液输送泵A	石灰石浆液输送泵A冲洗水电动门关
6	开石灰石浆液输送泵A出口电动门	石灰石浆液输送泵A运行
7	顺启完成	石灰石浆液输送泵A出口电动门开

正常停止顺序逻辑如下：

步序	本步发出的命令	本步应具备的条件
1	停石灰石浆液输送泵A	
2	关石灰石浆液输送泵A出口电动门	石灰石浆液输送泵A停止
3	开石灰石浆液输送泵A冲洗水电动门	石灰石浆液输送泵A出口电动门关
4	关石灰石浆液输送泵A入口电动门	石灰石浆液输送泵A冲洗水电动门开
5	开石灰石浆液输送泵A出口电动门	石灰石浆液输送泵A入口电动门关
6	关石灰石浆液输送泵A出口电动门	石灰石浆液输送泵A出口电动门开并延时40s
7	关石灰石浆液输送泵A冲洗水电动门	石灰石浆液输送泵A出口电动门关
8	开石灰石浆液输送泵A入口排放电动门	石灰石浆液输送泵A冲洗水电动门关
9	顺停完成	石灰石浆液输送泵A入口排放电动门开

　　所有的石灰石浆液输送泵启动允许条件：（逻辑与）石灰石浆液制备箱液位>1.5m；石灰石浆液输送泵入口电动门开；石灰石浆液输送泵出口电动门关；石灰石浆液输送泵冲洗水电动门关；无石灰石浆液输送泵故障信号。

　　所有的石灰石浆液输送泵保护停条件：（逻辑或）石灰石浆液制备箱液位<1.0m；石灰石浆液输送泵运行且入口电动门未开，延时5s；石灰石浆液输送泵运行且石灰石浆液输送泵出口电动门关，延时60s；石灰石浆液箱液位>5m。

　　石灰石浆液供应系统，顺启逻辑如下：

步序	本步发出的命令	本步应具备的条件
1	关石灰石浆泵 A 入口电动门 关石灰石浆泵 A 出口电动门 关石灰石浆泵 B 出口联络电动门	石灰石浆泵箱液位>1.5m 无石灰石浆泵 A 故障 石灰石浆泵 A 远程控制
2	开石灰石浆泵 A 入口电动门	第 1 步中三个电动门均处于关闭方式
3	启动石灰石浆泵 A	石灰石浆泵 A 入口电动门开
4	开石灰石浆泵 A 出口电动门	石灰石浆泵 A 运行
5	打开吸收塔石灰石浆液供浆电动门 1，2，3	石灰石浆泵 A 出口电动门开
6	顺启完成	第 5 步中三个电动门均处于打开方式

　　正常停止顺序逻辑如下：

步序	本步发出的命令	本步应具备的条件
1	停止石灰石浆液泵 A	
2	关闭石灰石浆液泵 A 入口电动门 关闭吸收塔石灰石浆液供浆电动门 1，2，3	石灰石浆液泵 A 已停止
3	打开石灰石浆液泵 A 入口排放电动门并延时 60s	第 2 步中电动门全部关闭
4	关闭石灰石浆液泵 A 入口排放电动门	无
5	打开石灰石浆液泵 A 出口冲洗水电动门	无
6	打开石灰石浆液泵 A 入口电动门并延时 20s	无
7	关闭石灰石浆液泵 A 入口电动门 打开吸收塔石灰石浆液供浆电动门 1，2，3	无
8	关闭吸收塔石灰石浆液供浆电动门 1，2，3 关闭石灰石浆液泵 A 出口电动门 关闭石灰石浆液泵 A 出口冲洗水电动门	石灰石浆液泵 A 入口电动门已关 且吸收塔石灰石浆液供浆电动门 1，2，3 已开
9	打开石灰石浆液泵 A 入口排放电动门并延时 60s	第 8 步中电动门全部关闭
10	关闭石灰石浆液泵 A 入口排放电动门	无
11	顺停完成	

4. 运行状况

本工程采用不设 GGH 的石灰石–石膏湿法烟气脱硫工艺。

脱硫前与脱硫后烟气参数见表4-7。

表 4-7　脱硫前与脱硫后烟气参数

项目	增压风机前原烟气	吸收塔出口净烟气	单位
烟气温度	118	50	℃
烟气污染物成分（湿基）			
SO_2	2293	107	mg/Nm^3
SO_3	约 40	约 25	mg/Nm^3
HCl	约 40	微量	mg/Nm^3
HF	约 10	微量	mg/Nm^3
H_2O	67	102	g/Nm^3
烟气压力	0	约 500	Pa
烟气流量，湿基	2 301 175	2 467 946	Nm^3/h

复习思考题

1. 《火电厂大气污染物排放标准》（GB 13223—2011）中对 SO_2 的排放如何规定？

2. 脱硫技术依据不同的分类方法，分别可分为哪几类？

3. 选择脱硫技术时需考虑火电厂烟气具有哪些特点？

4. 说明吸收塔中脱除 SO_2 的化学反应原理？

5. 钙硫比对脱硫效率有何影响？

6. 浆液 pH 是如何影响其对 SO_2 的吸收过程的？

7. 什么是气液比，气液比对脱硫效率有何影响，如何选择气液比？

8. 石灰石–石膏湿法烟气脱硫系统由哪些子系统构成，各系统组成与功能是什么？

9. 石灰石–石膏湿法烟气脱硫系统中，烟气换热器的作用是什么？

10. 在石灰石–石膏湿法烟气脱硫流程中，喷淋吸收塔系统是由哪些部分组成的，各部分的功能与主要技术特点是什么？

11. 造成烟囱腐蚀的原因有哪些？

参 考 文 献

郝艳红 . 2008. 火电厂环境保护 . 北京：中国电力出版社 .

谢克昌 . 2012. 煤化工概论 . 北京：化学工业出版社 .

曾华庭，杨华，马斌，等 . 2004. 湿法烟气脱硫系统的安全性及优化 . 中国电力出版社 .

赵毅，薛方明，董丽彦，等 . 2013. 燃煤锅炉烟气脱汞技术研究进展 . 热力发电，42：9-14.

中华人民共和国国家标准 . 火电厂大气污染物排放标准 . GB 13223—2011.

钟秦 . 2002. 燃煤烟气脱硫脱硝技术及工程实例 . 北京：化学工业出版社 .

周菊华 . 2010. 火电厂燃煤机组脱硫脱硝技术 . 北京：中国电力出版社 .

Liu Z M，Seong I W. 2006. Recent advances in catalytic deNO$_x$ science and technology. Catalysis Reviews，48：43-89.

Yang H M，Pan W P. 2007. Transformation of mercury speciation through the SCR system in power plants. Journal of Environmental Sciences，19：181-184.

第5章　烟气脱硝技术及原理

烟气脱硝是指通过吸收、吸附或催化转化的方法脱除烟气中 NO_x 的技术，按治理工艺可分为湿法脱硝和干法脱硝。湿法脱硝主要指利用氧化剂如臭氧、二氧化氯等将 NO 先氧化成 NO_2，再用水或碱液等加以吸收处理，应用较多的有酸吸收法、碱吸收法、氧化吸收法、络合吸收法；干法脱硝是指在气相中利用还原剂氨、尿素、碳氢化合物等或高能电子束、微波等手段，将 NO 和 NO_2 还原为对环境无毒害作用的 N_2 或转化为硝酸盐并进行回收利用。干法脱硝工艺主要有选择性催化还原法（selective catalytic reduction，SCR）、选择性非催化还原法（selective non-catalytic reduction，SNCR）、电子束法、脉冲电晕法、离子体活化法等。湿法与干法相比，主要缺点是装置复杂且庞大；排水需处理，内衬材料腐蚀，副产品处理较难，电耗大（特别是臭氧法），因而在大机组的烟气脱硝上目前尚无应用。干法脱硝技术是目前工业应用的主流和发展方向，其中燃煤电厂烟气脱硝技术以选择性催化还原法（SCR）与选择性非催化还原法（SNCR）为主。

5.1　选择性催化还原烟气脱硝技术

尽管低氮燃烧技术的应用可在一定程度上减少氮氧化物（NO_x）的生成，但随着环保的要求日益严格，尤其在超低排放的压力下，只靠低氮燃烧技术已经很难达到现行环保标准。对尾部烟气进行选择性催化还原（SCR）脱硝处理可进一步降低 NO_x 的排放，以达到环保标准。由于 SCR 脱硝具有技术成熟、净化率高、设备紧凑及运行可靠等优点，其被大量应用在燃煤电厂的烟气处理中，且已成为烟气脱硝的主流技术。

5.1.1　技术原理

SCR 烟气脱硝法是指在有催化剂存在的条件下，合适的温度范围内，用还原剂 NH_3 有选择地将烟气中的 NO_x 还原为 N_2 和 H_2O 的技术。其选择性是指还原剂 NH_3 优先与烟气中的 NO_x 反应。

1. 过程化学

在催化剂作用下，温度为 280～420℃时，SCR 的主要反应为：

$$4NH_3 + 4NO + O_2 \longrightarrow 4N_2 + 6H_2O \tag{5-1}$$

$$4NH_3 + 2NO_2 + O_2 \longrightarrow 3N_2 + 6H_2O \tag{5-2}$$

$$4NH_3 + 6NO \longrightarrow 5N_2 + 6H_2O \tag{5-3}$$

$$8NH_3 + 6NO_2 \longrightarrow 7N_2 + 12H_2O \tag{5-4}$$

$$NO + NO_2 + 2NH_3 \longrightarrow 2N_2 + 3H_2O \tag{5-5}$$

式（5-1）～式（5-5）为催化反应的方程式。

在催化反应的同时，还会发生抑制反应，其方程式如下：

$$SO_2 + 1/2O_2 \longrightarrow SO_3 \tag{5-6}$$

$$2NH_3 + SO_3 + H_2O \longrightarrow (NH_4)_2SO_4 \tag{5-7}$$

式（5-1）为主要反应，烟气中 95% 左右的 NO_x 是以 NO 形式存在的，NO_2 的影响并不显著。由式（5-1）看出，还原 1mol NO 需消耗 1mol NH_3，O_2 的存在能够促进反应向右进行，是还原反应不可或缺的部分。催化剂将反应的活化能大大降低，加快了还原反应速率。

当反应条件改变时，有可能发生以下副反应：

$$4NH_3 + 3O_2 \longrightarrow 2N_2 + 6H_2O \tag{5-8}$$

$$2NH_3 \longrightarrow N_2 + 3H_2 \tag{5-9}$$

$$4NH_3 + 5O_2 \longrightarrow 4NO + 6H_2O \tag{5-10}$$

当反应温度在 300℃以下时，脱硝系统进行式（5-8）的氧化反应。当温度达到 350℃时，式（5-10）的 NH_3 被氧化反应和式（5-9）的 NH_3 分解反应开始发生，并且随着温度升高到 450℃以上，反应进行会越来越剧烈。在一般的选择性催化还原工艺中，反应温度控制在 350℃以下，这时仅有副反应式（5-8）发生，即将 NH_3 氧化为 N_2 的反应。

当烟气中含有氧气时，反应式（5-1）优先进行。SCR 系统 NO_x 脱除效率通常很高，喷入到烟气中的氨与 NO_x 几乎完全反应，只有一小部分没有反应的氨会逃逸离开反应器。一般来说，新催化剂的氨逃逸量比较低。但是，随着催化剂失活或者表面被飞灰覆盖或堵塞，氨的逃逸量会增加。

2. SCR 气固催化反应动力学

1）SCR 气固催化反应过程

SCR 烟气脱硝为气固催化反应，属于非均相催化反应。该反应由以下化学步骤组成：

(1) 反应物 NO_x、NH_3 和 O_2 等从烟气中扩散至催化剂的外表面（外扩散）。

(2) 反应物 NO_x、NH_3 和 O_2 进一步向催化剂中的微孔表面扩散（内扩散）。

(3) 反应物 NH_3 等在催化剂表面吸附（吸附）。

(4) 反应物在催化剂表面活性中心进行反应，NO 和 NH_3 反应生成 N_2 和 H_2O（表面化学反应）。

(5) 生成物 N_2 和 H_2O 从催化剂表面上脱附到微孔内（解吸附）。

(6) 脱附下来的 H_2O 和 N_2 从微孔向外扩散到催化剂外表面（内扩散）。

(7) H_2O 和 N_2 从催化剂外表面扩散到主气流中被带走（外扩散）。

对 SCR 脱硝的反应动力学研究表明，SCR 脱硝反应控制步骤为（3）和（4）。NH_3 在催化剂表面的吸附是 SCR 反应的关键步骤，因此研究人员利用光谱分析、热解析等技术对 NH_3 在催化剂表面的吸附进行了大量研究。研究结果表明：NH_3 在 V_2O_5、V_2O_5–TiO_2、V_2O_5/SiO_2–TiO_2 等催化剂表面主要有两种不同形式的吸附：一种是 NH_3 与催化剂表面的未饱和阳离子形成 Lewis 型相互作用，发生分子吸附，例如，在 V_2O_5–TiO_2 催化剂上 NH_3 的吸附以 Lewis 位的吸附占主导地位；另一种是 NH_3 以胺离子状态吸附在表面 Bronsted 酸性氢氧化物基团上。也有研究认为氨在催化剂表面通过氢键吸附，但是这种吸附很弱，因此通过氢键吸附的 NH_3 在 SCR 反应中不具有活性。分子吸附的 NH_3 可以在钛基和钒基上形成，也可以在钨基阳离子上形成。

2）表面化学反应速率方程

气固多相催化反应的动力学具有两个特点：一是反应是在催化剂表面上的单分子层内进行，所以反应速率与反应物的表面浓度或覆盖度有关；另一个是由于反应的多阶段性，因而反应动力学就比较复杂，尤其是受吸附与脱附的影响，常常使总反应动力学带有吸附或脱附动力学的特征。由于非均相反应的特点只在局部进行，反应速率取决于反应实际进行场所的浓度和温度，然而实际反应场所的温度或是反应物浓度往往难以测定。而容易测量的参数是非反应相的主体参数，因此对于气固非均相体系，常用单位固相物（催化剂）体积、质量或表面积在单位时间内造成的反应物（取负号）或生成物（取正号）的变化量来表示：

$$r'_i = \pm \frac{1}{V_R} \frac{dn_i}{dt} \tag{5-11}$$

$$r''_i = \pm \frac{1}{m_R} \frac{dn_i}{dt} \tag{5-12}$$

$$r'''_i = \pm \frac{1}{S_R} \frac{dn_i}{dt} \tag{5-13}$$

式中，n_i 为固相物 i 的瞬时量，kmol；V_R 为固相物体积，m^3；m_R 为固相物质量，kg；S_R 为固相物表面积，m^2。

对于连续稳定体系，可用某反应物或生成物的质量流量变化来表示：

$$r'_i = \pm \frac{dN_i}{dV_R} \qquad (5\text{-}14)$$

$$r''_i = \pm \frac{dN_i}{dm_R} \qquad (5\text{-}15)$$

$$r'''_i = \pm \frac{dN_i}{dS_R} \qquad (5\text{-}16)$$

式中，N_i 为反应物 i 的质量流量，kmol/s。

对于连续增加的气态反应物，在反应过程中物料体积常常发生变化，反应时间也不易确定，故反应速率改用单位体积内某反应物流量的变化率来表示，催化反应则把反应空间体积改为催化剂参数。对于催化床层，工程上常用的催化反应速率公式为：

$$r_A = N_{A0} \frac{dx}{dV_R} = \frac{N_{A0} dx}{A dL} = \frac{N_{A0} dx}{Q dt} = c_{A0} \frac{dx}{dt} \qquad (5\text{-}17)$$

式中，N_{A0} 为反应物初始流量，kmol/s；x 为转化率，%；L 为反应床长度，m；A 为反应床截面积，m^2；Q 为反应气体流量，m^3/h；t 为反应气体与催化剂表面接触时间，h；c_{A0} 为反应物的初始浓度，kmol/h。

对于非均相的气固反应过程来说，只有分别研究反应相外部的传递过程和内部的传递与反应过程在反应条件下的行为，并对其进行定量表述，同时综合外部和内部过程，才能得到整个反应过程的描述，即宏观动力学。宏观动力学描述了两相之间的质量传递和热量传递与气体流动状况的相互关系，气固两相催化反应过程的总速率，既取决于催化剂表面的化学反应，又与气体流动、传质、传热等物理过程有关。

3）内扩散过程对表面化学反应速率的影响

从前面的讨论可知：一般来说，催化剂表面反应物的浓度总是大于催化剂颗粒中心的浓度。催化剂外表面的反应物浓度最大，越靠近催化剂的中心，反应物的浓度越低。

以球形催化剂为例，在催化反应过程中，催化剂内反应物浓度分布如图 5-1 所示。由于外扩散阻力存在，反应物 A 的浓度由气相主体的 c_{AG} 降低到催化剂表面的 c_{AS}。反应物由颗粒外表面向内表面扩散时，边扩散边反应，反应物浓度逐渐降低，直到颗粒中心处，浓度降到最低值 c_{AC}。催化剂的活性越大，单位时间内表面上反应的组分量越多，反应物浓度降低得越快，曲线越陡。生成物由催化剂颗粒中心向外表面扩散时，浓度分布趋势与反应物相反。

由催化剂颗粒内部反应物浓度分布可知，外表面反应物浓度最高，因而反应速率最大；由于多孔体扩散阻力存在，由催化剂外表面至中心，反应物浓度逐渐

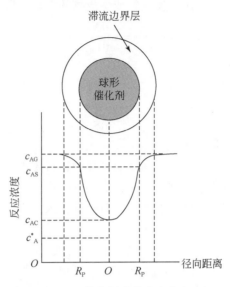

图 5-1　催化剂内的浓度分布

降低，因而反应速率也随之降低。但催化剂的内表面积远大于其外表面积，因此催化剂的最大反应速率在颗粒内部温度相同时，可根据颗粒外表面上反应物浓度 c_{AS} 和颗粒内表面积得到：

$$V_{max} = k_s f(c_{AS}) S_i \qquad (5\text{-}18)$$

实际的反应速率则是颗粒内部实际反应物浓度 c_A 的函数，二者的比值称为催化剂有效系数或内表面利用率。

$$E_e = \frac{\int_0^{S_i} k_s f(c_A)\,\mathrm{d}S}{k_s f(c_{AS}) S_i} \qquad (5\text{-}19)$$

式中，E_e 为催化剂有效系数；k_s 为表面反应速率常数（按单位体积催化剂内表面计）；S_i 为催化剂内表面积（按单位体积催化剂计）。

E_e 的物理含义是：存在内扩散影响时的反应速率与不存在内扩散影响时的反应速率之比。E_e 的大小反映了内扩散对总反应速率的控制。E_e 可通过实验测定。实验测定首先要测得颗粒的实际反应速率 r_p，然后将颗粒物逐级碾碎，使其内表面转变为外表面，在相同的条件下分别测定反应速率，直至反应速率不再变化，最终恒定于某一值，该值即可认为是消除了内扩散影响的反应速率 r_s，则 $E_e = r_p/r_s$。

工业颗粒催化剂的有效系数一般在 0.2 ~ 0.8。表 5-1 给出了发生一级不可逆反应时的某些规格催化剂的 E_e，表中 Φ_s 为齐勒模数。

表 5-1　催化剂颗粒有效系数和 Φ_s

Φ_s	球粒	薄片	无限长圆柱体
0.1	0.994	0.977	0.995
0.2	0.997	0.987	0.981
0.5	0.876	0.924	0.892
1	0.672	0.762	0.698
2	0.416	0.482	0.432
5	0.187	0.200	0.197
10	0.097	0.100	0.100

Φ_s 可由下式计算:

$$\Phi_s = \frac{R_s}{3}\sqrt{\frac{k_s S_i}{(1 - \varepsilon_s) D_e}} \tag{5-20}$$

式中, R_s 为催化剂颗粒的半径, m; D_e 为催化剂内有效扩散系数, m^2/s; ε_s 为催化剂空隙率。

4) 受外扩散影响的速率方程

当外扩散的阻力很大, 成为速控步骤, 这时总过程的速率取决于外扩散的阻力, 反应的速率表示为:

$$r_A = k_G S_e (c_{AG} - c_{AS}) \tag{5-21}$$

式中, k_G 为外扩散传质系数, m/s; S_e 为单位体积催化剂床层中颗粒外表面积, m^2/m^3。

5) 气固催化反应宏观动力学方程

当考虑了内、外扩散影响, 可得到一级可逆反应的气固相宏观动力学方程, 即总速率方程。稳定情况下, 单位时间内催化剂颗粒中实际反应消耗的反应物量, 应等于从气相主体扩散到催化剂外表面上的反应物量, 即:

$$r_A = k_s S_i f(c_{AS}) E_e = k_G S_e (c_{AG} - c_{AS}) \omega \tag{5-22}$$

式中, k_s 为表面反应速率常数 (按单位表面积), 单位根据反应级数而定; S_i 为单位体积催化剂的内表面积; c_{AS} 为颗粒外表面上浓度; ω 为催化剂的形状系数 (主要用于修正 S_e), 球状 $\omega=1$, 圆柱状及不规则状 $\omega=0.9$, 片状 $\omega=0.8$。

若反应为一级可逆反应, 则:

$$f(c_{AS}) = c_{AS} - c_A^* \tag{5-23}$$

把 c_{AS} 用 c_{AG}、c_A^* 的函数表达, 得一级可逆反应的气固相宏观动力学方程:

$$r_A = \frac{c_{AG} c_A^*}{\dfrac{1}{k_G S_e \omega} + \dfrac{1}{k_s S_i E_e}} \tag{5-24}$$

上式为考虑了内、外扩散影响的一级可逆反应的气固相宏观动力学方程，也是总速率方程。总速率的大小取决于传质与本征动力学（不考虑物理过程影响的化学动力学）过程相对影响的大小。

（1）当 $\dfrac{1}{k_G S_e \omega} \ll \dfrac{1}{k_s S_i E_e}$ 且 $E_e \approx 1$ 时，即内、外扩散影响较小，均可忽略时，则总速率方程式为：

$$r_A = k_s S_i (c_{AG} - c_A^*) \approx k_s S_i (c_{AS} - c_A^*) \tag{5-25}$$

此时为动力学过程控制，这种情况多发生于本征动力学速率较小，而催化剂颗粒又较小的情况下。

（2）当 $\dfrac{1}{k_G S_e \omega} \ll \dfrac{1}{k_s S_i E_e}$ 且 $E_e < 1$ 时，即外扩散影响小，内扩散影响不可忽略时，则总速率方程式为：

$$r_A = k_s S_i (c_{AG} - c_A^*) E_e \tag{5-26}$$

此时为内扩散控制，多发生在颗粒较大，而反应速率与外扩散系数均较大的情况下。

（3）当 $\dfrac{1}{k_G S_e \omega} \gg \dfrac{1}{k_s S_i E_e}$，这时外扩散阻力很大，总速率为外扩散控制，则总速率方程式为：

$$r_A = k_G S_e \omega (c_{AG} - c_{AS}) \approx k_G S_e \omega (c_{AG} - c_A^*) \tag{5-27}$$

一般来说（1）、（2）情况出现较多，（3）较少见。只有当反应速率快，而活性物质又多分布于外表面时才会出现（3）的情况。

在催化剂颗粒中，除了质量传递过程外，还有热量传递。稳定情况下，单位时间催化剂内产生的热量应等于颗粒外表面与气相主体的传热量，即：

$$r_A = (-\Delta H_R) = a_s S_e (T_s - T_g) = k_s S_i f(c_{AS}) E_e (-\Delta H_R) \tag{5-28}$$

式中，T_s、T_g 为颗粒外表面与气相主体的温度；α_s 为气流主体与颗粒外表面的传热系数。

ΔH_R 为正值是吸热反应，表明催化剂颗粒外表面温度低于气流主体温度；ΔH_R 为负值是放热反应，表明催化剂颗粒外表面温度高于气流主体温度。一般而言，催化剂温度高于气体温度，因此系统是向外传热的。

5.1.2　SCR 脱硝工艺

1. SCR 反应器的布置形式

SCR 脱硝反应器根据安装位置的不同，其布置方式有以下三种：高温高尘布置（HD-SCR）、高温低尘布置（LD-SCR）和低温低尘布置，即尾部布置（TE-SCR）。如图 5-2 所示。

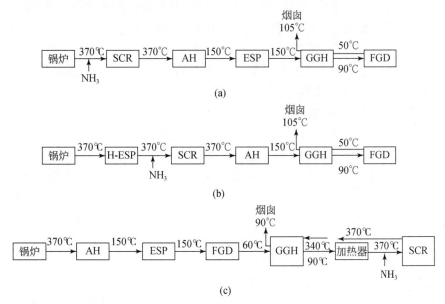

图 5-2　SCR 工艺的三种主要布置方式及烟温示意图

1）SCR 高温高尘布置

高尘区 SCR 反应器位于锅炉省煤器之后、空气预热器之前，此处烟气未经除尘器净化，烟气中含尘量较大。省煤器和空气预热器之间的烟气温度在 300 ～ 400℃。在这一位置布置，采用金属氧化物催化剂，烟气温度通常处于 SCR 反应的最佳温度区间。

这种布置的优点是进入反应器的烟气温度适合目前大部分商业化的催化剂的反应温度，且活性较高，无需烟气再热就可获得较好的脱硝效果。

但是，由于催化剂是在未经任何净化处理的烟气中工作的，寿命会受到下列因素的影响：

（1）当飞灰中含有 Na、K、Ca、Si、As 等时，会使催化剂"中毒"或受到污染，从而降低催化剂性能。

（2）飞灰会对催化剂造成磨损。

（3）飞灰会堵塞催化剂反应器通道。

（4）当烟气温度降低时，NH_3 会和 SO_3 反应生成 $(NH_4)_2SO_4$，从而会堵塞催化反应器通道和下游的空气预热器。

（5）高活性的催化剂会促使烟气中的 SO_2 氧化成 SO_3，因此这种布置应避免采用高活性的催化剂。

（6）烟气温度过高会使催化剂烧结或失效。

为了尽可能延长催化剂的使用寿命，除了应选择合适的催化剂之外，还要使反应器通道有足够的空间以防堵塞，同时还要有防腐、防磨措施。

尽管高尘区布置方式存在一定的缺点，但与其他布置方式相比，其在运行经济性、可靠性和脱硝效率方面有明显的优势，所以高尘区布置为目前工业化运行的 SCR 系统的主要布置方式。

2）SCR 高温低尘布置

低尘区 SCR 反应器布置在静电除尘器与空气预热器之间。在燃煤锅炉系统中，当静电除尘器布置在空气预热器的上游时，通常采用低尘 SCR 系统。低尘 SCR 不需要集尘箱，在设计蜂窝状催化剂时，催化剂的孔间距可以缩小到 4 ~ 7mm，这样使所需要的催化剂体积相应地减小。更长的催化剂寿命、更小的催化剂体积和不必采用集尘箱，这些都使低尘 SCR 系统比高尘 SCR 系统具有更低的成本。此外，该布置方式使 SCR 系统与锅炉本体独立，不影响锅炉的正常运行；氨的泄漏量也比高温高尘布置方式要少。

低尘 SCR 的缺点是烟气通过电除尘器之后温度有所下降。针对这种情况，有时需要增加省煤器旁路的尺寸，以保证温度维持在 SCR 系统所需要的温度范围内。

烟气经过静电除尘器之后，烟尘大幅下降，虽然可以减轻飞灰颗粒对催化剂的磨损和中毒程度，但低温状态下逃逸的 NH_3 与烟气中 SO_3 反应生成的硫酸氢铵对催化剂的腐蚀依然存在。此外，经过除尘器之后飞灰粒度变得更细，使得飞灰更易在催化剂表面沉积，降低催化剂的活性。当然烟尘浓度的降低，使得可将蜂窝形催化剂的节距缩小，这样在一定的空间内可以布置更多的催化剂，有利于增强脱硝效果。此外，除尘器在 300 ~ 400℃ 的温度下运行，对除尘器设备性能的要求较高。目前国内尚无运用经验，国外可供参考的工程实例也比较少。

3）SCR 低温低尘布置

SCR 低温低尘布置是将 SCR 反应器布置在所有的气体排放控制设备之后，包括颗粒物控制设备和湿法烟气脱硫设备之后，烟气经过除尘器、脱硫塔之后，烟尘浓度极大地降低，使催化剂的运行环境改善。这样既减轻了飞灰对催化剂的磨损又避免了 SO_3 等对催化剂的毒化，延长了催化剂的寿命。且该布置方式下氨的逃逸量是最少的，并且不会产生由于氨逃逸等引起的构筑物腐蚀（烟囱采用防腐烟囱）。但是经过脱硫塔之后的烟气温度只有 50 ~ 60℃，远低于催化剂的反应温度，为此需要在 SCR 反应器前另外加装一套燃气、燃油燃烧器或加装蒸汽加热器，以此加热烟气到所需温度。由于加热器的使用，不仅需要消耗大量的能源，而且使系统更复杂，增大了脱硝系统的运行成本。

2. SCR 工艺流程

SCR 系统安装在锅炉省煤器之后的烟道上，目前，燃煤电厂常用的布置方式为高温高尘布置，因此以下主要以高温高尘布置为例介绍其工艺及组成。NH_3 通过固定于注氨格栅上的喷嘴喷入烟气中，与烟气混合均匀后一起进入填充有催化剂的脱硝反应器，反应器中的催化剂分上下多层，NO_x 与 NH_3 在催化剂的作用下发生还原反应。经过最后一层催化剂后，烟气中的 NO_x 被控制在排放限值以内。图 5-3 为典型的烟气 SCR 脱硝工艺流程示意图。

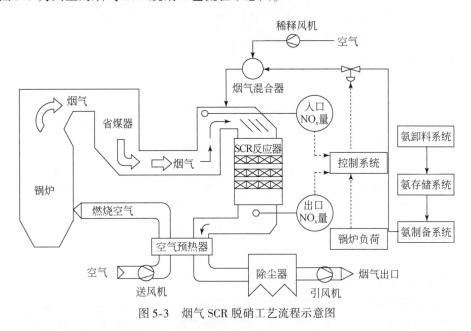

图 5-3　烟气 SCR 脱硝工艺流程示意图

3. SCR 脱硝系统组成及设备

SCR 脱硝系统主要包含氨气制备系统、氨喷射系统、SCR 催化反应系统和控制系统等子系统。

1）氨气制备系统

工业应用中，常用的还原剂有液氨、氨水、尿素等。以下将根据不同的还原剂分别进行讨论。

（1）液氨为还原剂。液氨为还原剂的 SCR 典型工艺流程如图 5-4 所示。还原剂（液氨）用罐装卡车运输，通过卸料压缩机将液氨由罐车输入储罐内，以液体形态储存于氨罐中；液氨储罐内的液氨通过重力或液氨泵输送到液氨蒸发槽内蒸发为气氨，经压力控制阀控制一定的压力后进入缓冲罐，并经脱硝自动控制系统控制其流量后与稀释空气在混合器中混合均匀，通过喷氨格栅（AIG）喷入SCR 反应器上游的烟气中；充分混合后的还原剂和烟气在 SCR 反应器中催化剂的作用下发生反应，去除 NO_x。

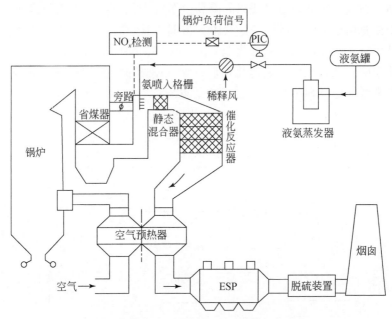

图 5-4　液氨为还原剂的 SCR 脱硝工艺流程

（2）氨水为还原剂。与液氨相比，氨水作为还原剂的 SCR 脱硝工艺的主要不同点在氨气的制备过程。氨水溶液（浓度一般为 25% 左右）由槽车运送到氨水储存区，经卸氨泵输送到氨水储罐，由于氨水在制备过程中常用自来水进行稀释，使得氨水中含有 NaCl、KCl 等盐类，其对催化剂的活性有一定的影响。因此，在制备氨气的过程中要对氨气进行提纯处理，使氨气与水蒸气分离（图 5-5）。

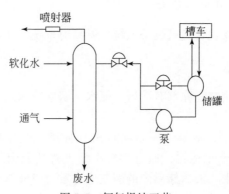

图 5-5　氨气提纯工艺

由氨水储罐而来的氨水通过蒸发器得到纯净的氨气，与稀释风机送来的空气混合后经喷氨格栅喷入烟道内，氨气在催化剂作用下与 NO_x 发生还原反应生成 N_2 和 H_2O。

此外，氨水溶液也可以采用双流体喷枪进行直接喷射。在压缩空气的作用下，从氨水储罐来的氨水被雾化成一定粒径的均匀的小液滴，与烟气充分混合。采取直接喷射的方式需要配备符合要求的压缩空气。

氨水作为还原剂时运输费用和操作费用比液氨贵一些，但是氨水运输和储存的安全性比液氨高很多，同时氨水的储罐和蒸发器成本也比较低。因此，氨水作为 SCR 脱硝系统的还原剂有一定的竞争力。

（3）尿素为还原剂。以尿素为还原剂的 SCR 脱硝工艺与液氨脱硝工艺相比，也只是在制氨工艺上有所不同。利用尿素制氨需要一套专门的设备，系统较复杂。尿素制氨主要有水解法和热解法两种。

a. 水解尿素制氨工艺

为满足水解反应条件，在水解反应器内要求温度保持在 130~180℃，压力保持在 1.7~2.0MPa。反应过程中先生成中间产物氨基甲酸铵，接着氨基甲酸铵分解成 NH_3 和 CO_2。具体的反应式如下：

$$NH_2CONH_2 + H_2O \longrightarrow NH_2CO_2NH_4 \tag{5-29}$$

$$NH_2CO_2NH_4 \longrightarrow 2NH_3 + CO_2 \tag{5-30}$$

来自储仓的干尿素经螺旋输送机进入溶解装置，与循环泵送来的热水混合，待搅拌后溶解为 40%~50% 的尿素溶液，在计量泵的作用下经热交换器吸热到反应温度后送入水解反应器。在水解反应器内尿素水解生成 NH_3、CO_2 和 H_2O 的混合蒸气。经除雾处理的氨气被空气稀释成浓度为 5% 的氨气，然后进入氨喷射系统在烟道内与烟气混合，在催化剂作用下与 NO_x 反应生成 N_2 和 H_2O。尿素水解法工艺如图 5-6 所示。

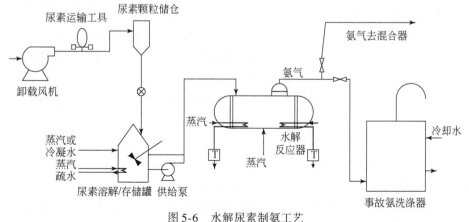

图 5-6　水解尿素制氨工艺

b. 热解尿素制氨工艺

尿素的热解原理是在 343 ~ 454℃，0.31 ~ 0.52MPa 条件下，尿素溶液先分解成异氰酸和氨气，异氰酸再分解为 NH_3 和 CO_2。反应式如下：

$$NH_2CONH_2 \longrightarrow NH_3 + HNCO \tag{5-31}$$

$$HNCO + H_2O \longrightarrow NH_3 + CO_2 \tag{5-32}$$

储仓内的尿素粉末由给料机输送到溶解罐里，用除盐水溶解成 70%（质量分数）左右的尿素溶液，通过给料泵输送到尿素溶液储罐。尿素溶液经由供液泵、计量与分配装置、雾化喷嘴等进入绝热热解器，稀释空气经燃烧器或烟气加热后也进入热解器，雾化后的尿素液滴在热解器内分解成 NH_3 和 CO_2。经稀释风降温后的分解产物温度为 260 ~ 350℃，经由氨喷射系统进入 SCR 反应器。尿素热解法工艺如图 5-7 所示。

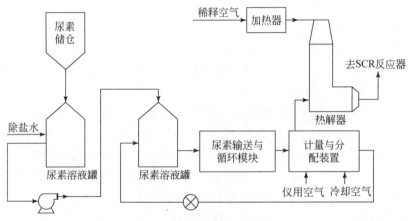

图 5-7　尿素热解法工艺

2）氨喷射系统

常规 SCR 工艺的氨喷射系统包括稀释风机、静态（氨/空气）混合器、供应支管和喷氨格栅。喷射系统应具有良好的热膨胀性、抗热变性和抗震性。

SCR 脱硝系统采用氨作为还原剂，其爆炸极限为 15% ~ 28%。为了保证氨注入烟道的安全和均匀混合，需要引入稀释风机。稀释风的作用有三个：①在气氨进入烟道之前进行稀释，使之处于爆炸浓度范围之外；②便于得到更加均匀的喷氨效果；③增加能量，使混合更充分。稀释风机多采用高压离心式鼓风机。

氨/空气混合器内设隔板，使得经过压力和流量调整后的氨气与空气能在混合器内充分混合，将氨稀释成质量比小于 5% 的混合气。

喷氨格栅一般采用碳钢，布置在省煤器出口与催化反应器进口之间的烟道上。目前，喷氨格栅的形式较多，但一般由安装在烟道垂直断面上的若干喷氨支管与支管上的喷嘴组成。大型燃烧设备的 SCR 喷射系统中，喷嘴多达数百个。

3）SCR 催化反应系统

燃煤电厂 SCR 反应器是烟气脱硝系统的核心设备，其主要功能是承载催化剂，为脱硝反应提供空间，同时保证烟气流动的顺畅与气流分布的均匀，为脱硝反应的顺利进行创造条件。一般包括反应器、催化剂、吹灰系统等系统组成。

催化反应器装置 SCR 是工艺的核心，有水平和垂直气流两种布置方式。在燃煤锅炉中，由于烟气中的含尘量很高，一般采用垂直气流方式。

含有 NO_x 的烟气和混有适当空气的 NH_3 在反应器入口处和烟气混合，然后进入反应器内的催化剂层。

通常，先将催化剂制成板状或蜂窝状的催化剂元件，然后再将这些元件制成催化剂组块，最后将这些组块构成反应器内的催化剂层。催化剂层数取决于所需的催化剂反应表面积。对于工作在未除尘的高尘烟气中的催化剂反应器，典型的布置方式是布置三层催化剂层。在最上一层催化剂层的上面，是一层无催化剂的整流层，其作用是保证烟气进入催化剂层是分布均匀的。通常，在三层催化剂中预留一层先不安装催化剂，以便在上面某一层的催化剂失效时加入此层催化剂层。

SCR 反应器体积大小是根据煤质、烟气条件、烟气粉尘量、燃烧介质元素成分、烟气流量、NO_x 进口浓度、脱硝效率、SO_x 浓度、反应器压降、使用寿命等因素决定的。

催化反应器通过合理设计的过渡段与烟气管道相连接。为了保证反应器内催化还原反应能够充分进行，需要在上游的烟气管道中配置烟气混合装置和转向导流装置。另外，还需要在反应器内安装吹灰器，使催化剂保持清洁和反应活性。

一台锅炉通常配两套催化反应器，每套反应器处理烟气总量的 1/2。

催化剂固定在反应器中，催化剂的支撑结构在保证牢固的情况下，还应注意排列合理，尽量减少对烟气的阻碍，并避免产生涡流和烟气回流现象。

SCR 反应器外壁一侧在催化剂层处开有检修门，用于将催化剂模块装入催化剂层。每个催化剂层都设有人孔，在机组停运时可通过人孔进入内部检查催化剂模块。

烟气与注入的氨气接触后，首先经过混合栅，提高氨气与烟气的混合程度。混合栅一般为网状布置的金属构件。经过混合栅后，烟气与氨气经过折角导流栅，流向发生变化。在最后进入催化反应层之前，烟气与氨气流过小尺寸的正方形整流栅，混合均匀性再度提高，并保证在催化剂层的水平断面上均匀分配。催化剂箱由底部的支撑钢梁组成。混合栅、导流栅、整流栅的最佳几何尺寸和安装形式及设置的必要性，可通过流体模拟试验方法确定。

吹灰器装在每个催化剂层的上方，目的是防止由飞灰产生的催化剂堵塞，用过热蒸汽吹掉催化剂上的积灰。反应器横截面和催化剂的层间距应能满足吹灰器的安装和正常运行需要。

SCR 反应器的下游设有一组取样管，取样管深入烟道的断面上，由多根取样插管组成，用于测量截面上 NO_x 及 NH_3、SO_x 的浓度。

反应器壳体通常采用标准的板箱式结构，由钢架支撑，辅以各种加强筋和支撑构件来满足放振、承载催化剂、密封、承受荷载和抵抗应力的要求，并且实现与外界的隔热。反应器还设有门孔，观察口、单轨吊梁等装置，用于催化剂的安装、运行观察和维护保养。

4）控制系统

SCR 的控制系统根据在线采集的数据对催化反应器中烟气的温度、还原剂的注入量和注入时间、各种阀门的开关及吹灰器的开停等进行自动控制。

5.1.3 SCR 烟气脱硝催化剂

催化剂是燃煤电站 SCR 烟气脱硝系统的核心，催化剂性能优劣是脱硝项目成败的关键，其成分组成、结构、寿命及相关参数直接影响 SCR 系统的脱硝效率及运行状况。催化剂在化学反应中有选择地加速化学反应的速率称为催化剂的催化作用。工业上通常根据催化剂和反应物的状态将催化作用分为均相催化和多相催化两类。

当催化剂和反应物同处于一个溶液或气体混合物组成的均匀体系中时，其催化作用称为均相催化作用；当催化剂与反应产物处于不同相时（通常是催化剂为固体，反应物为气体或液体），其催化作用称为多相催化作用。催化转化法脱除燃煤烟气中的 NO_x 属多相催化反应。

在多相催化反应中，反应物在催化剂表面上的接触是关键因素之一，因为催化反应是在催化剂表面完成的。反应物接触催化剂表面首先需在表面上被吸附，这种吸附往往是化学吸附，化学吸附的结果导致反应物分子化学键的松弛，使反应得以进行下去。因此，也称固体催化剂为触媒。

1. SCR 催化剂的分类及特点

1）常见催化剂的组成及特点

用于 SCR 系统的烟气脱硝催化剂主要有四种类型，即贵金属型、金属氧化物型、沸石型和活性炭型，其主要成分及其特点见表 5-2。

表 5-2　SCR 烟气脱硝四种催化剂的主要成分及其特点

	贵金属型	金属氧化物型	沸石型	活性炭型
主要成分	Pt、Pd 类贵金属，负载于 Al_2O_3 等整体式陶瓷载体上	氧化钛基 V_2O_5（WO_3）、MoO_3/TiO_2 系列	用 Mn、Cu、Co、Pd、Fe 等制成的金属离子交换沸石	活性炭
优点	NO_x 还原能力强	抗 SO_2 侵蚀能力强、温度适中	活性温度 600℃，热稳定性、高温活性好	既可作催化剂，又可作吸附剂
缺点	造价昂贵，易发生氧抑制和硫中毒			单独使用活性低，与氧接触时易燃

　　早期的 SCR 催化剂是贵金属催化剂，出现在 20 世纪 70 年代。此类催化剂对 SCR 反应有较高的活性并且反应温度较低，但是对 NH_3 有一定的氧化作用。目前仅用于天然气及低温的 SCR 催化方面。

　　金属氧化物催化剂主要是氧化钛基 V_2O_5-WO_3（MoO_3）/TiO_2 系列催化剂，其次是氧化铁基催化剂。此类催化剂采用 V_2O_5 为活性组分，将其负载在具有大的比表面积的微孔结构的载体上，在 SCR 反应中载体所具有的活性较小。目前多采用具有锐钛矿结构的 TiO_2 作载体，其活性温度区间为 300～400℃。在此类催化剂中加入 WO_3 和/或 MoO_3 作为助剂，其主要作用是增加催化剂的活性和热稳定性，防止锐钛矿的烧结和比表面积的丧失。另外，WO_3 和 MoO_3 的加入能与 SO_3 竞争 TiO_2 表面的碱性位，并代替它，从而减弱其硫酸盐化。在催化剂的制备过程中还加入玻璃纤维等以增加强度、减少开裂，并加聚乙烯、淀粉、石蜡等有机化合物作为成型黏糊剂。使用该催化剂时，通常以氨或尿素作为还原剂。金属氧化物型催化剂抗二氧化硫的侵蚀能力强、温度适中，因此被广泛应用。

　　2）常见催化剂的形状及特点

　　催化剂按截面形状可分为蜂窝式、平板式和波纹式。

　　蜂窝式催化剂主要成分为陶瓷，二氧化钛、氧化钒、氧化钨作为活性成分。该催化剂具有模块化、相对质量较轻、长度易于控制、比表面积大、易改变节距、适应不同工况、回收利用率高、在低尘烟气中活性较高等优点，因此越来越多地被应用于烟气脱硝工程中。

　　平板式催化剂以不锈钢网作为催化剂的载体，二氧化钛、氧化钒、氧化钼等作为活性催化原料。该催化剂具有更高的耐飞灰腐蚀性能、积灰对系统脱硝的影响更低、不易黏结飞灰、良好的热力和机械性能、较低的 SO_2 转化率等优点。但其表面积较小，催化剂体积大，且上下模块间易堵塞。

波纹式催化剂加工工艺是先制作玻璃纤维加固二氧化钛基板，再把基板放到催化剂活性溶液中浸泡，以使活性成分能均匀吸附在基板上。其特点是比表面积介于蜂窝式与平板式之间，压降比较小，上下模块间也易于堵塞，主要适于低尘烟气。

2. SCR 催化剂的设计

1）催化剂的成分

根据具体工程中烟气温度、硫的含量、灰分的大小及煤质中的微量元素等参数来选择催化剂的主要成分：V_2O_5、WO_3、TiO_2 等的含量。

2）催化剂的体积

催化剂体积是指催化剂所占的空间体积。在 SCR 烟气脱硝系统中催化剂的体积选择依据：烟气流量、烟气温度及压力损失等烟气参数。需达到的性能指标，包括脱硝效率、SO_2/SO_3 转化率、NH_3 逃逸率等。

3）催化剂的孔距、间距

蜂窝状催化剂孔距大小取决于烟气中的含尘量，高粉尘含量时选择大节距的结构，以减少催化剂被粉尘堵塞的现象发生。板式催化剂是将几层波纹板与平面板交错布置在一起组成催化剂单元，这种形式催化剂的主要几何特性参数是板与板之间的距离，称为间距，与蜂窝式催化剂的节距要求一样，不同的烟气成分，板间距不同。

4）催化剂的比表面积和空间速率

催化剂的比表面积是指单位体积催化剂的几何面积（m^2/m^3）。蜂窝状催化剂的比表面积一般在 $427 \sim 860 m^2/m^3$；板式催化剂的比表面积一般在 $250 \sim 500 m^2/m^3$。

空间速率是表示烟气在催化剂容积内的滞留时间的尺度，它在数值上等于烟气流量（标准温度和压力下、湿烟气）与催化剂体积的商。氮氧化物脱除效率越高，空间速率应该越低，即烟气在催化剂中的滞留时间越长。

3. SCR 催化剂的堵塞与清除

催化剂堵塞有两个主要原因：铵盐的沉积和飞灰的沉积。良好的 SCR 系统设计与选择合理的催化剂节距和蜂窝尺寸可减少堵塞。

为了解决小颗粒灰的沉积问题，SCR 系统设计方面，首先可将反应器装置采取垂直流设置；同时根据实际运行经验设计合适的烟气流速；最重要的是通过 SCR 正确的烟道内部结构设计和规划（如导流板、整流层的合理设计），计算机动态模拟试验和冷态模拟试验来获得催化剂表面烟气流量与飞灰的均衡分布。催化剂方面，为了防止高含尘布置的催化剂在运行过程中产生堵塞，催化剂结构选型上充分考虑烟气含尘浓度偏高的特性，合理选择催化剂的节距，以适应高飞灰运行条件。另外，安装清灰装置，根据运行情况选择合理的吹灰频率，也是防止催化剂积灰与堵塞的有效途径。

铵盐沉积的问题可以通过合理的设计和采用合适的 SCR 系统运行条件来解决。铵盐是由于 NH_3 与 SO_3 在低温下形成的黏性杂质，覆盖在催化剂表面会导致催化剂失效。因此要设计合适的催化剂体积，避免 NH_3 的逃逸（在 SCR 反应中催化剂体积越大，NO_x 的脱除率越高，同时 NH_3 的逃逸量也越少，然而 SCR 工艺的费用也会显著增加）；设计合理的催化剂配方，降低 SO_2 向 SO_3 的转化率；设计合理的系统，特别是混合装置，使催化剂表面烟气浓度达到均匀分布；SCR 系统运行中选择合适的 NH_3/NO_x 摩尔比，同时注意停止喷氨的温度，当 SCR 装置的入口温度维持在盐的生成温度之上，铵盐的生成或沉积则不会发生，只有锅炉在低负荷下运行并且烟气温度较低时才会发生这种问题。

4. SCR 催化剂的中毒与防止

催化剂运行一段时间后，其活性出现衰减，引起活性衰减的原因主要为物理中毒和化学中毒。物理中毒指催化剂孔的堵塞和机械磨损，化学中毒指还原反应过程中产生的副反应导致催化剂失去活性。

催化剂中毒取决于反应温度。对低硫煤和中硫煤，如果反应温度低于 300℃，对高硫煤如果低于 342℃，那么催化剂的活性将降低，降低的程度取决于这种低温出现的时间长短和频率。在持续的低温下运行将导致催化剂永久性损坏。对任何一种煤，反应器运行在 400℃ 以上会引起催化剂材料的相变，这将减少催化剂孔的容积和总表面积，并将导致催化剂活性的退化。由于相变而引起的催化剂退化是不可逆的。因此为避免催化剂中毒，目前对低硫煤和中硫煤，催化剂的反应温度在 315~400℃ 为宜，对高硫煤在 342~400℃ 为宜。

典型的 SCR 催化剂侵蚀主要有砷、碱金属、碱土金属等引起的催化剂中毒。砷（As）中毒是由于烟气中含有气态的 As_2O_3 引起的，As_2O_3 分散到催化剂中并固化在活性、非活性区域。在砷中毒的过程中将使反应气体在催化剂内的扩散受到限制，且毛细管遭到破坏。100% 的灰循环的液体排渣锅炉易遭受砷中毒引起的催化剂失效，可通过向燃料中加入石灰石以脱除锅炉烟气中高浓度的气态 As_2O_3。典型的石灰石与燃料的比值大约为 1:50。石灰石煅烧生成的 CaO 同 As_2O_3 反应生成 $Ca_3(AsO_4)_2$ 固体，该产物对催化剂无毒害作用。

碱金属可直接同催化剂活性组分反应，致使它们失去活性。由于脱除 N 的反应主要发生在催化剂的表面，催化剂失活的程度取决于碱金属的表面浓度。这些碱金属如果以水溶液的形式存在，就会具有很高的流动性，并将渗入整个催化材料中。由于催化剂的主体全都是由催化材料构成，在这种迁移的作用下，碱金属的表面浓度则得到稀释，减活率也随之降低。

碱土金属使催化剂中毒主要是飞灰中的游离 CaO 和催化剂表面吸附的 SO_3 反应生成 $CaSO_4$ 而产生的。$CaSO_4$ 可能引起催化剂表面结垢从而阻止了反应物向催化剂内扩散，这种结垢尤其易发生在固体排渣锅炉中，因为固体排渣锅炉中的游离 CaO 浓度几乎是液体排渣锅炉中的两倍。

高温烧结主要是导致催化剂颗粒内部微孔的破坏、减少催化剂的表面积、影响催化剂的活性。在催化剂的制造过程中加入一定量的钨可使其热稳定性增加。在正常的 SCR 运行温度下，烧结是可以忽略的。另外，反应器内应避免油或油雾的存在，否则会遮盖催化剂表面和降低它的性能。当用油起动和很低负荷用油时反应器要切换至旁路系统运行，以避免上述问题的出现。

催化剂活性降低是逐步出现的，碱金属或微粒堵塞微孔可造成这种降低。由于这种逐渐退化是正常的，因此系统的最初性能必须超过运行担保期。当催化剂活性降低时，为达到所要求的 NO_x 脱除率，必须增加 $n(NH_3)/n(NO_x)$，因而会相应增加由于催化剂退化而造成的未反应氨的损失。此外，在 SCR 反应器的设计中要仔细考虑催化剂的更换是否方便，例如，把几个催化剂单元串联组成 SCR 反应器，根据催化剂的运行情况来更换损坏的单元以确保整个反应装置的高效运行。置换下来的单元可再装填或置换催化剂后再使用。

5. SCR 催化剂的检测

火电机组烟气脱硝催化剂的检测内容包括外观、几何特性指标、理化特性指标和工艺特性指标四大类。外观指催化剂结构、催化剂表面和催化剂截面单元形状等。几何特性指催化剂的几何尺寸、几何比表面积、开孔率等。理化特性指催化剂的抗压强度（蜂窝式催化剂）、黏附强度（平板式催化剂）、磨损强度、微观比表面积、孔容、孔径及孔径分布、主要化学成分、微量元素等。工艺特性指催化剂单元体的脱硝效率、氨逃逸、活性、SO_2/SO_3 转化率和压降，其中脱硝效率、活性和氨逃逸指标应同时检测。

5.1.4　SCR 脱硝效率的影响因素

在 SCR 脱硝工艺中，影响 NO_x 脱除效率的主要因素有反应温度、$n(NH_3)/n(NO_x)$、反应时间、催化剂性能等。

1. 反应温度的影响

温度对还原效率有显著影响，在一定范围内，随着反应温度的升高，NO_x 脱除率急剧增加，但当增加到一定温度，再继续提高温度，就会出现随着温度升高，NO_x 脱除率下降的情形。图 5-8 为 NO_x 脱除率随温度的变化曲线。

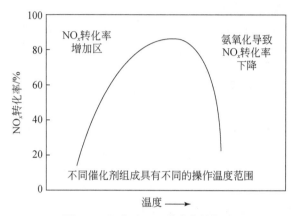

图 5-8　温度对 NO_x 脱除率的影响

SCR 系统最佳的操作温度取决于催化剂的组成和烟气的组成。当温度低于 SCR 系统所需温度时，NO_x 的反应速率降低，氨逸出量增大；当温度高于 SCR 系统所需要温度时，生成的 NO_x 量增大，同时造成催化剂的烧结和失活。铂、钯等贵金属催化剂的最佳操作温度为 175 ~ 290℃；金属氧化物催化剂，例如，以二氧化钛为载体的五氧化二钒 ［$V_2O_5-WO_3$（MoO_3）$/TiO_2$］，在 260 ~ 450℃ 下操作效果最好；对于沸石催化剂，通常可在更高的温度下操作。

2. n（NH_3）$/n$（NO_x）的影响

在 310℃下，NH_3 与 NO_x 的摩尔比对 NO_x 脱除率的影响如图 5-9 所示。由图可见：随 n（NH_3）$/n$（NO_x）的增加 NO_x 的脱除率先增加，后降低，n（NH_3）$/n$（NO_x）小于 1 时，其影响明显。该结果说明若 NH_3 投入量偏低，NO_x 脱除受到限制；若 NH_3 投入量超过需要量，NH_3 氧化等副反应的反应速率将增大，从而降低了 NO_x 脱除率，同时也增加了净化烟气中未转化 NH_3 的排放浓度，造成二次污染。在 SCR 工艺中，一般控制 n（NH_3）$/n$（NO_x）在 1.2 以下。

应该特别指出的是，对于高性能的系统设计而言，单纯控制 n（NH_3）$/n$（NO_x）是不够的，还要保证 NH_3 和 NO_x 混合的均匀性，才能达到满意的脱硝效果。

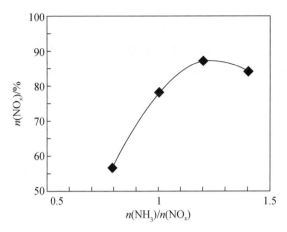

图 5-9　n（NH$_3$）／n（NO$_x$）对 NO$_x$ 脱除率的影响

3. 接触时间的影响

图 5-10 所示为反应温度在 310℃ 和 n（NH$_3$）／n（NO$_x$）等于 1 的条件下，反应气体与催化剂的接触时间对 NO$_x$ 脱除率的影响。结果表明：起初随着接触时间 t 的增加，NO$_x$ 脱除率增大，随后会下降。这主要是由于反应气体与催化剂的接触时间增大，有利于反应气体在催化剂微孔内的扩散、吸附、反应和产物气的解吸、扩散，从而使 NO$_x$ 脱除率提高。但是，若接触时间过长，NH$_3$ 的氧化反应开始发生，使 NO$_x$ 脱除率反而出现下降趋势。

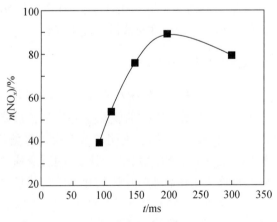

图 5-10　接触时间对 NO$_x$ 脱除率的影响

4. 催化剂性能的影响

催化剂是 SCR 工艺的核心，它约占总投资的 1/3。催化剂对脱除率的影响与催化剂的活性、类型、结构、表面积等特性有关。其中催化剂的活性是对 NO_x 的脱除率产生影响的最重要因素。

为了使电站安全、经济运行，SCR 工艺使用的催化剂应满足如下要求：①在较低的温度下和较宽的温度范围内，具有较高的催化活性；②具有较好的 NO 的选择性；③对二氧化硫（SO_2）、卤族酸（HCl、HF）、碱金属（Na_2O、K_2O）和重金属（如 As）具有化学稳定性；④具有克服强烈温度波动的热稳定性；⑤产生的压力损失小；⑥具有良好的机械稳定性，寿命长、成本低。

除了以上提及的影响脱硝效率的几个因素之外，烟气流动状态、烟气中的含氧量、催化剂进口 NO_x 的浓度、燃料种类及特性、催化剂反应器的设计等因素也会影响脱硝效率。

5.2　选择性非催化还原烟气脱硝技术

5.2.1　技术原理

选择性非催化还原（SNCR）脱硝技术，是在不采用催化剂的情况下，在炉膛（或 CFB 锅炉的旋风分离器）内喷入 NH_3、尿素、异氰酸等还原剂与 NO_x 进行选择性反应，生成 N_2 和 H_2O，而 NH_3 基本不与 O_2 发生作用的技术。

SNCR 过程除了可以使用 NH_3 作还原剂外，还可以直接用尿素 $[CO(NH_2)_2]$ 或异氰酸（HNCO）作还原剂，使用的还原剂不同，其还原 NO_x 的机理也不尽相同，分别称为热力 $DeNO_x$ 原理、NO_xOUT 原理和 $RAPRENO_x$ 原理。

1. 热力 $DeNO_x$ 原理

热力 $DeNO_x$ 过程使用 NH_3 作为还原剂，其反应方程为：

$$4NO + O_2 + 4NH_3 \longrightarrow 4N_2 + 6H_2O \tag{5-33}$$

$$2NO + 2O_2 + 4NH_3 \longrightarrow 3N_2 + 6H_2O \tag{5-34}$$

$$6NO_2 + 8NH_3 \longrightarrow 7N_2 + 12H_2O \tag{5-35}$$

当操作温度高于温度窗口时，NH_3 的氧化反应开始起主导作用，反而生成 NO，反应式为：

$$4NH_3 + 5O_2 \longrightarrow 4NO + 6H_2O \tag{5-36}$$

在合适的温度窗口，有多余的 O_2 存在，气态均相反应迅速发生使反应物选择性地还原 NO，而烟气中大量的 O_2 不被还原，即不会发生式 （5-36）的反应。

2. NO_xOUT 原理

NO_xOUT 过程使用尿素作为还原剂，其反应过程是尿素还原和被氧化两类反应相互竞争的结果。相对于氨，尿素作为固体更容易运输，储运较安全，对管道无腐蚀。在大型电厂锅炉上，通常采用尿素作为还原剂。其主要化学反应为：

$$CO(NH_2)_2 \longrightarrow 2NH_2 + CO \tag{5-37}$$
$$NH_2 + NO \longrightarrow N_2 + H_2O \tag{5-38}$$
$$CO + NO \longrightarrow 1/2N_2 + CO_2 \tag{5-39}$$

在尿素还原 NO_x 的同时，也会发生从尿素溶液挥发出来的 NH_3 分子与 O_2 的反应：

$$4NH_3 + 5O_2 \longrightarrow 4NO + 6H_2O \tag{5-40}$$
$$4NH_3 + 3O_2 \longrightarrow 2N_2 + 6H_2O \tag{5-41}$$

当 SNCR 的反应温度在温度窗口范围内时，主要发生 NO_x 的还原反应。而当反应温度高于温度窗口时，NH_3 的氧化反应会占主导地位。

3. RAPRENO$_x$ 原理

RAPRENO$_x$ 过程使用氰尿酸来还原 NO_x，氰尿酸在高于 600K 时就可升华，分解为异氰酸，在足够高的温度（如 1273K）下，HNCO 分解并激活可导致 NO 还原的连锁反应。

5.2.2　工艺流程

1. SNCR 脱硝技术在循环流化床锅炉上的应用工艺

循环流化床锅炉 SNCR 脱硝工艺流程如图 5-11 所示。在 CFB 锅炉附近设置氨（NH_3）制备装置，如高倍流量循环模块（HFD）、背压阀组（PVC）稀释计量模块（MDM）、分配模块等，还原剂经氨（NH_3）制备分配装置后，通过布置在锅炉炉膛上部、汽冷旋风筒的入口等区域的喷枪喷入，使烟气经过时，将其中的 NO_x 还原成 N_2 和 H_2O，从而达到脱除 NO_x 的目的。

喷枪的布置位置要符合 SNCR 脱硝的温度（800～1100℃）要求。循环流化床锅炉从炉膛到高温过热器之前（其间经过汽冷旋风筒、转向室）这一段的温度一般保持在 900℃ 左右，因而喷枪布置在该区域利于 SNCR 脱硝反应的进行。

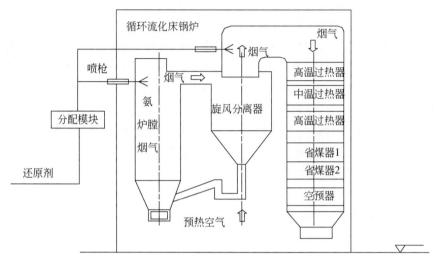

图 5-11　CFB 锅炉 SNCR 脱硝工艺流程示意

2. SNCR 脱硝技术的应用工艺

SNCR 脱硝工艺流程如图 5-12 所示。还原剂通过安装在燃烧室墙壁上的喷嘴喷入烟气中。喷嘴布置在燃烧室和省煤器之间的过热器区域。通过在一定压力下喷射使还原剂和烟气混合，锅炉的热量为反应提供了能量，使一部分氮氧化物在这里被还原，之后烟气流出锅炉。

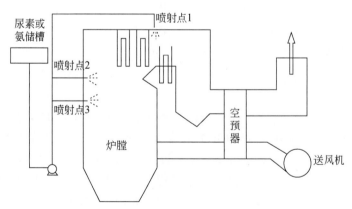

图 5-12　SNCR 脱硝工艺流程示意

还原剂采用液氨时，其在喷射前被蒸发器蒸发气化，采用尿素溶液时，其在喷射后被锅炉加热气化，具体原理可参看 SCR 工艺部分。

还原剂的载体可以用压缩空气、蒸汽或水，在采用上部燃尽风（即火上风）

或烟气再循环方法的低氮燃烧技术的锅炉上，还可以用上部燃尽风或再循环烟气作载体。

喷入点的选择必须满足不同还原剂对温度的要求，例如，用氨作还原剂时，喷入点应该选择在温度为 850 ~ 1000℃ 的炉膛空间处。由于炉内温度经常会随锅炉负荷波动发生变化，所以有必要在不同高度上开设喷药点，以便根据不同工况调整还原剂的喷入位置，确保永远处于适宜反应的温度区间。SNCR 方法用于大型燃烧设备时一般在炉膛内安装 3 ~ 4 层（特殊情况可以有 5 层）喷射层，每层又设若干个喷口。图 5-12 中的锅炉在三层高度上设置了喷药点。喷入的角度可以垂直于壁面，也可以与壁面成不同大小的倾角。

5.2.3　SNCR 脱硝效率的影响因素

1. 化学当量比（NSR）的影响

NH_3 与 NO 理论化学反应当量比为 1∶1，但由于部分 NH_3 被氧化成 NO_x，以及一小部分未反应的 NH_3 随烟气排入大气。因此，需要将超过理论化学当量比的还原剂喷入炉膛，才能达到较理想的 NO_x 还原率。此外，当原始 NO_x 浓度较低时，脱硝还原化学反应动力降低，为达到相同的脱硝效率，需要喷入炉内更多的还原剂参与反应。运行经验显示，脱硝效率在50% 以内时，NH_3/NO_x 摩尔比一般控制在 1.0 ~ 2.0。

已经投运的循环流化床锅炉的经验表明，采用 SNCR 技术，无论采用氨还是尿素，都可以有效控制 NO_x 的排放浓度。采用 1.5 ~ 3.0 的 NH_3/NO_x 摩尔比，可以实现70% ~ 80% 的脱硝率。

2. 反应温度的影响

SNCR 技术对于温度条件非常敏感，在炉膛上选择适当的喷入点，决定了 SNCR 还原 NO_x 效率的高低。SNCR 的温度窗口是一个非常狭窄的范围，一般低于 800℃ 时（有研究表明，在烟气中混入部分的 H_2、CO 及一些碳氢化合物，可以将烟温窗口向低温方向扩展），还原反应速率太慢以至于还原失效，大部分 NH_3 仍未反应，造成氨逃逸。而温度过高时（如高于 1200℃），NH_3 更容易被氧化为 NO。因此选取合适的温度条件是该技术成功应用的关键。尿素溶液还原 NO_x 的最佳温度范围与具体的脱硝环境有关，通常为 850 ~ 1100℃。实测数据显示，NH_3 的排放受到燃烧烟气温度的强烈影响，在 1040℃ 或更高的温度下喷入尿素可明显减少 NH_3 的排放，尿素喷入应该在最佳温度区间的上限（区间右半部分），这样同时可减少 N_2O 排放的概率。图 5-13 为温度对脱硝效率的影响。

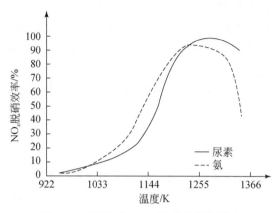

图 5-13　温度对 SNCR 脱硝效率的影响

3. 停留时间的影响

研究表明，NH_3–NO 非爆炸性反应时间仅约 100ms。停留时间指的是还原剂在炉内完成与烟气的混合、液滴蒸发、热解成 NH_3、NH_3 转化成游离基 NH_2、脱硝化学反应等全部过程所需要的时间。

延长反应区域内的停留时间，有助于反应物质扩散传递和化学反应，提高脱硝效率。当合适的反应温度窗口较窄时，部分还原反应将滞后到较低的温度区间，较低的反应速率需要更长的停留时间以获得相同的脱硝效率。停留时间至少应超过 0.3s，当停留时间超过 1s 时，易获得较高的脱硝效果。对于循环流化床锅炉来说，由于燃烧器及辐射受热面的布置的特殊性，反应剂在反应区域内的停留时间甚至可以达到 2s，相对于普通煤粉炉，可以得到很好的脱硝效率。

4. 还原剂与烟气混合程度的影响

脱硝还原剂与烟气充分均匀混合，是保证在适当的 NSR 时获得较高的脱硝效率、较低氨逃逸率的重要条件之一。喷入的还原剂必须与烟气中的 NO 充分混合后才能发挥较好的选择性还原 NO 的效果，如果混合时间太长，或者混合不充分，就会降低反应的选择性。工业应用上，由于锅炉的炉膛直径较大，还原剂与烟气的混合程度对保证脱硝率显得尤为重要。

增加雾化气体压力和提高雾化质量可以促进混合。通常较高的雾化气体压力能促进雾化，加速初期尿素的释放并使之与 NO 反应。但在一项最初使用雾化器的研究中，增加雾化压力并没有使测量到的雾化质量改善，但增加了试剂的喷入动量。这促进了试剂渗透和混合，从而影响了 SNCR 的性能。SNCR 技术一般采用液体雾滴喷射的方式，即能够利用喷射溶液的浓度大小，调节液体雾滴的蒸发时间，同时有利于穿透炉膛。

由于锅炉负荷和燃用煤种的变化，炉内温度场变化情况比较大。因此，普遍采取多层墙式喷嘴，或者多层喷枪的喷射方式，来适应不同的炉内温度变化工况。而同一层的墙式喷嘴也要采用多个喷嘴的组合方式，以达到最好的喷雾和烟气的混合。喷枪采取多孔形式，通过实验或数值模拟来优化喷射参数，保证混合良好。

5. 氧气量的影响

烟气中的 O_2 对 NH_3-NO_x 反应会产生一定的影响。实验研究表明，在缺氧的情况下，SNCR 脱硝反应并不会发生。有氧存在时，SNCR 脱硝反应才能进行，同时氧浓度的上升使反应的温度窗口向低温方向移动。少量的 O_2 已能够启动 NH_3 选择性非催化还原 NO_x 的反应，使得最佳反应温度下降150℃左右；氧浓度升高，使 NH_3-NO_x 开始反应的温度提前，向低温侧拓宽了反应温度，但最大脱硝效率下降。由于不同燃烧设备排放烟气的氧量气氛条件多变，因此，SNCR 反应在不同氧量条件下的特性是很关键的。

6. 初始 NO_x 浓度水平的影响

研究表明，SNCR 脱硝过程中，随着初始 NO 浓度的下降，脱硝率下降。存在一个 NO 的临界浓度［NO］，NO 的初始浓度如果小于这个临界值，那么无论怎样增加氨氮比，也不能提高 NO_x 的脱除效率。

5.2.4 关键技术指标及特点

选择性非催化还原脱硝技术（SNCR）的关键指标：脱硝效率为 20% ~ 40%；反应温度为 850 ~ 1100℃；NH_3/NO_x 摩尔比为 0.8 ~ 2.5；氨逃逸可控制在 $8mg/m^3$ 以下。

采用 SNCR 脱硝技术有如下优点：①运行成本低（不需要更换催化剂，也不需要热解或水解尿素）；②在脱硝过程中不使用催化剂，因此不会造成空预器堵塞或压力损失等弊端；③占地面积小（不需要额外反应器，反应在炉内进行）；与 SCR 相比，SNCR 脱硝技术经济性高，是一种经济实用的脱硝技术。

需要提出的是，在选择 SNCR 脱硝技术时需关注以下几个问题：

①目前国内一般没有现成的 50% 尿素溶液，所以需要从化工厂购买后自行配置成尿素溶液。尿素的溶解过程是吸热反应，在尿素溶液配置过程中需要配置

功率较大的热源，以防尿素溶解后的再结晶。尤其是在北方寒冷地区，该问题更加明显。

②在整个 SNCR 脱硝工艺中，尿素溶液总是处于被加热状态。如果尿素的溶解水和稀释水的硬度过高，在加热过程中水中的钙、镁离子析出会造成脱硝系统的管路结垢、堵塞。因此必须在尿素中添加阻垢剂或用除盐水作为脱硝工艺水。

③由于喷嘴喷射器工作在炉窑内部高温区，为防止喷射器冷却水管路内部结垢，也要采用除盐水作为多喷嘴喷射器冷却水。

④在 SNCR 脱硝工艺中，厂用气的消耗量也比较大。喷射雾化、设备冷却、管路吹扫都需要厂用气。

5.3　SCR 烟气脱硝工程实例

5.3.1　概况

某电厂 2×600MW 超临界机组锅炉。脱硫部分采用石灰石/石膏湿法脱硫工艺，脱硝部分采用高尘布置方式选择性催化还原法（SCR）脱硝工艺，设计脱硝效率不低于 80%。脱硝系统有关设计参数见表 5-3 和表 5-4。该机组催化剂采用日立造船株式会社生产的 NOXNON700S-3 型脱硝催化剂，其催化剂形状为陶瓷质地的三角间距蜂窝状，主要成分为 Ti-V-W（钛-钒-钨）。

表 5-3　600MW 机组脱硝系统入口前的设计参数（BMCR 工况）

项目	单位	设计煤种	校核煤种
锅炉最大连续蒸发量	t/h	1913	
过热蒸汽压力	MPa	25.4	
过热蒸汽温度	℃	571	
省煤器出口烟气量	m^3/h	4 487 885	4 500 582
省煤器出口烟气温度	℃	378	379
省煤器出口烟气平均流速	m/s	9.85	
锅炉耗煤量	t/h	230	251
烟气 N_2 体积比	%	73.31	74.11
烟气 O_2 体积比	%	3.894	3.904
烟气 CO_2 体积比	%	13.826	13.904

项目	单位	设计煤种	校核煤种
烟气水蒸气体积比	%	8.930	7.988
除尘器入口含尘量	g/m³	11.76	23.43
过量空气系数	—	1.2	1.2
引风机轴功率	kW	2×1 941	

表 5-4　600MW 机组脱硝系统 SCR 反应器的设计参数（BMCR 工况）

序号	项目		单位	设计煤种
1	SCR 反应器数量		套	2（1 炉配 2 反应器）
2	催化剂组成、类型			蜂窝式
3	烟气流量		m³/h	1 900 000
4	反应器入口烟气	烟气温度	℃	378
		SO₂ 浓度	mg/m³	1 700
		NOₓ 浓度	mg/m³	500
		烟尘浓度	g/m³	11.76
5	反应器出口 NOₓ 浓度		mg/m³	50
6	反应器压力		kPa	−7.5~4.5
7	SCR 装置压降		Pa	<1000
8	脱硝效率		%	80~90
9	氨消耗量		t/h	0.412~0.464
10	电耗		kW	800
11	脱硝剂			液氨
12	氨的逸出率		μL/L	≤3
13	NH₃/NOₓ 摩尔比			1∶1
14	流过反应器烟气流速		m/s	5

5.3.2　工艺流程

SCR 反应器的布置方式为高温高尘布置，在反应器入口布置有温度测点，可将温度控制在 300~400℃。若温度高于或低于此范围，系统会根据温度信号自动控制喷氨量。同时在反应器的出入口布置有 NOₓ 分析仪，通过分析出入口的 NOₓ值，系统可以控制氨气的喷入量。由于未参加反应而逃逸的氨气会对后续设备造成影响，所以需要在反应器出口对氨逃逸量进行监视。当氨逃逸量超过规定值时，系统可自动调整喷氨量。

系统采用液氨作为还原剂，反应所需的氨气由液氨加热气化而来。该工程
SCR 脱硝工艺如图 5-14 所示。

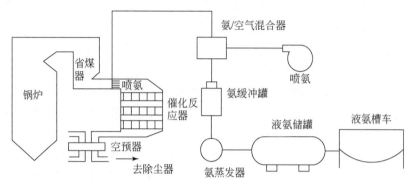

图 5-14　2×600MW 超临界机组锅炉 SCR 脱硝工艺流程简图

5.3.3　系统组成及设备

1. 液氨储存与供应系统

脱硝还原剂采用液氨，液氨储存与供应系统设备占地面积约为 40m×30m。
液氨储存与供应系统包括液氨卸料压缩机、液氨储罐、液氨蒸发器、气氨储罐、
氨气稀释槽（1 台）、废水泵、废水池等。两台机组共用一套液氨储存与供应系
统，外购液氨通过液氨槽车运至液氨储存区，通过往复式卸氨压缩机将液氨储罐
（2 个）中的气氨压缩后送入液氨槽车，利用压差将液氨槽车中的液氨输送到液
氨储罐中；液氨经氨蒸发器（3 个）蒸发成气氨后进入气氨储罐（3 个），气氨
通过稀释风机（每台锅炉 2 台）稀释后，分别经过两台机组的喷氨格栅送入 SCR
反应器（每台锅炉 2 个）。

卸料压缩机 1 台，为往复式压缩机，压缩机抽取液氨罐中的气氨，压入槽
车，将槽车中液氨推挤入液氨储罐中，氨压缩机电动机功率为 18.5kW。液氨储
罐 2 个，每个容积为 106m³，设计压力为 2.16MPa。一个液氨储罐可供应一套
SCR 机组脱硝反应所需氨气一周。

从蒸发器蒸发的氨气流进入气氨储罐，再通过氨气输送管线送到锅炉侧的脱硝
系统。气氨储罐可稳定氨气的供应，避免受蒸发器操作不稳定的影响。气氨储罐上
也有安全阀可保护设备。气氨储罐 3 个，每个容积为 8.27m³，设计压力为 0.9MPa。

液氨蒸发器为螺旋管式。管内为液氨，管外为温水浴，以蒸汽直接喷入水中

加热至 40℃，再以温水将液氨汽化，并加热至常温。蒸汽流量受蒸发器本身水浴温度控制调节。当水的温度高过 45℃ 时则切断蒸汽来源，并在控制室 DCS 上报警显示。蒸发器上装有压力控制阀将氨气压力控制在 0.21MPa。当出口压力达到 0.37MPa 时，则切断液氨进料。在氨气出口管线上装有温度检测器，当温度低于 10℃ 时切断液氨进料，使氨气至缓冲槽维持适当温度及压力。蒸发器也装有安全阀，可防止设备压力异常过高。液氨蒸发器 3 台，每台容积为 5.6m³、设计压力为常压。

氨气稀释槽为立式水槽，水槽的液位由满溢流管线维持。液氨系统各排放处所排出的氨气由管线汇集后从稀释槽底部进入。通过分散管将氨气分散入稀释槽水中，利用大量水来吸收安全阀排放的氨。

氨和空气在混合器和管路内依据流体动力原理将两者充分混合，再将混合物导入氨气分配总管内。氨/空气混合物喷射配合 NO_x 浓度分布靠雾化喷嘴来调整。

氨气供应管线上提供一个氨气紧急关断装置。系统紧急排放的氨气至氨气稀释槽中，经水吸收后排入废水池，再经废水泵送到废水处理厂进行处理。

液氨储存与供应系统周边设有寿命可达 6 年的氨气检测器，以检测氨气的泄漏，并显示大气中氨的浓度。当检测器测得大气中氨浓度过高时，在机组控制室会发出报警，操作人员采取必要的措施，以防止氨气泄漏的异常情况发生。

2. SCR 反应器

每套脱硝系统设计 2 个平行布置的反应器，该处的烟气温度为 378℃，满足脱硝反应的温度要求。反应器的水平段安装有烟气导流、优化分布装置及喷雾格栅。反应器的竖直段则安装有催化剂床。设计安装四层催化剂，运行初期先安装三层，待上层催化剂逐渐失效时再将第四层催化剂装上以保证脱硝效果，催化剂的设计工作温度为 280～420℃。每套 SCR 反应器、连接烟道及检修维护通道等占地面积约为 860m²，SCR 反应器尺寸为 10 100mm×16 100mm×18 000mm。流过反应器烟气流速为 4～6m/s。催化剂造成的烟气阻力为 1000Pa。

每个反应器按 4 层催化剂设计，运行初期仅装上 3 层。每层布置 75 个催化剂模块（5×15），层间高度为 2.5m，其中第一层催化剂前端有耐磨层，以减弱飞灰对催化剂的冲刷。按催化剂制造商的说明，催化剂的使用寿命为 3～5 年。

3. 氨/空气喷雾系统

氨和空气设计稀释比为 5%。氨/空气喷雾系统包括供应箱、喷氨格栅和喷嘴等。同时将烟道截面分成 20～50 个大小不同的控制区域，每个区域有若干个喷射孔，每个分区的流量单独可调，以匹配烟气中的 NO_x 浓度分布。氨/空气混

合物喷雾配合 NO_x 浓度分布靠雾化喷嘴来调整。

4. 稀释风系统

稀释风机将空气送入烟道，在烟气进入反应器前将 NH_3 稀释后，通过分配器蝶阀调节流量，经过喷氨格栅均匀地喷入烟气中，在反应器中催化剂的作用下与 NO_x 反应生成氮气和水，最终达到降低 NO_x 排放的目的，并在途中混入一定量的气氨，进入喷氨格栅，再以一定速度进入烟道。本工程 2 台锅炉设 4 台稀释风机，2 开 2 备。稀释风机为 9-19-12.5D 离心式风机，介质体积流量为 17 200m^3/h，出口压力为 7000Pa，电动机额定功率为 75kW。

5. SCR 的吹灰和灰输送系统

在省煤器之后设置灰斗，当锅炉低负荷运行或检修吹灰时，收集烟道中的飞灰，以保持烟道的清洁。在每层催化剂之前设置吹灰器，随时将沉积于催化剂入口处的飞灰吹除，防止堵塞催化剂通道。

在每个 SCR 反应器之后的出口煤道上设有灰斗，烟气经过 SCR 装置，流速降低，烟气中的飞灰会在 SCR 装置内和 SCR 装置出口处沉积下来，部分自然落入灰斗中。

SCR 设置独立的气力除灰系统，将集灰输送到电厂的灰库。

6. 电气系统

电气系统包括低压开关设备、直流控制电源、不停电电源、动力和照明设施、接地和防雷保护、控制电缆和电动机配置等。电气系统中的低压开关设备提供了脱硝系统内的所有动力中心（PC）及电动机控制中心（MCC），照明、检修等供电的箱柜及相关的测量、控制和保护柜等。在脱硝控制室内配置直流电动切换馈电柜，并留有 20% 的备用分支回路，由电厂主厂房向脱硝控制室提供两路直流电源，满足负荷要求。同时脱硝系统配置一套不间断电源装置。

7. 自动控制系统

本工程脱硝系统采用集中监控方式，脱硝控制系统纳入机组 DCS，完成数据采集、顺序控制和调节控制功能，就地不设操作员站。脱硝控制系统建成后，在主机组控制室内，通过机组 DCS 操作员站可完成对脱硝系统的启/停控制、正常运行的监视和调整，以及异常与事故工况的处理和故障诊断，而无需现场人员的操作配合。I/O 机柜布置在主控楼 DCS 电子设备间。

脱硝系统公用氨站部分采用 DCS 控制，脱硝系统氨站的 DCS 控制系统布置在脱硝氨站的控制室内，以冗余通信方式接入承包方指定的辅助车间控制网，正常运行采用数据通信方式（冗余），最终实现通过辅助车间的操作站对脱硝系统氨站的集中监控。在脱硝氨站的控制室设一套操作员站兼工程师站，实现就地操作、调试和检修。

SCR 反应系统的本地控制站和主机组锅炉控制系统完全融合挂在同一 DCS 控制网上，保证锅炉整个烟风系统监控的无缝连接和信息共享。

制氨系统的远程控制站通过冗余光纤通信网络连接至主机 DCS 公用控制网上，最终运行人员直接通过主机控制室中操作员站完成对整个制氨系统参数和设备的监控班。对于重要的关系到安全的保护信号采用硬接线方式。

其中 SCR 反应装置由于位于锅炉空预器前的尾部烟道上，是锅炉正常运行烟风系统密不可分、融为一体的重要组成部分，所以它的监控和空预器、引风机的监控形式保持一致，在机组 DCS 进行控制。SCR 反应系统的 DCS 机柜布置在机组 DCS 电子设备间，由每台炉主机 DCS 电源柜供电，SCR 反应系统脱硝控制器与主机组控制系统在同一个 DCS 控制网上，保证锅炉整个烟风系统监控的无缝连接和信息共享。

至于脱硝公用制氨系统，因为属于易爆有毒的化学危险品，其布置位置距离锅炉尾部 SCR 反应器和机组主控室非常远，而且其工艺系统运行相对独立，其监控采用 DCS 远程控制站。制氨系统的 DCS 机柜将布置在就地控制设备间内，其电源由一路来自其自带的 UPS 电源装置提供，另一路来自厂用电源，远程 I/O 控制站通过冗余光纤通信网络连接至电厂辅助控制网上，最终运行人员直接通过机组辅助控制室中操作员站完成对整个制氨系统参数和设备的监控，实现就地无人值班。

DCS 人机接口设备的配置为操作员站兼工程师站 1 套，工程师站打印机 1 台。

脱硝 SCR 反应控制并入主机组 DCS，控制功能包括数据采集系统（DAS）、模拟量控制系统（MCS）、顺序控制系统（SCS）等。

（1）DAS 系统系统监测的主要参数有：①SCR 装置工况及工艺系统的运行参数；②主辅机的运行状态；③主要阀门的开关状态及调节阀门位置信号；④电源及其他需监视的独立设备的运行状态；⑤主要的电气参数等。

（2）模拟量控制系统（MCS）——氨喷射流量控制系统。为保证 SCR 脱硝效率，安全经济运行，NH_3 喷射流量闭环控制系统的功能是使得反应器后烟气中 NO_x 的浓度水平不超过允许值。这个限值水平可以预先选定作为主控制器的设定点。反应器后烟气中 NO_x 的浓度水平通过烟气分析仪测定并作为实际测量值反馈给主控制器。

需要的 NH_3 的量决定于反应器之前烟气中 NO_x 的量，烟气中 NO_x 的量可以通过未净化烟气中NO_x浓度和烟气量流量计算得到。为了在动态过程中获得更好的调节品质，引入锅炉的负荷指令信号作为前馈信号进行修正。

实际喷射NH_3的量由流量测量决定，控制回路的激发信号传给控制阀来调节NH_3的流量。

（3）顺序控制系统（SCS）。本工程脱硝系统顺序控制系统的控制水平按功能组级、子功能组级和驱动级三级控制方式考虑。

驱动控制包括所有单个的电动机和执行器、电磁阀等被控设备，作为自动控制的最低程度。子组级控制包括稀释风机子功能组、取样风机子功能组等。功能组控制包括 SCR 反应区初步预热功能组、烟气系统功能组、SCR 声波吹灰系统功能组、液氨卸氨系统功能组、液氨蒸发系统功能组等。

运行人员能通过操作员站对功能组和子功能组中相关的一组设备进行顺序启、停，也可对 SCS 中的单个设备进行启、停或开、关操作，以便在系统局部故障时，操作员能选择较低的水平控制，而不致丧失对整个过程的控制。同时 SCS 中还考虑系统及单个设备的联锁和保护。

这里以"SCR 反应器初步预热"程序控制进行说明，整个过程是自动控制的，对于部分大型设备的起停，将加入人工判断步骤。当达到设定温度后，控制屏幕将激活一个软按钮，中止初步预热程序。启动和停止程序分别如图 5-15 和图 5-16 所示。

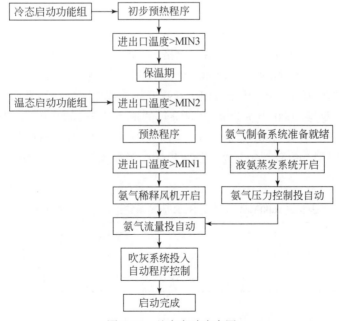

图 5-15　基本启动步序图

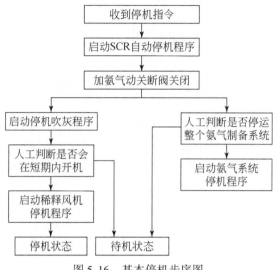

图 5-16　基本停机步序图

（4）SCR 装置的保护动作条件：SCR 进口温度异常、SCR 出口温度异常、氨气稀释空气流量异常、氨气泄漏报警等。

5.3.4　经济分析与运行效果

该 SCR 工艺单位造价为 196.4 元/kW；每台炉年还原剂耗量为 2552t 液氨（按年运行时数为 5500h 计），还原剂价格为 2500 元/t，年还原剂费用为 638 万元；年电耗为 800×5500kW·h=4 400 000kW·h，电费为 171.6 万元；每台炉脱硝投资为 13 200 万元，按 20 年折旧为 660 万元；催化剂的使用寿命按 4 年计算，每台炉 4 层，每层 2000 万元，催化剂每年的成本为（2000 万元/层×4 层）÷4 年=2000 万元/年；年总运行费用为 3469.6 万元，年脱除 NO_x 为 4510t，每吨 NO_x 脱除费用为 7693 元。600MW 机组的 SCR 脱硝系统运行费用及运行数据见表 5-5 和表 5-6。

表 5-5　600MW 机组的 SCR 脱硝系统运行各项费用汇总

	单位造价 /（元/kW）	年吸收剂费用/万元	年电费 /万元	催化剂年成本 /（万元/年）	年脱硝投资 /万元	年总运行费用 /万元	每吨 NO_x 脱除费用/元
费用	196.4	638	171.6	2000	660	3469.6	7693

表5-6　**600MW 机组的 SCR 脱硝系统运行数据**

项目	保证值	实际值	国际先进水平
反应器出口 NO_x 浓度	$\leqslant 50 mg/m^3$	50	$\leqslant 30 mg/m^3$
反应器入口 NO_x 浓度	$500 mg/m^3$	300	
脱硝效率	$\geqslant 80\%$	90%	$>80\%$
氨逸出率	$\leqslant 5\mu L/L$	$1.2\mu L/L$	$<5\mu L/L$

复习思考题

1. 简述 SCR 烟气脱硝技术的原理。
2. 简述 SCR 烟气脱硝的工艺流程，系统组成及主要设备。
3. 影响 SCR 脱硝效率的因素有哪些？
4. 什么是催化剂中毒？应如何防止？
5. SNCR 脱硝反应的基本原理是什么？
6. 影响 SNCR 脱硝效率的因素有哪些？
7. 除了 SCR 和 SNCR 外，还有哪些烟气脱硝技术？

第6章 烟气除尘技术与原理

目前国内燃煤电厂主要采用的除尘方式有静电、袋式、电袋复合等除尘方式，以及由静电除尘器衍生出来的除尘技术，包括旋转电极式、低低温、湿式、径流式等电除尘器。

电除尘器对烟气性质较为敏感，尤其受粉尘成分和比电阻影响较大，特别是对细轻粉尘及高比电阻粉尘难收尘。同时，煤的含硫量和其他元素的影响也很明显，对低硫、高比电阻粉尘的除尘效率低。布袋除尘器具有除尘效率高、不受粉尘比电阻影响、出口气体含尘浓度低、处理气体量和含尘浓度允许变化范围大、除尘效率稳定、对亚微米颗粒收集能力比静电除尘器好的优点，但这种不须外加能量的过滤除尘却带来了阻力大的问题，增加了风机的能耗，甚至有一些选型不当、滤袋质量不佳及高浓度烟尘场合使用的布袋除尘器阻力大到系统无法运行的地步。本章选择了在燃煤电厂中目前应用广泛或有发展趋势的除尘设备进行介绍。

6.1 概　　述

6.1.1　粉尘的产生与分类

悬浮于空气中的固体微粒，其大小在100μm以下，称为尘，可分为一次颗粒物和二次颗粒物，为主要的空气污染物之一。一次颗粒物是由自然源和人为源直接排入大气并造成空气污染的颗粒物。其中人为源主要包含锅炉等燃烧化石燃料的固定源和机动车尾气及路面扬尘的移动源。二次颗粒物则是由工业生产、各类燃烧过程产生的 SO_2、NO_x、未燃尽的挥发性有机物（VOC）等与大气中的正常组分发生化学反应转化生成的颗粒物，其化学组分主要包含硝酸盐、硫酸盐、铵盐和有机物等。

1. 粉尘的来源

工业生产、交通运输和农业活动过程中都会产生大量粉尘。其中物料燃烧是粉尘的主要来源，其次物料破碎、研磨，粉状物料的混合、筛分、运输和包装过程中也会产生粉尘。另外，汽车废气中溴化铅和有机物组成颗粒，金属粒子凝结、氧化，风和人类的地面活动会产生土壤尘。在我国，煤炭燃烧是颗粒污染物的一个主要来源。煤在锅炉中燃烧后所产生的烟气夹着大量粉尘，一般煤燃烧时产生的烟尘量约占燃煤量的 10% 以上；锅炉每燃烧 1t 煤可产生 3 ~ 11kg 的粉尘排放物。关于煤燃烧过程中颗粒物的形成机理在第 2 章中已有描述，此处不再赘述。

2. 粉尘的分类

粉尘可按多种角度进行分类，如按来源、理化性质、直径等。按照来源，燃料燃烧过程中产生的颗粒物主要有飞灰与黑烟。按粉尘的理化性质，主要分为无机粉尘、有机粉尘与混合性粉尘，燃料燃烧过程中产生的粉尘以无机粉尘为主。按照空气动力学直径的大小可以将颗粒物分为以下四类，见表 6-1。

表6-1　按空气动力学直径分类

类别	代号	对人体危害	空气动力学 直径/μm
总悬浮颗粒物	TSP	在空气中滞留时间长，对人体健康和空气能见度带来不良影响	≤100
可吸入颗粒物	PM10	可进入呼吸系统，对呼吸道造成不良影响	≤10
	PM2.5	可通过呼吸道进入肺泡	≤2.5
	PM1.0	进入血液，对机体健康造成极大影响	≤1

6.1.2　除尘器的除尘效率

除尘器的技术性能指标包括除尘效率、阻力、处理风量三项指标；除尘器的经济性能指标包括除尘器设备费和运行费（即总成本费）、占地面积及使用寿命。这六项性能指标是衡量一个除尘器性能好坏的标志。下面主要介绍其关键技术指标——除尘效率。

评价除尘装置的除尘效果好坏，通常用除尘效率 η 来表示。除尘效率包括全效率、分级效率及多级除尘器的总效率。

1. 全效率

全效率：除尘装置所捕集的粉尘量占进入除尘装置粉尘总量的百分数，以 η 表示。其公式为：

$$\eta = \frac{G_2}{G_1} \times 100\%$$ (6-1)

式中，G_1 为进入除尘装置的粉尘总量，g；G_2 为除尘装置捕集下来的粉尘总量，g。

式（6-1）为测定质量的方法求得的全效率，所以称为质量法。这种方法主要用于实验室测定除尘器的除尘效率，其结果比较准确。

但在实际工程中，由于生产的连续性，使用此方法往往受到一定的限制。工程中一般采用浓度法，即通过测定除尘装置进、出口处含尘浓度来计算除尘效率。其公式为：

$$\eta = \frac{\rho_1 - \rho_2}{\rho_1} \times 100\%$$ (6-2)

式中，ρ_1 为除尘装置进口处的含尘浓度，mg/m^3；ρ_2 为除尘装置出口处的含尘浓度，mg/m^3。

式（6-2）忽略了除尘装置进出口烟气量的变化。

2. 分级效率

对于同一除尘器，当用来捕集粒径不同的粉尘时，所表现出来的除尘效率也不相同。例如，旋风除尘器用于较大颗粒粉尘捕集时，效率很高；而用于小颗粒粉尘捕集时，效率明显降低。说明除尘器的效率（全效率）是与粉尘的分散度密切相关的。因此，为了准确描述除尘器的除尘效率，通常采用分级效率来标定除尘器的性能。其表达式为：

（1）用浓度法表示：

$$\eta_d = \frac{\phi_{d1}\rho_1 - \phi_{d2}\rho_2}{\phi_{d1}\rho_1} \times 100\%$$ (6-3)

式中，η_d 为除尘器分级效率，%；ϕ_{d1} 为除尘器进口处粉尘粒径或粒径范围为 d 的分散度，%；ϕ_{d2} 为除尘器出口处粉尘粒径或粒径范围为 d 的分散度，%。

（2）用质量法表示：

$$\eta_d = \frac{\phi_d G_2}{\phi_{d1} G_1} = \eta \frac{\phi_d}{\phi_{d1}} \times 100\%$$ (6-4)

式中，ϕ_d 为除尘器捕集的粉尘粒径或粒径范围为 d 的分散度，%。

3. 分级效率与全效率的关系

已知分级除尘效率后，即可用空气中粉尘的分组百分数，也就是分散度来计算除尘器的除尘全效率。其表达式为：

$$\eta = \sum \phi_{di}\eta_{di}$$ (6-5)

式中，ϕ_{di} 为粒径或粒径范围为 d 的、第 i 组的分散度，% ；η_{di} 为粒径或粒径范围为 d 的、第 i 组的分级效率，% 。

例如，进入除尘器的粉尘组成粒径为 $0 \sim 5\mu m$、$5 \sim 10\mu m$、$10 \sim 20\mu m$、$20 \sim 40\mu m$、$40 \sim 60\mu m$、$>60\mu m$ 六组，各组的分散度分别为 $\phi_{0 \sim 5}$、$\phi_{5 \sim 10}$、$\phi_{10 \sim 20}$、$\phi_{20 \sim 40}$、$\phi_{40 \sim 60}$、$\phi_{>60}$，各组的分级效率分别为 $\eta_{0 \sim 5}$、$\eta_{5 \sim 10}$、$\eta_{10 \sim 20}$、$\eta_{20 \sim 40}$、$\eta_{40 \sim 60}$、$\eta_{>60}$，那么，代入式（6-5）可得：

$$\eta = \sum \phi_{di}\eta_{di}$$
$$= \phi_{0 \sim 5}\eta_{0 \sim 5} + \phi_{5 \sim 10}\eta_{5 \sim 10} + \phi_{10 \sim 20}\eta_{10 \sim 20} + \phi_{20 \sim 40}\eta_{20 \sim 40} + \phi_{40 \sim 60}\eta_{40 \sim 60} + \phi_{>60}\eta_{>60}$$

$$(6-6)$$

4. 多级除尘器的效率

在除尘系统中，为提高除尘效率，经常采用两级或多级除尘器串联工作（多级除尘），其效率为：

$$\eta = 1 - (1-\eta_1)(1-\eta_2)\cdots(1-\eta_n)$$

式中，η 为 n 级除尘器串联工作时的全效率，η_1、η_2、$\cdots$、η_n 分别为串联除尘器中每级除尘器的全效率。分级除尘效率的表达式类似。

6.1.3　除尘机理及技术

为了保护大气环境，防止大气污染，阻止含尘气体直接排入大气，对含尘气体进行除尘处理显得格外重要。除尘任务是从排出气流中将粉尘分离出来，其控制方法主要靠加装除尘设备。分离的方法依据粉尘所受外力的不同，包括重力、离心力、空气动力、电力、磁力等。

1. 除尘机理

重力除尘：气流中的尘粒依靠重力自然沉降分离出来。适合于气流速度 $\leqslant$ 3m/s，压力损失在 $10 \sim 20mmH_2O$（$1mmH_2O = 9.806\ 65Pa$），粒径 $\geqslant 50\mu m$ 的尘粒。除尘效率干式为 40% $\sim$ 60%，湿式为 60% $\sim$ 80%。

离心力除尘：气流做圆周运动，由于惯性离心力作用，尘粒和气流产生相对运动，使其分离，如旋风除尘器。适用于压力损失为 $40 \sim 150mmH_2O$，粒径 $\geqslant$ 5μm 的尘粒，除尘效率为 70% $\sim$ 90%。

惯性碰撞、接触阻留、扩散除尘：含尘气流在运动过程中，遇到挡板、纤维、水滴等阻挡物体时，气流会改变方向，细小尘粒会随气流一起流动绕流，粗大尘粒具有较大的惯性直行，随着粒径的不同将形成不同的去除原理，阻挡物与粉尘粒子的碰撞原理示意如图 6-1 所示，其不同原理的除尘设备特性见表 6-2。

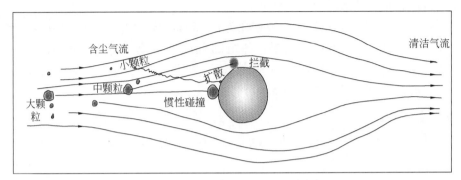

图 6-1　阻挡物与粉尘粒子的碰撞示意图

表 6-2　不同原理的除尘设备特性

除尘机理	除尘机理	适用除尘器	不适条件	压力损失 /mmH$_2$O	粒径 /μm	除尘效率 /%
惯性碰撞	粗大尘粒，维持自身的惯性运动，尘粒将和物体发生碰撞	过滤式、湿式、惯性除尘	黏结性、纤维性粉尘	30～70	≥10	50～70
接触阻留	尘粒与物体发生接触而被阻留。当尘粒尺寸大于纤维网眼而被阻留时，称为筛滤作用	袋式除尘；颗粒层、纤维和纸过滤	气体含水蒸气，易结露		≥0.1	99
扩散	微小粒子在气体撞击下做布朗运动，当和物体表面接触，就会从气流中分离，称为扩散	湿式、袋式除尘	$d_e = 0.3\,\mu m$		≤1	最低

洗涤除尘：洗涤式湿式除尘器是利用水或其他液体与含尘气体接触，形成液网、液膜或液滴捕集粉尘、净化含尘气体。按水与含尘气体接触方式，洗涤除尘可分为自激式除尘器、卧式旋风水膜除尘器等形式。

静电力分离：气流中的悬浮尘粒，若带有一定量电荷，通过静电力使它从气流中分离出来。但自然状态下，尘粒荷电量很小，要高效除尘，必须设置专用高压电场，使尘粒充分荷电，如电除尘器、湿式电除尘器等。

凝聚作用：凝聚作用不能直接除尘。通过超声波、蒸汽凝结、加湿等凝聚作用，使小尘粒凝聚增大，用其他除尘方法分离。

2. 除尘技术

工程上常用的除尘器通常不是简单地依靠单种除尘机理，而是多种除尘机理的综合作用。当前常见的除尘技术包括电除尘、过滤除尘、机械惯性除尘和湿式除尘四大类。

电除尘技术：通过设备的烟气中的颗粒物在高压电场的作用下荷电，电场力的作用会使荷电微粒移动并积附在电极上，实现烟气除尘的目的。因电除尘技术具有较高的除尘效率和相对较低的能耗，目前在燃煤电厂中已经获得非常广泛的应用。但干式静电除尘器通过振打将极板上的灰振落到灰斗的过程中会产生烟尘的二次飞扬，导致除尘效果变差，且其对中间尺度（$0.1 \sim 2\mu m$）的颗粒物脱除效果较差。

过滤除尘技术是利用多孔介质进行的，当烟气进入除尘设备并通过多孔介质时，受滤料的惯性、静电、阻隔、钩挂及自身的扩散作用，颗粒物会被拦截在滤料内，达到脱除的目的。过滤除尘对于各粒径的颗粒物均具有很高的脱除效率，目前应用较广泛的是布袋除尘器，但包括布袋在内的过滤介质需要定期更换以保证除尘效果，使整个除尘设备具有很高的运行维护成本。

机械式惯性除尘技术因对细颗粒物除尘效果差，目前很少单独应用于锅炉尾部烟道的除尘，多以与其他除尘技术联用的形式出现。

湿式除尘技术包括湿式惯性除尘与湿式电除尘。湿式惯性除尘是借助颗粒惯性将大颗粒离心分离到湿式水膜，被水膜带下。湿式电除尘技术是让饱和烟气或过饱和烟气通过高压电场，使湿润颗粒物荷电，并移动到阳极板，细颗粒吸附在阳极板上，随水膜下降，克服了干式静电除尘器二次扬尘的缺点。

6.2　静电除尘器

静电除尘器是火力发电厂的配套环保设备，其作用是清除燃煤或燃油锅炉排放烟气中的烟尘，降低排入大气中的烟尘量，减轻环境污染。静电除尘器是利用强电场电晕放电使气体电离、粉尘荷电、在电场力的作用下使粉尘从气体中分离出来的一种除尘装置。

6.2.1　静电除尘器发展简介

美国、德国等欧美国家电厂主要采用静电除尘器，其烟尘排放浓度小于$50mg/m^3$，甚至达到$30mg/m^3$或更低。德国采用高效静电除尘器，即通过对电除尘器控制部分和烟气通道的优化改进来保证粉尘排放浓度小于$20mg/m^3$。

据统计，静电除尘器的数量在欧盟占到除尘设备的85%，美国为80%，日本几乎全都采用静电除尘器。

　　我国火电厂在 20 世纪 50 年代开始使用静电除尘器，目前大型火电厂 95% 采用静电除尘器。当前为实现超低排放，静电除尘器因须向更多电场数、大比集尘面积方向发展而受到限制，同时随着技术的进步，出现了旋转电极式静电除尘器、低低温静电除尘器、湿式静电除尘器及径流式静电除尘器等不同形式，其研究和工业化发展历程列于表 6-3。

表 6-3　静电除尘器的发展历程

时间	研究者	电极结构	极板长度 /m	单台规模 / (m^3/h)	理论研究进展	工业化应用进展
1824 年	霍非尔德 (M. Hohlfeld)	金属线		实验室	德国、发现金属丝	产生放电现象使烟气被净化
1907 年	科特雷尔 (P. G. Cottreu)	筒形收尘极			发明同步机械整流器	美国，第一台工业化
1910 年		管状收尘极				有色金属回收烟气中的金属氧化物
1911 年	斯特泪 (W. W. Strong)				研究电除尘的理论	
1912 年		细圆电晕极				细导线作放电电极，操作电压达 45kV
1922 年	多依奇 (Deutseh)				安德森–多依奇公式	在理想条件下除尘效率的理论公式
1923 年	罗曼 (Robman)				确立了电场荷电的原理	
1930 年				1×10^3		水泥、有色冶金烟气回收金属氧化物
1932 年	波德尼尔 (Pam+henier)				粒子碰撞荷电和扩散荷电方程	
1940 年	中国	板状收尘板		1×10^5		金属冶炼厂和水泥厂进口装置
1951 年	怀特				精确扩散荷电方程式	
1954 年		螺旋形细圆线板	8	5.5×10^5	机械同步整流方法	在净化高炉烟气方面，应用推广

续表

时间	研究者	电极结构	极板长度 /m	单台规模 /（m³/h）	理论研究进展	工业化应用进展
1956 年		星形电晕线			硒整流器	防风槽的板状收尘极开始使用
1960 年		芒刺电晕线	10	10×10^5	硅整流器	高效，国内引进设备不超过 60 台
1970 年	中国		20		开始研发	
1974 年	中国				可控硅调压高压硅整流设备的研制成功	
1980 年	中国				研究深入	引进技术，制造企业起步
目前	中国		可调	750～1000MW	达到国际先进水平	用于火力发电机组

综上所述，经过科学探索研究和工业实践，以及随着技术的进步、环保标准的提高，电除尘器在结构、性能和控制方式等方面，均得以不断提高与完善，达到了工业上长期、可靠和安全、稳定运行的要求。

目前，我国电除尘器研制水平已接近或达到了国际先进水平，成为电除尘器生产大国，能满足我国各行各业，特别是电力、建材、冶金等行业的快速发展需求，并逐步走向国际市场。

6.2.2 静电除尘器基本原理

静电除尘主要包括四个复杂而又相互关联的物理过程：气体的电离、尘粒的荷电、荷电尘粒的迁移与捕集、电极上沉积物的清除。这四个过程依次为：①电除尘器在两个曲率半径相差很大的金属阳极和阴极上，通过施加高电压，产生高压直流电，维持一个足以使气体电离的静电场，使气体电离；②气体电离后所生成的电子、阴离子和阳离子，吸附在通过电场的粉尘上，而使粉尘荷电；③荷电粉尘在电场力的作用下，向极性相反的电极运动而沉积在电极上，从而达到粉尘和气体分离的目的；④当沉积在电极上的粉尘达到一定厚度时，借助于振打机构（或洗涤）使粉尘落入下部灰斗中。其除尘原理与运行过程示意如图 6-2 和图 6-3 所示。

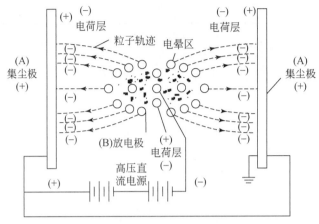

图 6-2　静电除尘器的工作原理

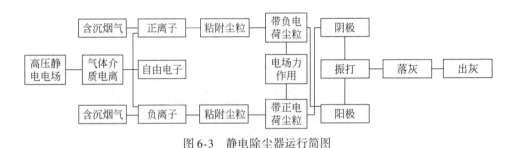

图 6-3　静电除尘器运行简图

1. 气体电离和电晕放电

由于辐射、摩擦等原因，空气中含有少量的自由离子，单靠这些自由离子是不可能使含尘空气中的尘粒充分荷电的。因此，要利用静电使粉尘分离须具备两个基本条件，一是存在使粉尘荷电的电场；二是存在使荷电粉尘颗粒分离的电场。在电场作用下，空气中的自由离子要向两极移动，电压越高、电场强度越高，离子的运动速度越快。由于离子的运动，极间形成了电流。开始时，空气中的自由离子少，电流较少。电压升高到一定数值后，放电极附近的离子获得了较高的能量和速度，它们撞击空气中的中性原子时，中性原子会分解成正、负离子，这种现象称为空气电离。空气电离后，由于连锁反应，在极间运动的离子数大大增加，表现为极间的电流（称为电晕电流）急剧增加，空气成了导体。放电极周围的空气全部电离后，在放电极周围可以看见一圈淡蓝色的光环，这个光环称为电晕。因此，这个放电的导线被称为电晕极。在离电晕极较远的地方，电场强度小，离子的运动速度也较小，那里的空气还没有被电离。如果进一步提高电压，空气电离（电晕）的范围逐渐扩大，最后极间空气全部电离，这种现象称为电场击穿。电场击穿时，发生火花放电短路，电除尘器停止工作。为了保证电除尘器的正常运动，电晕的范围不宜过大，一般应局限于电晕极附近。

如果电场内各点的电场强度是不相等的，这个电场称为不均匀电场。电场内各点的电场强度都是相等的电场称为均匀电场。例如，用两块平板组成的电场就是均匀电场，在均匀电场内，只要某一点的空气被电离，极间空气便会全部电离，电除尘器发生击穿。因此电除尘器内必须设置非均匀电场。开始产生电晕放电的电压称为起晕电压。

对于集尘极为圆管的管式电除尘器在放电极表面上的起晕电压按下式计算：

$$V_c = 3 \times 10^6 m R_1 \left(\delta + 0.03 \sqrt{\frac{\delta}{R_1}} \right) \ln \frac{R_2}{R_1} \tag{6-7}$$

式中，m 为放电线表面粗糙度系数，对于光滑表面 $m=1$，对于实际的放电线，表面较为粗糙，$m=0.5 \sim 0.9$；R_1 为放电导线半径，m；R_2 为集尘圆管的半径，m；δ 为相对空气密度。

$$\delta = \frac{T_0}{T} \cdot \frac{P}{P_0} \tag{6-8}$$

式中，T_0、P_0 分别为标准状态下气体的绝对温度和压力；T、P 分别为实际状态下气体的绝对温度和压力。

从式（6-7）可以看出，起晕电压可以通过调整放电极的几何尺寸来实现。电晕线越细，起晕电压越低。电除尘器达到火花击穿的电压称为击穿电压。击穿电压除与放电极的形式有关外，还取决于正、负电极间的距离和放电极的极性。图 6-4 是在电晕极上分别施加正电压和负电压时的电晕电流–电压曲线。由该图可见，由于负离子的运动速度要比正离子大，在同样的电压下，负电晕能产生较高的电晕电流，而且它的击穿电压也高得多。因此，在工业气体净化用的电除尘器中，通常采用稳定性强，可以得到较高操作电压和电流的负电晕极。用于通风空调进气净化的电除尘器，一般采用正电晕极。其优点是产生的臭氧和氮氧化物量较少。

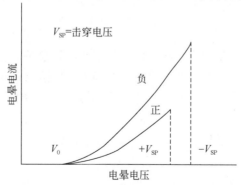

图 6-4　正、负电极下电晕电流–电压曲线

2. 尘粒的荷电

尘粒荷电是电除尘过程中最基本的过程。虽然有许多与物理和化学现象有关的荷电方式可以使尘粒荷电，但是，大多数方式产生的电荷量不大，不能满足电除尘净化大量含尘气体的要求。因为在电除尘中使尘粒分离的力主要是库仑力，而库仑力与尘粒所带的电荷量和除尘区电场强度的乘积成比例。所以，要尽量使尘粒多荷电，如果荷电量加倍，则库仑力会加倍。若其他因素相同，这意味着电除尘器的尺寸可以缩小一半。理论和实践证明单极性高压电晕放电使尘粒荷电效果更好，能使尘粒荷电达到很高的程度，所以，电除尘都是采用单极性荷电。就本质而言，阳性电荷与阴性电荷并无区别，都能达到同样的荷电程度。而实践中对电性的选择，是由其他标准所决定的。工业气体净化的电除尘器，选择阴性是由于它具有较高的稳定性，并且能获得较高的操作电压和较大的电流。在电除尘器的电场中，尘粒的荷电量与尘粒的粒径、电场强度和停留时间等因素有关。尘粒的荷电机理基本有两种，一种是电场中离子的依附荷电，这种荷电机理通常称为电场荷电或碰撞荷电。另一种则是由于离子扩散现象产生的荷电过程，通常这种荷电过程为扩散荷电。哪种荷电机理是主要的取决于尘粒的粒径。对于尘粒大于 $0.5\mu m$ 的尘粒，电场荷电是主要的；对于粒径小于 $0.2\mu m$ 的尘粒，扩散荷电是主要的。而粒径在 $0.2\sim0.5\mu m$ 的尘粒，二者均起作用。就大多数实际应用的工业静电除尘器所捕集的尘粒范围而言，电场荷电更为重要。

3. 荷电尘粒的迁移与捕集

粉尘荷电后，在电场的作用下，带有不同极性电荷的尘粒，分别向极性相反的电极运动，并沉积在电极上。因工业电除尘多采用负电晕，在电晕区内少量带正电荷的尘粒沉积到电晕极上，而电晕外区的大量尘粒带负电荷，因而向收尘极运动。

1）驱进速度

驱进速度是指荷电悬浮尘粒在电场力作用下向收尘极板表面运动的速度。在电除尘器中作用在悬浮尘粒上的力主要有电场力、惯性力和介质阻力。在正常情况下，尘粒到达其终速度所需时间与尘粒在收尘器中停留的时间相比是很短的，也就意味着荷电尘粒在电场力作用下向收尘极运动时，电场力和介质阻力很快就达到平衡，并向收尘极做等速运动，即相当于忽略惯性力，并且认为荷电区的电场强度 E_0 和收尘区的场强 E_p 相等，都为 E。

荷电尘粒在电场内受到静电力：

$$F = qE_j (\text{单位：N}) \tag{6-9}$$

式中，E_j 为集尘极周围电场强度，V/m；q 为颗粒的电荷，C。

尘粒在电场内做横向运动时，要受到空气的阻力，当雷诺数 $Re_c \leqslant 1$ 时，空气阻力：

$$P = 3\pi\mu d_c \omega (\text{单位：N}) \tag{6-10}$$

式中，ω 为尘粒与气流在横向的相对运动速度，m/s。

当静电力等于空气阻力时，作用在尘粒上的外力之和等于零，尘粒在横向做等速运动。这时尘粒的运动速度称为驱进速度。

驱进速度：

$$\omega = \frac{qE_j}{3\pi\mu d_c} \tag{6-11}$$

把公式 $q = 4\pi\varepsilon_0\left(\dfrac{3\varepsilon_p}{\varepsilon_p + 2}\right)\dfrac{dc^2}{4}E_f$ 代入式（6-11），

$$\omega = \frac{\varepsilon_0 \varepsilon_{pd_c E_j E_f}}{(\varepsilon_p + 2)\mu} \tag{6-12}$$

对 $d_c \leqslant 5\mu m$ 的尘粒，式（6-12）应进行修正：

$$\omega = k_c \frac{\varepsilon_0 \varepsilon_{pd_c E_j E_f}}{(\varepsilon_p + 2)\mu} \tag{6-13}$$

式中，K_c 为库宁汉滑动修正系数。

为简化计算，可近似认为，

$$E_f = E_j = U/B = E_p (\text{单位：V/m})$$

式中，U 为电除尘器工作电压，V；B 为电晕极至集尘极的间距，m；E_p 为电晕尘器的平均电场强度，V/m。

因此：

$$\omega = k_c \frac{\varepsilon_0 \varepsilon_{pd_c E_p^2}}{(\varepsilon_p + 2)\mu} \tag{6-14}$$

尘粒驱进速度与收尘区的电场强度和粒径成正比，而与气体的黏滞系数成反比。从公式可以看出，由除尘器的工作电压 U 越高，电晕极至集尘极的距离 B 越小，电场强度 E 越大，尘粒的驱使进度 ω 也越大。因此，在不发生击穿的前提下，应尽量采用较高的工作电压。影响电除尘器工作的另一个因素是气体的动力黏度 μ，μ 值是随温度的增加而增加的，因此烟气温度增加时，尘粒的驱进速度和除尘效率都会下降。

式（6-9）是在假设尘粒的运动只受静电力的影响得出的。实际的电除尘器内都有不同程度的紊流存在，它们的影响有时比静电力大得多。另外还有许多其他的因素没有包括在式（6-12）中，因此，仅作定性分析用。

2）荷电粉尘的捕集

在电除尘器中，荷电极性不同的粉尘在电场力的作用下，分别向不同极性的电极运动。在电晕区和靠近电晕区很近的一部分荷电尘粒与电晕极的极性相反，于是就沉积在电晕极上。但因为电晕区的范围小，所以数量也小。而电晕外区的尘粒，绝大部分带有与电晕极极性相同的电荷，所以，当这些荷电尘粒接近收尘极表面时，使其沉积在极板上而被捕集。尘粒的捕集与许多因素有关，如尘粒的比电阻、介电常数和密度、气体的流速、温度和湿度、电场的伏安特性及收尘极的表面状态等。要从理论上将对每一个因素的影响表达出来是不可能的，因此尘粒在电除尘器的捕集过程，需要根据试验或实践经验来确定各因素的影响。

尘粒在电场中的运动轨迹，主要取决于气流状态和电场的综合影响，气流的状态和性质是确定尘粒被捕集的基础。气流的状态原则上可以是层流或紊流。层流的模式只能在实验室实现。而工业上用的电除尘，都是以不同程度的紊流进行的。层流条件下的尘粒运行轨迹可视为气流速度与驱进速度的矢量和，紊流条件下电场中尘粒运动的途径几乎完全受紊流的支配，只有当尘粒偶然进入库仑力能够起作用的层流边界区内，尘粒才有可能被捕集。这时通过电除尘的尘粒既不可能选择它的运动途径，也不可能选择它进入边界区的地点，很有可能直接通过电除尘器而未进入边界层。在这种情况下，显然尘粒不能被收尘极捕集。因此，尘粒能否被捕集应该说是一个概率问题。

在设计和选择电除尘器时，我们经常使用德意希（Deustch）公式来估算除尘效率，推导此式作了如下假设：①除尘器中气流为紊流状态，气流的紊流和扩散使粉尘得以完全混合，因而在任何断面上的粉尘浓度都是均匀的；②通过除尘器的气流速度除除尘器壁边界层外都是均匀的，同时不影响尘粒的驱进速度；③粉尘进入除尘器后立即完全荷电；④集尘极表面附近尘粒的驱进速度，对于所有粉尘都为一常数，与气流速度相比是很小的；⑤不考虑二次扬尘、反电晕和粉尘凝聚等因素的影响。

经推导得出的德意希公式为：

$$\eta = 1 - e^{\frac{-A}{Q}\omega} = 1 - e^{-f\omega} \tag{6-15}$$

式中，A 为收尘极板面积，m^2；Q 为烟气量，m^3/s；ω 为驱进速度，m/s；f 为比集尘面积，$m^2/（m^3/s）$。

从式（6-15）可以看出，当收尘效率 η 一定时，除尘器集尘板的面积与尘粒的驱进速度 ω 成反比，与处理烟气量 Q 成正比。

由于德意希在推导该公式中作了与实际运行条件出入较大的假设，因此该经验公式不能完全作为实际设计使用的公式，但它是分析、评价和比较电除尘器的理论基础。

4. 电极上沉积物的清除

荷电粉尘到达电极后，在电场力和介质阻力的作用下附集在电极上形成一定厚度的粉尘层，电晕极和集尘极上都会有粉尘沉积。沉积在电晕极上的粉尘会影响电晕电流的大小与均匀性，一般采用振打的方式清除电晕极上的粉尘。从集尘极上清除已沉积的粉尘的主要目的是防止粉尘重新进入气流，即粉尘的二次飞扬。粉尘的二次飞扬会影响除尘效率，为减轻其影响，除了设计有利于克服二次飞扬的集尘极结构外，选取一个合理的振打方案，即振打强度与频率等也很重要。目前，为克服二次扬尘还采用了湿式洗涤清灰的方式。

干式振打清灰是目前大多数静电除尘器采用的清灰方式，它是指静电除尘器在干燥状态下捕集烟气中的粉尘，沉积在集尘极板上的粉尘借助机械振打、电磁振打等方式清灰。这种清灰方式有利于回收有价值粉尘，但是容易使粉尘二次飞扬，降低除尘效率。

湿式洗涤清灰是指采用水喷淋溢流或其他方法在收尘极表面形成一层水膜，使沉积在集尘极板上的粉尘和水一起流到除尘器的下部排出的清灰方式。这种清灰方式不存在粉尘二次飞扬的问题，但是极板清灰排出的水会产生二次污染，且容易腐蚀设备。

6.2.3　静电除尘器的分类

1. 按电极的清灰方式分类

按电极的清灰方式，电除尘器分为干式电除尘器、湿式电除尘器、雾状粒子捕集器和半湿式电除尘器等。

（1）干式电除尘器：在干燥状态下捕集烟气中的粉尘，然后借助机械振打清灰的除尘器称为干式电除尘器。现在大多数除尘器都采用干式电除尘。该除尘方式容易产生粉尘的二次飞扬，设计时应给予考虑。

（2）湿式电除尘器：采用水喷淋或其他方法使除尘极表面形成水膜，靠水膜流动将粉尘从除尘器下部带出，采用该清灰方法的电除尘器称为湿式电除尘器。该除尘器在极板清灰时排出水会造成二次污染。

（3）雾状粒子电捕集器：该电除尘器属于湿式电除尘器的范畴，主要捕集硫酸雾，焦油雾等化学有机、无机液滴，捕集后呈液态流下并除去。

（4）半湿式电除尘器：高温烟气先经干式除尘室，再经湿式除尘室后经烟囱排出的干、湿混合式电除尘器，也称半湿式电除尘器，湿式除尘室的洗涤水可以循环使用。

2. 按气体在电除尘器内的运动方向分类

按气体在电除尘器内的运动方向，电除尘器分为立式电除尘器和卧式电除尘器。

（1）立式电除尘器：气体在电除尘器内自下而上做垂直运动的电除尘器称为立式电除尘器。

（2）卧式电除尘器：气体在电除尘器内沿水平方向运动的电除尘器称为卧式电除尘器。

立式电除尘器适用于气体流量小，收尘效率要求不高及粉尘性质易于捕集和安装场地较狭窄的情况。卧式电除尘器沿气流方向可分为若干个电场，因此具有以下优点：根据除尘器内的工作状态，各个电场可分别施加不同的电压；可任意增加电场长度；适用于负压操作；可延长排风机的使用寿命等。但其占地面积大，因而采用卧式电除尘器往往要受到场地的限制。

3. 按集尘极的形式分类

按集尘极的形式，电除尘器可分为管式电除尘器和板式电除尘器。

（1）管式电除尘器：集尘极由一根或一组呈圆形、六角形或方形的管子组成，管径为200~300mm，长度3~5m。圆形或星形截面的电晕线安装在管子中心，含尘气体自上而下从管内流过。

（2）板式电除尘器：集尘极由若干块平板组成，考虑粉尘的二次飞扬和极板的刚度，将极板轧制成不同的断面形状，电晕极安装在每排集尘极板形成的通道中间。

4. 按粉尘荷电和捕集是否在同一区域进行分类

按粉尘荷电和捕集是否在同一区域进行，分为单区电除尘器和双区电除尘器。

（1）单区电除尘器：粉尘荷电和捕集在同一区域内完成，集尘板和电晕极安装在同一区域内的电除尘装置称单区电除尘器。

（2）双区电除尘器：粉尘荷电和捕集不在同一区域内完成，除尘系统和电晕系统分别装在两个不同的区域内。前区内安装电晕极和阳极板，该区实现粉尘荷电为电离区，后区内安装收尘极和阴极板，该区完成粉尘的捕集为收尘区。由于电离区和收尘区分开，称为双区除尘器。

5. 按振打方式分类

按振打方式分为侧部振打电除尘器和顶部振打电除尘器。

（1）侧部振打电除尘器：振打装置设置于除尘器的阴极或阳极的侧部，称为侧部振打电除尘器，为挠臂锤振打，在振打轴的360°上均匀布置各锤头，振打力的传递与粉尘下落方向成一定夹角。

（2）顶部振打电除尘器：振打整置设置于除尘器的阴极或阳极的顶部，称为顶部振打电除尘器，为顶部电磁振打。

综上所述，电除尘器的类型很多，在燃煤电厂中目前多采用干式/湿式、板式、单区、卧式，侧部/顶部振打电除尘器。

6.2.4　静电除尘器的主要结构部件

图 6-5 为静电除尘器外观图。在工业电除尘器中，最广泛采用的是卧式的板式静电除尘器，如图 6-6 所示。它是由本体和供电电源两部分组成的。本体部分由内件、支撑部件和辅助部件三大部分组成。内件部分包括阳极系统、阳极振打、阴极系统、阴极振打四大部件，这是静电除尘器的核心部件。支撑部件包括壳体、顶盖、灰斗、灰斗挡风、进出口封头、低梁、气流均分布装置等。辅助部件包括走梯平台、顶部支架、灰斗电加热、灰斗料位计等。下面介绍除尘器的主要部件。

图 6-5　静电除尘器结构图

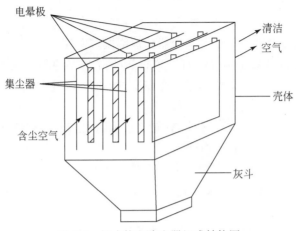

图 6-6　板式静电除尘器组成结构图

1. 集尘极

1）对集尘极板的基本要求

对集尘极板的基本要求是：①板面场强分布和板面电流分布要尽可能均匀；②防止二次扬尘的性能好，即在气流速度较高或振打清灰时产生的二次扬尘少；③振打性能好，即在较小的振打力作用下，板面各点能获得足够的振打加速度，且分布较均匀；④机械强度好（主要是刚度）、耐高温和耐腐蚀，因为具有足够的刚度才能保证极板间距及极板与极线的间距的准确性；⑤容纳粉尘量大，消耗钢材少，加工及安装精度高。

2）集尘极板的结构形式

极板用厚度为 1.2～2.0mm 的钢板在专用轧机上轧制而成，为了增大容纳粉尘量，通常将集尘极做成各种断面形状。极板高度一般为 2～15m。每个电场的有效电场长度通常为 3～4.5m，由多块极板拼装而成。常规静电除尘器的集尘极板的间距通常采用 300mm。国内外研究结果表明：加大极板间距，增大了绝缘距离，可以抑制电场火花放电；同时可以提高电除尘器的工作电压，增大粉尘的驱进速度；另外，还可使电极板面积相应减小。因此采用宽间距电除尘器，其极板间距一般为 400～1000mm，又因该除尘器采用较高的工作电压，故被称为宽间距超高压静电除尘器。

2. 电晕极

1）对电晕极的基本要求

对电晕极（也称放电极）的基本要求是：①放电性能好，即起晕电压低、击穿电压高、电晕电流强；②机械强度高、耐腐蚀、耐高温、不易断线；③清灰性能好，即振打时，粉尘易于脱落，不产生结瘤和肥大现象。

2）电晕极的结构形式

电晕极的形式很多，常见的形式如图6-7所示，主要包括圆形、星形、锯齿形和芒刺式。

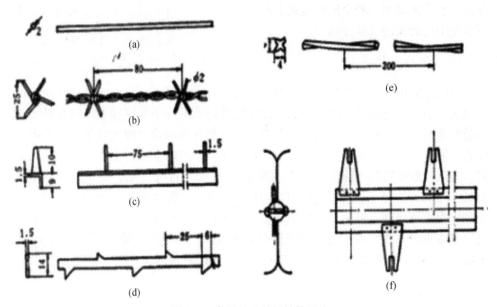

图 6-7　常见的电晕极结构形式

（a）圆形线；（b）针刺线；（c）角钢芒刺；（d）锯齿线；（e）扭麻花星形线；（f）R-S线

3. 振打清灰装置

为保证除尘效率，必须将极板、极线上的积灰清除干净。通常采用振打方式清灰，常用的振打装置有电动机械式、压气振打式和电磁振打式三种。其中捶击、振打装置是应用最广、清灰效果较好的一种。

1）电动机械式

电动机械式振打装置结构简单，维护也较容易。该装置是电除尘器内唯一的运动部件，虽然它工作条件恶劣，但由于转速甚低，约2min才转动一次，所以不会因磨损或变形而频繁地更换。其主要缺点是一旦振打锤头安装就绪，振打力就不易调整。

2）压气振打式

压气振打可通过减压阀改变进气压力来实现，振打周期可用定时断电器的开闭电磁阀控制供气量来调节。对于电晕电极的清灰，通常只采用顶部振打的方式。通过改变空气压力、振打时间、清灰间歇时间，可对振打力及振打周期进行控制。

3）电磁振打式

电磁式振打装置通常只设置在电除尘器的顶部，可用来振打收尘极，也可用来振打放电极，可通过调节电能对振打力或频率加以控制。

振打方式会影响静电除尘器的除尘效率，选取一种合理的振打方式很重要。理论和实践都证明，粉尘层在电极上形成一定厚度后再振打，让粉尘成块状下落可避免引起较大的二次飞扬。

4. 气流分布装置

电除尘器中气流分布的均匀性对除尘效率有较大影响。除尘效率与气流速度成反比，当气流速度分布不均匀时，流速低处增加的除尘效率远不足以弥补流速高处效率的下降，因而总的效率是下降的。气流分布的均匀程度与除尘器进出口的管道形式及气流分布装置的结构有密切关系。在电除尘器的安装位置不受限制时，气流经渐扩管进入除尘器，然后再经 1 ~ 2 块平行的气流分布板进入除尘器电场。在这种情况下，气流分布的均匀程度取决于扩散角和分布板结构。除尘器安装位置受到限制，需要采用直角入口时，可在气流转弯处加设导流叶片，然后再经分布板进入除尘器。气流分布板有多种型式，常用的是圆孔形气流分布板，采用 3 ~ 5mm 钢板制作，孔径为 40 ~ 60mm，开孔率为 50% ~ 65%。

5. 供电装置

供电装置包括三部分：

（1）升压变压器，它是将工频 380V 或 220V 交流电压升到除尘器所需的高电压，通常工作电压为 70 ~ 100kV。若采用宽间距静电除尘器，要求的电压也相应增高。

（2）整流器，它将高压交流电变为直流电，目前都采用半导体硅整流器。

（3）控制装置，电除尘器中烟气的温度、湿度、烟气量、烟气成分及含尘浓度等工况条件是经常变化的，这些变化直接影响到电压、电流的稳定性。因而要求供电装置随着烟气工况的改变而自动调整电压的高低，即实现自动调压，使工作电压始终在接近击穿电压下工作，从而保证除尘器的高效稳定运行。目前采用的自动调压的方式有火花频率控制、火花积分值控制、平均电压控制、定电流控制等。

6.2.5 影响电除尘器性能的主要因素

影响电除尘器性能的因素很多，可以大致归纳为如下四大类。

（1）粉尘特性：主要包括粉尘的粒径分布、真密度和堆积密度、黏附性和比电阻等。

（2）烟气性质：主要包括烟气温度、压力、成分、湿度、流速和含尘浓度等。

（3）设备状况及结构因素：主要包括电除尘器型号的选取、极配形式、清灰振打方式及电晕线的几何形状、直径、数量和线间距，收尘极的形式、极板断面形状、极间距、极板面积、电场数、电场长度、供电方式、气流分布装置、外壳严密程度、灰斗形式和出灰口锁风装置等。

（4）操作因素：主要包括伏安特性、漏风率、气流短路、二次飞扬和电晕线肥大等。

6.3　袋式除尘器

袋式除尘器是一种高效干式除尘器，它主要是利用纤维滤袋表面上形成的粉尘层来捕集含尘气体中固体颗粒物的除尘装置。袋式除尘器的优点主要有：①结构简单、造价低，投资低于电除尘器；②除尘效率高达99%以上，对于某些比电阻范围的粉尘，除尘效率高于电除尘器，对于粉尘中的细微颗粒，如可吸入颗粒物，有更好的除尘效果；③运行稳定，不受烟气量波动影响，不受粉尘比电阻值限制，受粉尘物性的影响较小；④适应性强，处理能力较大，维护操作方便。因此，袋式除尘器备受青睐，占各类除尘器总量的60%～70%。其缺点是：①体积和占地面积较大；②本体压力损失较大；③对滤袋质量有严格的要求，滤袋破损率高，使用寿命短、运行费用较高；④在处理低硫煤烟气时对潮解、黏性粉尘脱除效率不如湿式除尘器高。

近40年来，由于新的合成纤维滤料的出现，清灰方法的改进及自动控制和检测装置的使用，袋式除尘器得到了迅速发展，目前袋式除尘器已成为各类高效除尘设备中最富竞争力的一种除尘设备。

6.3.1　袋式除尘器的基本原理

简单的袋式除尘器如图6-8所示，含尘气流从下部进入圆筒形滤袋，在通过滤料的孔隙时，粉尘被滤料阻留下来，透过滤料的清洁气流由排出口排出。沉积于滤料上的粉尘层，在机械振动的作用下从滤料表面脱落下来，落入灰斗中。

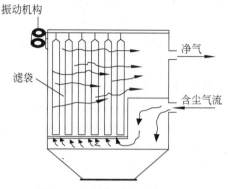

图 6-8　机械振动袋式除尘器

　　袋式除尘器的滤尘机制包括筛分、惯性碰撞、拦截、扩散、静电及重力作用等。筛分作用是袋式除尘器的主要滤尘机制之一。当粉尘粒径大于滤料中纤维间孔隙或滤料上沉积的粉尘间的孔隙时，粉尘即被筛滤下来。通常的织物滤布，由于纤维间的孔隙远大于粉尘粒径，所以刚开始过滤时，筛分作用很小，主要是纤维滤尘机制——惯性碰撞、拦截、扩散和静电作用。但是当滤布上逐渐形成了一层粉尘黏附层后，则碰撞、扩散等作用变得很小，而是主要靠筛分作用。一般粉尘或滤料可能带有电荷，当两者带有异性电荷时，则静电吸引作用显现出来，使滤尘效率提高，但却使清灰变得困难。重力作用则只是对相当大的粒子才起作用。惯性碰撞、拦截及扩散作用则随纤维直径和滤料的孔隙减小而增大，所以滤料的纤维越细、越密实，滤尘效果越好。

　　袋式除尘器的过滤包括表面过滤和内部过滤，示意图如图 6-9 所示。

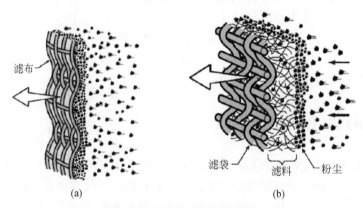

图 6-9　过滤除尘原理示意图

(a) 表面过滤；(b) 内部过滤

6.3.2 袋式除尘器的分类

1. 按滤袋断面形状分类

袋式除尘器的形式多种多样。从滤袋断面形状上分，有圆筒形和扁平形滤袋两种。圆袋直径一般为 120～300mm，最大不超过 600mm，滤袋长度一般为 2～6m，有的达 12m 以上。径长比一般为 16～40，其取值与清灰方式有关。扁袋的断面形状有楔形、梯形和矩形等形状，它的特点是单位容积内布置的过滤面积大，占地小，因而在燃煤电厂中应用广泛。对于大中型袋式除尘器，一般都分成若干室，每室袋数少则 8～15 只，多则达 200 只，每台除尘器的室数，少则 3～4室，多则达 16 室以上。

2. 按含尘气流通过滤袋的方向分类

按含尘气流通过滤袋的方向分，有内滤式和外滤式两类。内滤式指含尘气流先进入滤袋内部，粉尘被阻留在袋内侧，净气透过滤料逸到袋外侧排出；反之，为外滤式。外滤式的滤袋内部通常设有支撑骨架（袋笼），滤袋易磨损，维修困难。

3. 按进气口布置位置分类

除尘器的进气口布置有上进气和下进气两种方式。现在用得较多的是下进气方式，它具有气流稳定、滤袋安装调节容易等优点，但气流方向与粉尘下落方向相反，清灰后会使细粉尘重新积附于滤袋上，清灰效果变差，压力损失增大。上进气形式可以避免上述缺点，但由于增设了上花板和上部进气分配室，使除尘器高度增大，滤袋安装调节较复杂，上花板易积灰。

4. 按除尘器内气体压力分类

按除尘器内气体压力分类有正压式和负压式两类。正压式袋式除尘器的特点是外壳结构简单、轻便，严密性要求不高，甚至在处理常温无毒气体时可以完全敞开，只需保护滤袋不受风吹雨淋即可，使得造价减小，且布置紧凑，维修方便，但风机易受磨损。负压式袋式除尘器的突出优点是可使风机免受粉尘的磨损，但对外壳的结构强度和严密性要求高。

5. 按清灰方式分类

袋式除尘器的效率、压力损失、滤速及滤袋寿命等皆与清灰方式有关，故实际中多数按清灰方式对袋式除尘器进行分类和命名。有简易清灰式、机械振动清灰式、逆气流清灰式、逆气流机械振动复合清灰式、气环反吹风式和脉冲喷吹式等六种方式，其中四种典型清灰机制如图6-10所示。

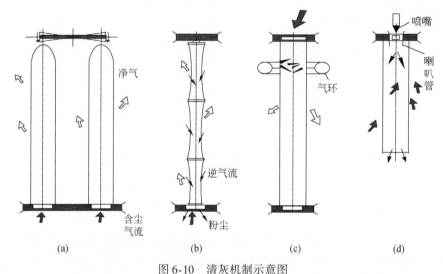

图6-10　清灰机制示意图

（a）机械振动式；（b）逆气流清灰式；（c）气环反吹风式；（d）脉冲喷吹式

　　机械振动式、逆气流清灰式和逆气流机械振动式，皆属于间歇清灰方式，即除尘器被分隔成若干个室，清灰时逐室切断气路，顺次对各室进行清灰。这种间歇清灰方式没有伴随清灰而产生的粉尘外逸现象，可获得较高的除尘效率。

　　气环反吹式和脉冲喷吹式，属连续清灰方式，清灰时不切断气路，连续不断地对滤袋的一部分进行清灰。这种连续清灰方式，由于其压力损失稳定，适于处理含尘浓度高的气体。

6.3.3　常用袋式除尘器的结构

1. 脉冲喷吹袋式除尘器

　　脉冲喷吹袋式除尘器的滤尘过程大致为：含尘气体由下锥体引入脉冲喷吹袋式除尘器，粉尘阻留在滤袋外表面上，透过滤袋的净气经文丘里管进入上箱体，从出气管排出。清灰过程是：由控制仪定期顺序触发各排气阀，使脉冲阀背压室与大气相通（泄气），脉冲阀开启，则气包中的压缩空气通过脉冲阀经喷吹管上的小孔喷出（一次风），通过文丘里管诱导数倍（约一次风的5~7倍）周围空气（二次风）吹进滤袋，造成滤袋急剧膨胀振动，加之气流的反方向作用，使积附在滤袋外表面上的粉尘层脱落。压缩空气的喷吹压力为 500 ~ 700kPa，脉冲时间（或喷吹时间）为 0.1 ~ 0.2s，脉冲周期（喷吹周期）一般为 60 ~ 180s。其结构如图 6-11 所示。

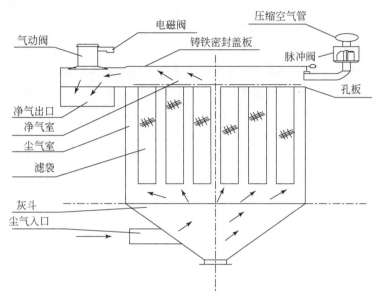

图 6-11　脉冲喷吹袋式除尘器的结构

1）袋笼和滤袋

袋笼是袋式除尘器的重要部件之一。脉冲袋式除尘器的袋笼，也称框架或骨架；内滤反吹风袋式除尘器设防瘪环。滤袋框架的作用是支撑滤袋，使之在过滤及清灰状态下张紧并保持一定形状，尽量减少受折损伤。脉冲袋式除尘器袋笼的纵向根数，因滤袋直径及材质的相异而有不同的要求。滤袋在除尘器中具有核心作用。脉冲袋式除尘器滤袋直径为 125 ~ 180mm，长度为 2 ~ 10m，材质有天然纤维、化学纤维和无机纤维。使用寿命一般为 1 ~ 5 年。

2）箱体

脉冲袋式除尘器的箱体分为滤袋室和洁净室两大部分，两室由花板隔开。在箱体设计中主要确定壁板和花板，壁板设计要进行详细的结构计算，花板设计除了参考同类产品外基本是凭设计者的经验。

花板是指开有大小相同安装滤袋孔又能分隔上箱体和中箱体的钢隔板。在花板设计中主要是考虑布置滤袋孔的距离，该间距与袋径、袋长、粉尘性质、过滤速度等因素有关。在设计时滤袋与滤袋之间距离不能太靠近，否则不仅会使滤袋底部相互碰撞磨损，还会令箱体内气流上升速度太快，导致烟气排放量增加，滤料的局部过滤负荷太高和清灰力度不足。

3）灰斗

除尘器的箱体下部连接灰斗，用以收集清灰时从滤袋落下的粉尘及进入除尘器的气体中直接落入灰斗的粉尘。因为灰斗中的粉尘需要排出，所以灰斗要逐渐收缩，四壁是便于粉尘向下流动的斜坡，下端形成出口。灰斗有两种形式：一种是锥式灰斗，一种是槽式（船形）灰斗。

4）脉冲喷吹系统

脉冲喷吹系统由控制仪、控制阀、脉冲阀、喷吹管及压缩空气包等组成。

脉冲阀是控制系统的执行机构，其结构如图 6-12 所示。脉冲阀的前气室接气包，喷吹室接喷吹管，后气室（背压室）接控制阀。由波纹膜片将室隔开，前后室由节流孔沟通，弹簧压着波纹膜片挡住喷吹口。脉冲阀的工作原理是：当控制仪无信号发来时，控制阀和脉冲阀皆处于封闭状态，两室气压相等。由于波纹膜片前后在后室的受压面积大于在前室的受压面积，加上复位弹簧的压力，使波纹膜片封住喷吹口。当控制仪发来信号时，控制阀和后气室与大气相通而迅速泄压，前气室压力大于后气室压力，波纹膜片移向后气室，打开喷吹口，压缩空气从气包经前气室和喷吹室通过喷吹管喷向滤袋。信号消失后，控制阀关闭，后气室停止排气，重新充气并回升至气源的压力，膜片重新封闭喷吹口，脉冲阀关闭，喷吹即行停止。每个脉冲阀接一根喷吹管，其上有六个对准文丘里管轴线的喷吹孔，同时喷吹六只滤袋。

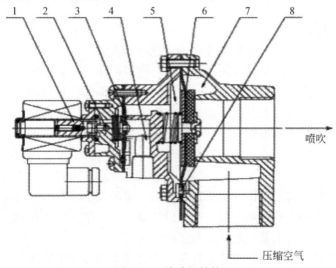

图 6-12　脉冲阀结构

1. 衔铁；2. 放气孔；3. 照片；4. 放气孔；5. 后气室；6. 膜片组件；7. 前气室；8. 节流孔

脉冲控制仪是向控制阀发出脉冲信号的装置。通过脉冲控制仪可以调节喷吹周期和喷吹时间，因此控制仪是脉冲喷吹袋式除尘器的关键设备，它直接影响着除尘器的清灰效果和正常工作。目前使用的脉冲控制仪主要有无触点电动脉冲控制仪（即电控）、气动脉冲控制仪（即气控）和机械脉冲控制仪（即机控）三种。从使用情况看，以无触点电动脉冲控制仪居多。

2. 分室定位反吹袋式除尘器

分室定位反吹风袋式除尘器是利用逆流气体从滤袋上清除粉尘的袋式除尘装置。通常进风口吹风，出风口吸风保证气流流畅通过达到过滤除尘的目的。其结构如图 6-13 所示。含尘气体首先进入除尘器进气烟箱，经三层多孔式气流分布板均匀分布；然后含尘气体进入尘气室，经滤袋过滤，粉尘被阻挡在滤袋的外表面。被过滤后的气体穿过滤袋，由净气室的出风口排出，被捕集的粉尘附着在滤袋外侧。随着过滤时间的增加，被阻滞在滤袋外表面的粉尘量逐渐增加，粉尘层不断加厚，阻力加大，当阻力增大到设定值时，差压仪输出启动信号，指令分室定位反吹机构清灰系统启动，使加压净化后的气体，经过反吹清灰机构，将被沉积在滤袋外表面的粉尘同滤袋分离而实现除去烟尘的目的。

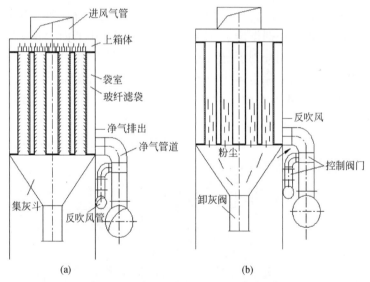

图 6-13　反吹风袋式除尘器工作原理图

（a）工作状态；（b）清灰状态

分室定位反吹风袋式除尘器的优点：

（1）将分室反吹风内滤圆袋除尘器和回转反吹风外滤扁袋除尘器二者有机结合在一起，扬其外滤、扁形、长袋、回转切换、分室反吹之长，避其内滤、多阀门切换之短，提高综合除尘性能。

（2）除尘布袋呈扁长形、行列式排列，结构紧凑。气流段进端口，袋间流道通畅，气流分布均匀平稳，结构阻力低。

（3）除尘袋笼采用细密钢丝制作，网状、多节挂接，自重张紧。清灰时除尘布袋变形小，尘以片状剥离，适宜选用耐高温氟美斯针刺毡滤料。

（4）采用回转切换循环反吹风清灰装置，在锅炉正常负荷的条件下，完全可以利用主引风机资用压差，实现分室定位反吹清灰，清灰机构简单、可靠。

3. 预涂层袋式除尘器

在袋式除尘器的滤袋上添加预涂层（助滤剂）来捕集污染物的除尘器称为预涂层袋式除尘器。

传统的袋式除尘器难于处理黏着性、固着性强的粉尘，不能同时脱除含尘气体中的焦油成分、油成分、硫酸雾等污染物，否则滤袋上就会出现硬壳般的结块，导致滤袋堵塞，使袋式除尘器失效。用它来处理低浓度含尘气体时，除尘效率也不高。1962 年美国一家公司在玻璃纤维上添加预涂层（助滤剂为煅烧白云石）来捕集锅炉烟气中冷凝的 SO_3 液滴（H_2SO_4）获得成功，1973 年吉路德又提出在铝工业中用加预涂层的滤料来捕集油雾的报告。这充分说明，在袋式除尘器的滤袋上添加恰当的助滤剂作预涂层能够同时除脱气体中的固、液、气三相污染物，为袋式除尘器的应用开创了新的途径。

预涂层袋式除尘器的除尘系统如图 6-14 所示，它由预除尘器、助滤剂自动给料装置、预涂层袋式除尘器（滤袋为圆筒开放型，安装在上部和下部花板上）、排风机和消声装置等组成。预除尘器内装有金属纤维状填充层，用以除去粗粉尘，并起阻火器作用。在起始含尘浓度较低和没有火星进入预涂层袋式除尘器的情况下，可以不设置预除尘器。

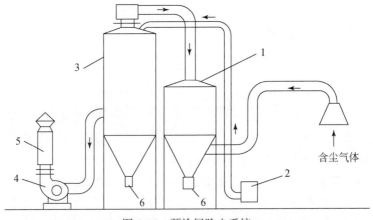

图 6-14　预涂层除尘系统

1. 预除尘器；2. 助滤剂自动给料装置；3. 预涂层袋式除尘器；4. 排风机；5. 消声装置；6. 排灰阀

　　预涂层袋式除尘器与传统的袋式除尘器的主要不同之处，是配有助滤剂自动给料装置。在进行过滤前，由助滤剂给料装置自动把助滤剂预涂在滤袋内表面上，使滤袋内表面形成性能良好的预涂层。预涂层由助滤剂附着层和助滤剂过滤层组成，如图 6-15 所示。

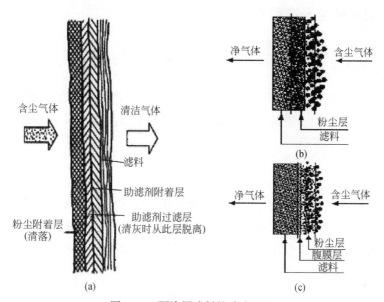

图 6-15　预涂层滤料的滤尘过程

（a）预涂层过滤层组成及作用；（b）滤料过滤的动态；（c）腹膜滤料过滤的动态

　　过滤时，带有气、液相污染物的含尘气体先进入预除尘器，除去粗粉尘，未被捕集的粉尘随气流进入预涂层袋式除尘器的滤袋室，通过滤袋时，粉尘被阻留在滤袋内，净化后的气体经风机排入大气中。随着粉尘在滤袋上的积聚，粉尘附着层逐渐增厚，除尘器阻力也相应增加。当阻力达到规定数值时，反吹风机构和振动器同时动作，对滤袋进行反吹清灰，将粉尘附着层和阻滤剂过滤层一起清落下来。清灰后，助滤剂自动给料装置重新进行添加作业，添加时间可由定时器控制。由于除尘器是多室结构，所以各室可按确定的程序进行添加作业和实现过滤与清灰过程。

　　预涂层袋式除尘器有以下几个特点：

　　（1）由于助滤剂的作用，预涂层袋式除尘器能净化传统的袋式除尘器所不能净化的含有焦油成分、油成分、硫酸雾、氟化物和露点以下的含尘气体，对黏着性、固着性强的粉尘也比较容易处理。

　　（2）由于助滤剂起着保护滤料表面的作用，故滤袋的使用寿命可以延长。

　　（3）可以作为空气过滤器，用于净化精密机器装配车间、电气室、制药厂、净化室，大型空压机进口的低浓度含尘空气。

虽然预涂层袋式除尘器和助滤剂在捕集某些气、液相污染物上已确认有效，但都是对特定的污染物和特定的工艺过程中取得的实践经验，对其他污染物和工艺过程是否适用还有待进一步研究和探讨。

6.3.4　袋式除尘器选用考虑的因素

1. 处理风量

袋式除尘器的处理风量必须满足系统设计风量的要求，并考虑管道漏风系数。系统风量波动时，应按最高风量选用袋式除尘器；高温烟气应按烟气温度折算工况风量来选择袋式除尘器。

2. 使用温度

袋式除尘器的使用温度受最高温度和最低温度两个条件的制约。对于高温尘源，应考虑滤料材质所允许的长期使用温度和短期最高使用温度，一般应按长期使用温度选取，将含尘气体冷却至滤料能承受温度以下；此外，由于高温烟气中往往含有大量 H_2O 和 SO_x，鉴于 SO_x 的酸露点较高，因此为防止结露，除尘器内的烟气温度所允许的最低限值一般应高于露点 $15 \sim 20℃$；在净化温度接近露点的高温气体时，应以间接加热或混入高温气体等方法降低气体的相对湿度，以防结露，影响袋式除尘器的使用。

3. 气体的组成

一般情况下，可按照处理空气来选用袋式除尘器。但在处理含水量较高、可燃性、腐蚀性及有毒性气体时，必须考虑气体的化学成分。

对于可燃性气体，如一氧化碳等，当其与氧共存时，有可能形成爆炸性混合物。若不在爆炸界限之内，可直接使用袋式除尘器，但应采用气密性高的除尘器，并采取防爆措施及选用电阻低的滤料。若达到爆炸界限，则应在进入除尘器前设置辅助燃烧器，待气体完全燃烧并经冷却后，才能进入袋式除尘器。

对于腐蚀性气体，如硫氧化物、氯及氯化氢、氟及氟化氢、磷酸气体等，需根据腐蚀气体的种类选择滤料、壳体材质及防腐方法等。

4. 烟气含尘浓度

烟气的入口含尘浓度对袋式除尘器的压力损失、清灰周期、滤料和箱体的磨损及排灰装置的能力等均有较大影响，浓度过大时应设预除尘装置。

5. 粉尘特性

（1）附着性和凝聚性，这一属性对袋式除尘器的清灰效果和除尘效果有较大影响。

（2）粒径分布，粉尘中的细微部分所占比例对于袋式除尘器的除尘效果和压力损失影响较突出。

（3）粒子形状，通常在过滤特殊形状的粉尘时，才考虑此因素。例如，纤维性粉尘，因容易凝聚成絮状物而难以被清离滤袋，因而袋式除尘器应采用外滤式，适当降低过滤风速，并采用特殊清灰措施。

（4）粒子的密度，堆积密度直接影响卸灰装置的能力，粉尘堆积密度越小，清灰便越困难，因而必须适当降低过滤风速。

（5）吸湿性和潮解性，具有较强吸湿性和潮解性的粉尘，极易在滤袋表面吸湿固化或潮解成稠状物，致使袋式除尘器压力损失增大不能工作。在过滤这些粉尘时，必须采取加热、保温措施。

（6）磨琢性，磨琢性强的粉尘是指硬度高且粒度粗的粉尘，它们容易磨损滤袋和壳体等，应设法防止或减轻其危害。

（7）带电性，容易带电的粉尘常使清灰困难，因而选择过滤风速必须适当。若粉尘可能因静电发生的火花而引起爆炸，则应采取防静电措施。

另外，可燃性、爆炸性粉尘应采取防火防爆措施。

6. 设备阻力

每一类袋式除尘器都有相应的阻力范围，选用时要根据风机能力等因素做适当的变动，并应对过滤风速、清灰周期做相应的调整。

6.3.5　滤尘效率的影响因素

影响袋式除尘器滤尘效率的因素包括粉尘特性、滤料特性、运行参数（主要是粉尘层厚度、压力损失和过滤速度等）及清灰方式和效果等。

1. 滤料的结构及粉尘层厚度

袋式除尘器采用的滤料可以是织物（素布或起绒的绒布），也可以是辊压或针刺的毡子。不同结构的滤料，滤尘过程不同，对滤尘效率的影响也不同。素布中的孔隙存在于经、纬线及纤维之间，后者占全部孔隙的30% ~50%。开始滤尘时，大部分气流从线间网孔通过，只有少部分穿过纤维间的孔隙。其后，由于粗尘粒嵌进线间的网孔，强制通过纤维间的气流逐渐增多，使惯性碰撞和拦截作用逐步增强。由于黏附力的作用，在经、纬线的网孔之间产生了粉尘架桥现象，很快在滤料表面形成了一层所谓粉尘初次黏附层（简称粉尘初层），如图 6-16 所示。由于粉尘粒径一般都比纤维直径小，所以在粉尘初层表面的筛分作用也强烈增强。这样一来，由于滤布表面粉尘初层及随后在其上逐渐沉积的粉尘层的滤尘作用，使滤布成为对粗、细粉尘皆是有效的过滤材料，滤尘效率显著提高。

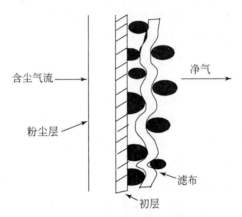

图 6-16　滤布的滤尘过程

袋式除尘器滤尘效率高的原因主要是由于滤料上形成的粉尘层的作用，而滤布则主要起着形成粉尘层和支撑它的骨架的作用。由于袋式除尘器是把沉积在滤料表面上的粉尘层作为过滤层的一种过滤式除尘装置，所以为控制一定的压力损失而进行清灰时，应保留住粉尘初层，而不应清灰过度，否则会引起效率显著下降，滤料损伤加快。图 6-17 为同一种滤料在不同状况下的分级效率曲线。

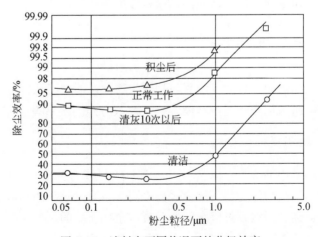

图 6-17　滤料在不同状况下的分级效率

由图可以看出，清洁滤料（新的或清洗后的滤料）的滤尘效率最低，积尘后最高，清灰后有所降低。还可以看出，对粒径为 $0.2 \sim 0.4 \mu m$ 的粉尘，在不同状况下的过滤效率都最低。这是因为这一粒径范围的尘粒正处于惯性碰撞和拉截作用范围的下限、扩散作用范围的上限。

不同结构的滤料在清灰后的效率降低值也是各不相同的。素布结构的滤料，清灰后粉尘层受到破坏，沉积的粉尘层呈片状脱落，过滤效率显著下降。绒布滤料因绒毛间能保留着部分永久性容尘，所以清灰后效率下降不是很大。而毛毡滤料，由于其永久性容尘量大，所以即使清灰过度，对效率影响也不是很大。

2. 过滤速度

袋式除尘器的过滤速度 v 是指气体通过滤料的平均速度（m/min）。可用下式表示：

$$v = \frac{Q}{60A} \tag{6-16}$$

式中，Q 为通过滤料的气体流量，m^3/h；A 为滤料总面积，m^2。

工程上也用比负荷 q_f 的概念，它是指每平方米滤料每小时所过滤的气体量（m^3），其单位是 $m^3/(m^2 \cdot h)$，因此

$$q_f = \frac{Q}{A} \tag{6-17}$$

过滤速度 v（或比负荷 q_f）是代表袋式除尘器处理气体能力的重要技术经济指标。过滤速度对滤尘效率的影响是很显著的。一些实验表明，过滤速度增大 1 倍，粉尘通过率可能增大 2 倍甚至 4 倍以上。所以通常总是希望过滤速度选得低一些。当过滤速度提高时，将加剧尘粒以三条途径对滤料的穿透，即直通、压出

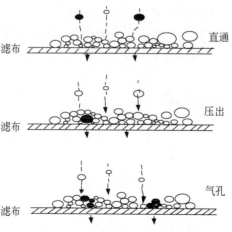

图 6-18　粉尘透过滤布的机理

和气孔，因而降低除尘效率（图6-18）。

从经济方面考虑，选用的过滤速度低时，处理相同流量的含尘气体所需的滤料面积大，则除尘器的体积、占地面积、耗钢量也大，因而投资大。选用过滤速度高，又会使除尘器的压力损失增大，耗电量增加，滤料损伤增加，因而运行费用高。

实际运行过程中织物滤布的过滤速度为 $0.5 \sim 2 \mathrm{m/min}$，毛毡滤料为 $1 \sim 5$ $\mathrm{m/min}$。过滤速度的选择要综合考虑经济性和对滤尘效率的要求等多方面因素。

3. 粉尘特性

在粉尘特性中，影响袋式除尘器除尘效率的主要是粉尘的粒径。对于 $0.1 \mu \mathrm{m}$ 的尘粒，其分级除尘效率可达 95%。在大小不等的尘粒中，以粒径 $0.2 \sim 0.4 \mu \mathrm{m}$ 尘粒的分级效率最低，无论清洁滤料或积尘后的滤料皆大致相同。这是由于这一粒径范围的尘粒处于几种除尘效率低值的区域所致。尘粒携带的静电荷也影响袋式除尘器的除尘效率。粉尘荷电越多，除尘效率就越高。现已有技术利用这一特性，在滤料上游使尘粒荷电，从而对 $1.6 \mu \mathrm{m}$ 尘粒的捕集效率达至 99.99%。

4. 清灰方式

袋式除尘器滤料的清灰方式也是影响其滤尘效率的重要因素。如前所述，滤料刚清灰后的滤尘效率是较低的，随着粉尘层厚度增加、过滤时间增长，效率迅速上升。当粉尘层达到一定厚度，再进一步增加时，效率几乎保持不变。清灰方式不同，清灰时逸散粉尘量不同，清灰后残留粉尘量也不同，因而除尘器排尘浓度也不同。此外，对于同一清灰方式，如机械振动清灰方式，在振动频率不变时，振幅增大将使排尘浓度显著增大；但改变频率，振幅不变时，排尘浓度却基本不变。实际应用的袋式除尘器的排尘浓度取决于同时清灰的滤袋占滤袋总数的比例，气流在全部滤袋中的分配及清灰参数等。

6.3.6　压力损失及影响因素

1. 袋式除尘器的压力损失

袋式除尘器的压力损失，即设备阻力，决定它的能耗，还决定除尘效率和清灰的时间间隔。袋式除尘器的压力损失与它的结构形式、滤料特性、过滤速度、粉尘浓度、清灰方式、气体温度及气体黏度等因素有关。它基本上由三部分组成。

$$\Delta p = \Delta p_c + \Delta p_0 + \Delta p_d \tag{6-18}$$

式中，Δp 为袋式除尘器设备阻力，Pa；Δp_c 为除尘器结构阻力，Pa；Δp_0 为清洁滤料的阻力，Pa；ΔP_d 为滤料上附着粉尘的阻力，Pa。

除尘器结构阻力 Δp_c，是指气体通过入口、出口及除尘器内部的挡板、引射器等产生的阻力。正常情况下，这部分阻力一般为 200 ~ 500Pa。

清洁滤料的阻力 Δp_0，是指滤料未附着粉尘时的阻力。该项阻力较小。气体在滤料中的流动属于层流，清洁滤料的压力损失可用下式表示：

$$\Delta p_0 = \zeta_0 \mu v \tag{6-19}$$

式中，ζ_0 为滤料的阻力系数，1/m；μ 为气体的动力黏度，kg/(m·s)；v 为过滤速度，m/s。

清洁滤料的阻力也常以透气率表示。透气率是指压差 124.5Pa 时，滤料对大气的过滤速度（cm/s）。

滤料上粉尘层的阻力 ΔP_d，是指滤料上附着的粉尘所产生的阻力，可用下式表示：

$$\Delta p_d = \zeta_d \mu v = am\mu v \tag{6-20}$$

式中，ζ_d 为粉尘层的阻力系数，1/m；a 为粉尘层的比阻力，m/kg；m 为粉尘负荷，kg/m²。

积尘滤料的总阻力 ΔP_f，等于清洁滤料与粉尘层的阻力之和，用下式表示：

$$\Delta p_f = \Delta p_0 + \Delta p_d = (\zeta_0 + \zeta_d)\mu v = (\zeta_0 + am)\mu v \tag{6-21}$$

一般情况下，$\Delta p_0 = 50 \sim 200\text{Pa}$，$\Delta p_d = 500 \sim 2500\text{Pa}$。通常，$a$ 值不是常数，它取决于粉尘堆积负荷 m、粉尘粒径、粉尘层的空隙率及滤料的特性等。a 一般为 $10^9 \sim 10^{12}$ m/kg。

2. 压力损失的影响因素

1）过滤风速

袋式除尘器的压力损失（ΔP_d）在很大程度上取决于选定的过滤风速，其结构阻力、滤料阻力等都随过滤风速的提高而增加。如图 6-19 所示。

2）粉尘堆积负荷

粉尘堆积负荷（m）对积尘滤料的阻力有决定性的影响，过滤风速 1 ~ 10cm/s 的范围内，四种滤料（1. 长丝滤布；2. 光滑滤布；3. 纺纱滤布；4. 绒布）的平均粉尘层比阻力 a 随粉尘负荷 m 值而变化的曲线如图 6-20 所示。

3）滤料的特性

不同结构滤料的阻力通常有如下关系：长纤维≥短纤维；不起绒≥起绒；纺织≥毡类；布料相对密度大≥相对密度小。

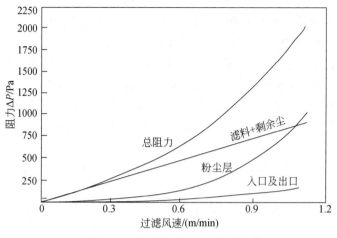

图 6-19　阻力与过滤风速的关系

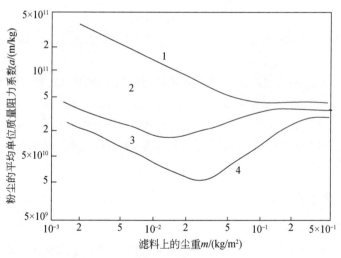

图 6-20　粉尘层比阻力 a 随粉尘负荷 m 值而变化曲线

4）过滤时间

　　工作过程中袋式除尘器的阻力是随时间变化的。随着过滤的进行，附着在滤料上粉尘层逐渐增厚，透过率低，阻力增加。使风机工作风量减小，粉尘穿透量增大，滤料缝隙间的沉积粉尘被抽去，除尘效率降低。此时需清灰并将阻力控制在一定范围之内。设备阻力实际变化如图 6-21 所示。对于分室的袋式除尘器，常用逐室中断过滤进行清灰的方法。此时，总抽风量稍有下降，设备阻力也略有增加。当清灰结束重新恢复滤尘时，由于清灰滤室的阻力已下降，所以袋式除尘器总风量将增加，设备阻力将下降（图6-22）。

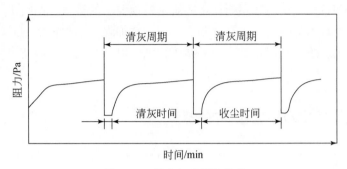

图 6-21 阻力与时间的关系

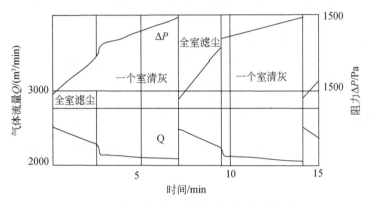

图 6-22 分室袋式除尘器阻力随时间的变化

实际上，滤料清灰后阻力只能降低到清灰前的 20% ~ 80%，而不能恢复到新滤料状态，这是因为滤料上含残存初次粉尘层。而且残存初次粉尘层的量会随使用时间推移而增加。一般情况下袋式除尘器的压力损失在刚使用时增加较快，但经 1 ~ 2 个月便趋于稳定，之后虽有增加但比较缓慢，多数趋于定值。

5）清灰方式

在同样的条件下，采用高能量清灰方式（如脉冲喷吹、气环反吹等）的设备阻力较低，而采用低能量清灰方式（如机械振动、逆气流等）的设备阻力较高。

6.4 新型除尘技术及原理

随着社会发展和人们对环境空气质量要求的日益提高，国家大气环境保护标准也越来越严格，对火电厂大气污染物控制技术的要求也越来越高，相关领域的科研工作者和技术人员也在不断探索能满足各项要求的排放控制技术，主要表现在：①对常规技术的改进与提高及联合运用；②加强对细颗粒物的脱除；③除尘与脱硫、脱硝、脱重金属相结合的一体化技术。以下介绍这三类技术在除尘领域的进展。

6.4.1　团聚技术对细颗粒物的脱除

由于传统的除尘方式难以控制细和超细颗粒物的排放，在传统除尘器前设置预处理阶段使细颗粒物通过物理或化学的作用团聚成较大颗粒后加以清除已成为除尘技术发展的趋势，因而研究细和超细颗粒物团聚具有特别重要的意义。团聚技术原理是利用电场、声场、磁场等外场作用及在烟气中喷入少量化学团聚剂等措施来增进细颗粒物间的有效碰撞接触，促进其团聚长大，或利用过饱和水汽在细颗粒物表面核化凝结并长大等。团聚促进技术主要有电团聚、声团聚、磁团聚、热团聚、湍流边界层团聚、光团聚和化学团聚等。

1. 电团聚

目前国内大多数电厂使用高压静电除尘器，电团聚相对于其他的团聚方式可以更好地与现有的电除尘结合，因此电团聚技术得到了较为全面的研究。电团聚技术通过增加细或超细颗粒物的荷电能力以增加颗粒间的团聚效应，核心是确定电团聚速率的大小，其目的是尽可能提高微细尘粒的团聚速度，使微细尘粒在较短时间内尽可能地团聚而使其粒径增大，有利于捕集。

目前常见的团聚装置有两种，一种是三区式电团聚除尘器，如图6-23所示。三区分别是荷电区、团聚区和收尘区，在交变电场中，微细颗粒的团聚效果比未加电场时大大加强，荷电粒子在交变电场力的作用下往复振动，增加了粒子间相互碰撞的机会，从而聚集增大，通过团聚区后，亚微米颗粒的质量百分数下降了

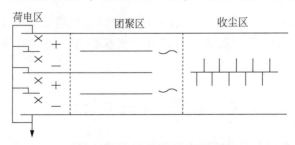

图6-23　三区式电团聚除尘器

20%，粒径增大为入口处的 4 倍。另外一种是双区式电团聚除尘器，如图 6-24 所示。该装置将荷电区和团聚区合并，在该区同时实现荷电和团聚。双区式电团聚可使粉尘反复荷电与团聚，荷电粉尘团聚后，其粒径增大，再次荷电后，电量增加，因此凝并效果好；正、负电晕交替进行，提高了粉尘群正、负荷电量的对称性；无预荷电区，缩短了电场总长度。

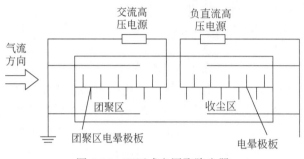

图 6-24　双区式电团聚除尘器

2. 化学团聚

化学团聚是指使用固体吸附剂捕获超细颗粒物的除尘方法，主要通过物理吸附和化学反应相结合的机理来实现。根据化学团聚剂加入位置的不同，可分为燃烧中化学团聚和燃烧后化学团聚。燃烧中化学团聚是指在燃烧室中高温条件下能够稳定存在的吸附剂通过气态细颗粒物前驱物提供凝结基核或与此发生化学反应，进而抑制细颗粒物的形成，并增大燃煤颗粒物的粒度。燃烧后化学团聚是指通过在烟气中喷入少量团聚促进剂，利用絮凝理论增加细颗粒物之间的液桥力和固桥力，促使细颗粒物团聚长大，进而提高后续常规除尘设备的脱除效率。目前，国内对超细颗粒物的化学团聚方法研究很少，国外也主要研究高岭石、铝土矿和石灰石等常用吸附剂对超细颗粒物团聚的影响作用。化学团聚对除去超细颗粒物不仅十分有效，而且可以实现多种污染物同时脱除。并且由于是在除尘设备前对超细颗粒物进行团聚，对生产条件和除尘设备的正常操作影响较小。

Zhuang 通过小型煤粉炉燃烧数据得出，在燃烧时加入异丙氧基钛气态吸附剂可以增强细微颗粒的团聚效果，而若在烟道中加入黏结剂可以使细微颗粒更有效地团聚。Durham 在燃煤电站烟道内喷入由纤维素、树脂、多聚糖及衍生物等组成的黏性剂进行试验，发现这种方式能够明显地提高静电除尘器对细颗粒物的脱除效率。黏性剂极性越强，颗粒的团聚越能有效进行。选取高分子化合物作团聚剂时，团聚剂分子会以高分子链使颗粒团聚剂黏合在一起，一般选取的团聚剂有聚合氯铝（无极高分子化合物），PAM、黄原胶和羧甲基纤维素钠（有机高分子化合物）。

该技术的关键是开发出一种廉价实用的高效多功能吸附剂，不仅能够使细颗粒团聚有利于脱除，还可以吸附有害的金属元素，同时建立相应的、切实可行的污染控制技术，进一步减少燃煤的细颗粒物和痕量重金属排放。为此，应分析高效吸附剂与细颗粒物的反应机理、反应产物特及相关影响因素，并建立相关团聚模型，为大规模工业应用奠定基础。

3. 蒸汽相变原理促进细颗粒脱除

蒸汽相变原理促进细颗粒脱除的机理是：过饱和水汽以细颗粒为凝结核发生相变，使微粒粒度增大，质量增加，同时产生扩散泳和热泳作用，促使微粒迁移运动，相互碰撞接触，从而使细颗粒凝聚并长大，进而提高捕集效果。国内外利用蒸汽相变作为脱除细微粒的预调节措施已有较久的历史。但此前的研究均采用蒸汽相变作为预处理措施，即先使细颗粒凝结长大再用常规设备脱除长大后的颗粒，虽然可取得较高的相变脱除效率，但对于原烟气水汽含量较低的燃烧源烟气，需添加较多的蒸汽，或需将烟温降低到较低水平才有可能达到实现蒸汽相变所需的过饱和条件，能耗过高。而且此前的研究均未与湿法脱硫相结合。目前，大型燃煤电厂普遍在除尘装置后安装 WFGD 系统，近年来国内外就 WFGD 系统对烟尘的脱除作用展开了一些研究，王珲等研究发现，WFGD 系统虽可有效脱除 SO_2 和粗粉尘，但 PM2.5 细颗粒浓度反而增加；同时，经过 WFGD 系统后，细颗粒中 S、Ca 元素含量明显增加，出口细颗粒中除燃煤飞灰外，还含有约 7.9% 的石膏颗粒和 47.5% 的石灰石颗粒。荷兰学者分析安装有石灰石/石膏法脱硫装置的烟气再热系统出口颗粒物组成发现，出口颗粒中燃煤飞灰仅占 40%，10% 为石膏组分，其余 50% 为脱硫液滴蒸发形成的固态微粒。上述研究表明，WFGD 系统可有效捕集烟气中的粗粉尘，但难以有效捕集 PM2.5 细颗粒。因此，有关脱硫剂及其脱硫操作条件对 WFGD 系统脱除细颗粒性能的影响及如何促进细颗粒的脱除等方面均有待深入研究。

6.4.2 对常规技术的改进与提高

1. 电除尘器的改进

1）移动电极静电除尘器

常规静电除尘器无论采用何种振打清灰方式，都必然引起振打二次扬尘，且难以有效克服反电晕和极板粘灰所造成的除尘效率损失。移动电极除尘器是近几年发展起来的一种除尘设备，由前级常规电场和后级移动电极电场组成，其结构如图 6-25 所示。移动电极电场采用可移动的收尘极板和可旋转的刷子，当含尘烟气通过粉尘捕集区时，粉尘在电场静电力作用下，被移动极板吸附，附着于移动收尘极板上的粉尘在尚未达到形成反电晕的厚度时，就随移动极板运行至没有烟气流通的灰斗内，被旋转的清灰刷彻底清除，从而确保收尘极始终保持"清洁"的状态。由于清灰在无烟气流通的灰斗内进行，从而消除了清灰的二次扬尘。这种新型电场的应用不仅可以降低电除尘器出口粉尘浓度，而且可以使出口粉尘浓度保持稳定，不会出现类似常规电除尘器出口粉尘浓度周期性波动的情况，特别适用于旧的电除尘器改造。研究表明：利用该技术粉尘二次扬尘几乎为零，可有效提高对微细粉尘的捕集效果。目前，该技术已经投入实际应用。其主要优点如下：①能高效收集高比电阻的粉尘；②节省空间、节省能源，一个移动极板电场相当于 1.5～3 个常规除尘器电场的作用，而消耗的电功率仅为常规除尘器的 1/2～2/3；③耐高温（可经受短时 350℃）、耐高湿、抗腐蚀性强，适于收集的粉尘范围广泛，燃煤锅炉、污泥焚烧炉、冶金、建材等行业均可使用；④由于清灰是在无气流的空间进行，所以清灰效果好，粉尘二次飞扬几乎为零；⑤突破了长高比的设计理念，设备布置不受场地限制；⑥通过变频无级调速，可以实现极板移动速度与旋转刷角速度的不同配比，以适应不同煤种的粉尘及各种工况条件的变化。缺点是对制造、安装工艺及维护要求较高。

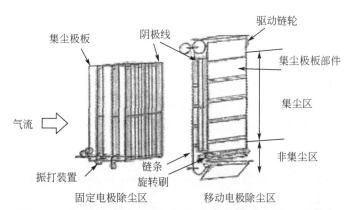

图 6-25　移动电极静电除尘区结构、固定电极静电除尘区结构

2）"长芒刺"静电除尘器（electrostatic precipitator）

所谓"长芒刺"是指在粒子静电沉降方向上，采用芒刺电晕极放电，且芒刺长度远长于传统静电除尘器。芒刺电晕极会产生较强的离子风，它能增强粒子的驱进速度，促进粒子凝聚，有助于对微细粉尘的收集。宽间距长芒刺静电除尘技术在减少集尘极和放电极数量的同时，利用长芒刺点状结构放电强度高、起晕

电压低和可产生强烈电风加强紊流掺混作用的特点，避免了选用超高压电源带来的绝缘问题，保证了静电除尘器的运行稳定性和高除尘效率。

3）介质阻挡放电静电除尘器

介质阻挡放电（dielectric barrier discharge，DBD）是有绝缘介质插入放电空间的一种非平衡态气体放电，又称介质阻挡电晕放电或无声放电。介质阻挡放电能够在高气压和很宽的频率范围内工作，通常的工作气压为$10^4 \sim 10^6 Pa$，电源频率为$50Hz \sim 1MHz$。电极结构的设计形式多种多样。在两个放电电极之间充满某种工作气体，并将其中一个或两个电极用绝缘介质覆盖，也可以将介质直接悬挂在放电空间或采用颗粒状的介质填充其中，当两电极间施加足够高的交流电压时，电极间的气体会被击穿而产生放电，即产生了介质阻挡放电。由于DBD会产生大量的自由基和准分子，如OH·、O·、NO·等，它们的化学性质非常活跃，很容易和其他原子、分子或其他自由基发生反应而形成稳定的原子或分子，因此利用该技术可以在大气压条件下得到非平衡等离子体，并且在较低的温度下就可以获得化学反应所需的活性粒子。该静电除尘器为双区式，粉尘首先通过DBD荷电，然后进入收尘区被集尘极板收集，对粒径$0.5 \sim 0.8 \mu m$粉尘的去除率高于90%。此外，DBD技术不仅能够使粉尘荷电，而且能够有效去除气体中氮氧化物和硫氧化物，使得DBD+ESP可同时实现脱尘、脱硫、脱硝的目的。

4）脉冲电源（miero pulse system，MPS）静电除尘

传统的电除尘设备都采用直流电源（DC）技术，由于直流电源产生的电场不稳定，经常产生逆电晕现象，导致电场瞬时失效，粉尘直排，这种直流电源电场的致命弱点约束了传统电除尘设备集尘率的提高。

脉冲电源技术（MPS）使用短宽度的脉冲施加高脉冲电压所产生的电场很稳定，不会产生逆电晕现象，即使不改变电场面积，采用MPS技术的电除尘设备除尘效率也会大大提高，MPS电除尘系统回路如图6-26所示。

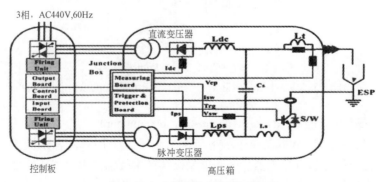

图6-26　MPS电除尘系统回路图

脉冲电除尘设备技术优势有：①脉冲电源方式产生的电晕部分较大且电场稳定，除尘效率比常规 DC 电除尘设备高很多；②可以有效解决常规 DC 电除尘设备因逆电晕现象而导致除尘效率下降的问题；③平均消耗电量是 DC 电除尘设备的 20%，采用该除尘器可节省 80% 能源；④无需改变所有 DC 电源，部分改建脉冲电源就可达到理想效果；⑤脉冲设备改建费用仅为新建相应标准电除尘设备费用的 1/5；⑥使用寿命为 15 年左右。

5）高频电源静电除尘器

高频静电除尘电源是在现代高频电力电子技术、数字信号加工（digital signal processor，DSP）技术、网络控制技术等的支持下形成的，它使用高频开关电源，克服了一般的可控硅电源使除尘电场产生电火花的现象。生产高频开关电源的厂家以瑞典 ALSTOM 公司和丹麦 SMITH 公司最为著名。就 ALSTOM 公司的相关产品来说，主要是 SIR（signal-to-interference ratio）型的高频开关电源，SIR 原理如图 6-27 所示。其输入的信号一般都是三相交流电，在经过整流后转变为直流电源，在全桥的支持下，可以得到高频交流电，然后在升压器的帮助之下，最终再得到直流的高压电。SIR 电源供电具有以下优点：①输出电压纹波通常小于 5%，远小于普通工频电源的 35%~45%，运行平均电压和电流分别为工频电源的 1.3 倍和 2 倍，有利于提高除尘效率，一般可使出口烟尘排放浓度降低 30%~70%；②火花放电时 SIR 电源可在 5~15ms 内快速恢复全功率供电；③可采用类似脉冲的"间歇供电"，有利于抑制反电晕；④三相均衡对称供电，对电网无干扰；⑤电源转换效率高。

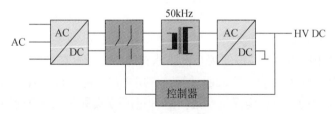

图 6-27 高频开关电源工作原理

6）膜电除尘器

膜电除尘器将传统电除尘器中的金属集尘极由碳纤维或硅纤维编织膜代替，其除尘效果明显优于传统湿式电除尘器。用编织膜作为集尘极不仅减轻了电除尘器的重量，而且成本也远低于金属集尘极。当湿式膜电除尘器工作时，溢流水从集尘极的顶部均匀快速流下，在集尘极的表面形成一层水膜，水膜的厚度可以通过改变膜顶部溢流水的流速来控制。水流通过毛细作用可以很均匀地分布在膜的表面，在收集灰尘时不会出现局部干燥区，避免了局部电阻及反电晕的形成，加强了极间电流的稳定性，提高了除尘效率。膜电除尘器在除尘领域有着广阔的应用前景，但目前对它的研究还只是初级阶段，还需要在以下几个方面进行进一步研究：对编织膜的抗腐蚀性、抗拉强度、抗高温性及润湿性等进行研究，以寻找适合某特定烟气性质的编织膜材料。如果选用碱性液体作为溢流液，则有望实现湿式膜电除尘器在去除粉尘的同时脱硫脱硝。

2. 布袋除尘器的改进

布袋式除尘器除尘的机理主要是拦截和过滤，滤料是其核心部件，滤料性能的好坏将直接影响除尘效率与运行维护费用等指标。普通滤料即传统的针刺毡、编织滤料等。其工作原理是所谓的"深层过滤"技术，即通过滤料纤维的捕集，先在滤料表面形成"一次粉尘层"（即粉饼），再通过这层粉饼来过滤后续的粉尘。在使用初期，由于滤料本身的空隙较大，部分粉尘会穿过滤料排放出去。只有当粉饼形成后，过滤过程才真正开始。继续使用后，滤料表面的粉尘会逐渐渗入到滤料中，导致滤料孔隙堵塞，使设备运行阻力不断增加，直至必须更换滤料为止。

20 世纪 90 年代末，新型滤料——聚四氟乙烯（poly- tetra fluoroethylene，PTFE）覆膜滤料出现。覆膜滤料是在普通滤料表面复合一层聚四氟乙烯薄膜而形成的一种新型滤料。覆膜滤料采用三层的层状结构，最下层为主要起支撑结构作用的基材。该基材可采用纯玻纤、纯化纤，或者玻纤与化纤的混合物、化纤混合物等。目前已经工业化生产的覆膜滤料基材包括玻纤布、纯玻纤毡、玻纤/P84（聚酰亚胺）复合毡、玻纤/芳纶复合毡、玻纤/PPS（聚苯硫醚）复合毡、P84毡、芳纶毡、PPS 毡、涤纶毡、亚克力毡、普通 FE（聚四氟乙烯）毡等，或者上述一种或几种化纤的混合毡。中间层为处理剂，目前使用的大部分基材不能直接与 ePTFE（膨化微孔聚四氟乙烯滤膜）进行结合，必须要对基材进行一定的处理。表面层为 PTFE 滤膜。该滤膜是覆膜滤料的核心。这层薄膜起到了"一次粉尘层"的作用，物料交换在膜表面进行，使用之初就能进行有效的过滤。薄膜特有的立体网状结构，使粉尘无法穿过。这种过滤方式称为"表面过滤"。覆膜滤料不仅可实现近零排放，同时由于薄膜不黏性、摩擦系数小，故粉饼会自动脱落，确保了设备阻力长期稳定，因此充分发挥了袋式除尘器优越性，是理想的过滤材料。覆膜滤料的使用使布袋除尘器的除尘效果大大提高。

6.4.3　组合除尘

1. 电袋复合除尘

电袋复合除尘器是一种综合了静电除尘和袋式除尘两种成熟除尘理论而提出的新型除尘设备。主要有以下种形式。

1）"预荷电+布袋"形式

含尘气流先通过预荷电区，在高压电场中，粉尘充分荷电并凝并成较大粒子，然后由袋式除尘器收集。还有的在袋式除尘器内也设置电场，可加与荷电尘粒极性相同的电场，也可加与荷电尘粒相反的电场。极性相同时，电场力与流场力相反，尘粒不断透过纤维层，除尘效率很高，同时由于排斥作用，沉积于滤袋表面的粉尘较疏松，过滤阻力减小，使清灰变得更容易。

2）"静电布袋"并列式

这种方式是将一排滤袋和一组电极相间排列，实现了电除尘与布袋除尘的有机融合，如图 6-28 所示。它既适用于新建的设备，也适用于老电除尘器的改造。

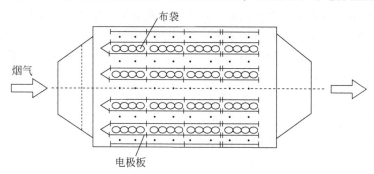

图 6-28　并列式静电布袋除尘器

3）"静电布袋"串联式

这种联合除尘方式前级收尘为电除尘，后级为袋式除尘，如图 6-29 所示，特别适用于已投产不达标、场地受到限制的电除尘器的改造，一般情况是保留原电除尘器的前级电场，将后级电场改为袋式除尘器。由于不增加原电除尘器的宽度、高度，改造的工作量小，施工周期短，投资低于单独采用袋式除尘器或电除尘器的费用，粉尘排放质量浓度可长期稳定保持在 50mg/m³ 以下。

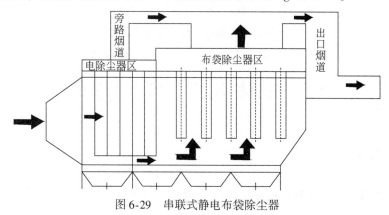

图 6-29　串联式静电布袋除尘器

4）先进混合除尘器

美国能源环境研究中心的 Miller 等最新研究开发了一种结合较为紧凑的系统——先进混合除尘器（advanced hybrid particulate collector，AHPC）。其基本思想是把静电除尘和布袋除尘集于一个腔内，把滤袋置于静电极板和极线之间，实现了静电除尘和布袋除尘真正的混合。

2. 静电增强旋风除尘

旋风除尘器是一种传统的除尘设备，其主要靠高速旋转运动的气流产生的离心力对颗粒进行分离，具有结构简单、造价低廉等特点，但其对细粒子的控制作用较弱。静电增强旋风除尘器的基本思想就是在旋风除尘器空腔主轴上加入电晕极，在其周围能产生较高的电子密度和较强的电场力，那么在外涡流区旋风分离起主要作用，脱除掉较大的颗粒，未能分离的小颗粒将随气流进入内涡流区，内涡流区因离电晕极较近，将使其受到更强的电场力而径向运动到外涡流区直至撞到壁面被捕获。由于外涡流区同样受静电力的作用，对大颗粒的分级效率也提高。当气流速度比较低时，电场对捕集微细尘粒有明显的促进作用；当风速较高时，其效果不再明显。其结构如图 6-30 所示。

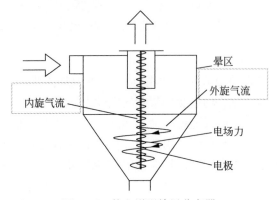

图 6-30　静电增强旋风分离器

6.5　电袋组合式除尘器工程实例

6.5.1　概况

某电厂 1、2 号机组采用东方锅炉（集团）股份有限公司生产的 600MW 锅炉，型号为 DG2028/17.45，亚临界、自然循环、前后墙对冲燃烧汽包炉、单炉膛、一次中间再热、平衡通风、固态排渣、露天布置、全钢构架悬吊结构。每炉配 2 台静叶可调轴流式引风机，2 台双室五电场电除尘器，除尘效率为 99.8%。该亚临界汽轮发电机组，原执行的是火电厂大气污染物排放标准（GB 13223—2003），烟尘排放限值为 50mg/m³，不能满足 GB 13223—2011 标准中烟尘 ≤20mg/m³ 的要求，因此，该电厂对一期 2×600MW 燃煤机组静电除尘器进行了电袋复合式除尘器改造。改造前电除尘器性能参数，见表6-4。

表6-4　改造前电除尘器性能参数

序号	名称	规格		数量
1	除尘器	型号	2YSC-260-5	
		型式	燃煤锅炉卧式双室五电场干式静电除尘器	
		厂家	浙江天洁集团	
2	电场	个		10
3	灰斗	个		40
4	单电场长度	m		4.0
5	阴极板高度	m		15.2
6	同极间距	mm		400
7	异极间距	mm		200
8	有效截面积	m²		471.2
9	处理烟气量	m³/h		1 751 750
10	烟气露点温度	℃		94
11	烟气流速	m/s		1.01
12	入口烟气最大含尘浓度	g/(N·m³)		150
13	入口烟温	℃		141
14	保证效率	%		≥99.8
15	漏风率	≤3%		
16	烟道蚀度仪	DR216		1
17	瓷套瓷轴加热器	2.1/1.1kW		20
18	阴极线型式	一、二、三电场	BS 芒刺型	
		四、五电场	螺旋型	
19	料位计	射频导纳型		

　　该除尘器改造有三种方案可供选择。第 1 种是在原有电除尘器基础上进行改进，如把原有电除尘器电源改成高频电源，或加大电除尘器的集尘极面积等；第 2 种是把电除尘器全部改成袋式除尘器；第 3 种是把电除尘器改造成电袋复合型除尘器。通过分析比较，确定了第 3 种方案，即保留原有电除尘器的第一、二电场，把其他三个电场改成袋式除尘器。具体改造安装方案如下：

　　（1）借助原有电除尘器的壳体条件，改造工程在原电除尘器框架和基础上进行，对原来电除尘器底部圈梁以下部分结构保持不动，侧墙基本不动，但对有腐蚀的部位需要进行加固或换新处理。

　　（2）保留原一、二电场，拆除原电除尘器三、四、五电场部分，拆除顶部的高压变压器及其附属设备，拆除原来电除尘器顶部的吊装设备，拆除电除尘器内部的阴极框架和阳极板排，拆除原来电除尘器内部的管撑，保证除尘器内部中空，并打扫干净。

　　（3）在原电除尘器两室之间加装中间隔板，形成 2 个独立的除尘室。改造原来电除尘器的内部结构，并安装固定花板。

　　（4）在原三、四、五电场的梁的顶部加立柱和侧墙形成净烟气室，净烟气室的末端是出气口，净气室前墙设有检修通道、检修门和运行中进行检查观望的视窗。观察视窗分投影灯视窗和人观察视窗，方便运行中工作人员可以在任何时候在除尘器外面对除尘器内部运行情况进行观察。

　　（5）采用固定行喷吹袋式除尘器。在顺气流方向上分为 4 个独立的除尘室，单台除尘器总过滤面积为 54 656m^2。

　　（6）在每一个除尘室的进、出口烟道上都装有百叶窗式的挡板门。

　　（7）在运行过程中，烟气中的粉尘进入除尘器后顺着气流的方向进入滤袋间，设计中采用较低的入口流速不仅加快了粗颗粒的预分离，同时也保证了在烟气进入滤袋之前的整体流量的预分配，烟气从外到内穿过滤袋进行过滤，清洁烟气从滤袋排放出来，粉尘被阻挡在滤袋外侧。随着滤袋外表面积灰的增多，滤袋内外的压差逐渐增加。当压差达到设定值时，PLC 控制系统发出指令，脉冲阀的膜片自动打开，储气罐中的一定量的压缩空气通过喷嘴喷入滤袋内，进行在线自动清灰，滤袋上滞留的灰尘颗粒就被清除，灰尘不断地落入灰斗，达到除尘的目的。

　　（8）布袋除尘器采用低压中风量脉冲压缩空气清灰。

　　（9）袋式除尘器的安装：安装工作的流向为先内后外，先下后上，先结构后电气的施工程序进行组织施工。其施工顺序如下：中隔板安装—出口喇叭口封堵—花板梁改造及安装—花板安装—净烟室安装—喷吹系统安装—进出口挡板门安装—滤袋安装—袋笼安装—仪器仪表安装—预涂灰系统安装—紧急降温装置安装—仪器仪表安装—楼梯平台安装。

6.5.2　总体结构与主要部件

1. 改造后电袋复合式除尘器结构

含尘烟气从电除尘器的进风口进入电场，在电场作用下，带电粉尘向收尘极沉积，通过电场的烟气有 60% ~70% 的粉尘被收集，然后烟气通过电场出风口，一部分烟气经多孔型板水平进入袋除尘器中部和大部分烟气转向下部进入袋除尘器底部并向上进入滤袋每个室。烟气进入滤袋后粉尘被阻留在滤袋外表面，净烟气从清洁室再通过提升阀，从除尘器出口排出经烟囱排放。当滤袋表面积聚粉尘达到一定厚度，除尘器阻力增加，可启动脉冲喷吹系统，让压缩空气气流经脉冲喷吹管喷入滤袋，使滤袋瞬间发生膨胀，使滤袋表面粉尘剥落到灰斗，达到清灰目的。其结构如图 6-31 所示。

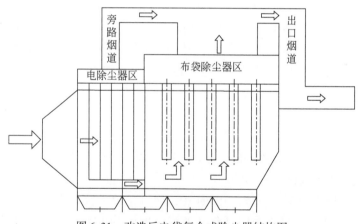

图 6-31　改造后电袋复合式除尘器结构图

2. 主要部件

该电袋复合式除尘器主要由本体（包括支柱、扶梯、平台）、导流系统、过滤系统、清灰系统、卸灰系统、保护系统、压缩空气系统（包括储气罐、管路等）、控制系统（包括仪器仪表、PLC 柜、MCC 柜、现场操作柜）等组成。

（1）除尘器本体：包括用于支撑设备的钢结构支柱及箱体、灰斗、平台、栏杆、爬梯及手（气）动阀门的检修平台等。

（2）导流系统：在电区与袋区间加装气流分布装置。

（3）过滤系统：包括安装在多孔板（花板）上的由滤袋和袋笼所组成的滤灰系统。花板用于中箱体（含尘空间）和上箱体（净气室）的分隔，同时也作为滤袋、袋笼的检修平台。

（4）清灰系统：包括安装在顶部防雨装置中的喷吹气包、电磁脉冲阀及安装在上箱体中的喷吹管路等。

（5）保护系统：包括预喷涂装置，检漏装置等。

（6）压缩空气系统：包括由空压机、储气罐、压缩空气管道、减压阀、压力表等组成的除尘器清灰系统。

（7）控制系统：包括在线检测装置等仪器仪表及以 PLC 可编程控制器为主体的除尘器主控柜、MCC 柜、上位工控机、现场操作柜、检修电源箱、照明系统等。

6.5.3　运行概况及经济分析

对本项目电袋复合除尘器在连续稳定运行 5500h 后进行了性能测试。性能测试时，机组负荷为 552MW，电袋复合型除尘器正常运行，平均入口烟气温度为 127℃，平均入口烟气量（工况）为 3 354 000m³/h，平均入口粉尘浓度（标况）为 15.1g/m³。在此工况下测得电袋复合除尘器性能参数平均值为：除尘效率达到 99.92%，压力降 448Pa，漏风率 2.0%，粉尘排放浓度 13.6mg/Nm³。

目前，电袋除尘器运行工况良好，未发现破袋、掉袋情况，引风机选型满足运行工况要求。电袋复合式除尘器解决了电除尘器受煤种限制，使除尘器长期保持低烟尘排放、高除尘效率运行，并且采取电袋除尘器改造节能效果显著，本次电袋复合式除尘器改造是成功的。

本工程总投资约 5830 万元。根据 2012 年 1～12 月实际运行情况，电耗费用约为 280 万元/年，年维修费用（包括滤袋折旧）约 145 万元，该项目年运行费用约 425 万元。

复习思考题

1. 衡量除尘器性能好坏的技术性能指标和经济性能指标有哪些？
2. 当前适于低热值煤燃烧后烟气除尘的技术主要有哪几种？
3. 简述静电除尘器和袋式除尘器的基本原理。
4. 影响静电除尘器性能的主要因素有哪些？
5. 袋式除尘器的常见清灰方式有哪几类？

6. 选用袋式除尘器时应考虑哪些因素？

7. 影响袋式除尘器滤尘效率的因素有哪些？

8. 什么是化学团聚？

9. 简述蒸汽相变原理促进细颗粒脱除的机理。

10. 列举几种组合除尘方式，并简述其机理。

第7章 烟气中污染物一体化脱除技术

我国针对煤炭燃烧所产生的大气污染物的控制经历了多个阶段的发展。随着社会的进步和人们对环境空气质量要求的日益提高，国家大气环境保护标准也越来越严格，对火电厂大气污染物控制技术的要求也越来越高，相关领域的科研工作者和技术人员也在不断探索能满足各项要求的排放控制技术。目前针对污染物控制的研究集中在两个方面：一是对常规技术的改进与提高及联合运用；二是加强对细颗粒物的脱除，并且注重开发除尘与脱硫、脱硝、脱重金属相结合的一体化技术。目前的一体化脱除技术是在同时脱硫脱硝技术的基础上，增加了对颗粒物及重金属，特别是汞的同时脱除。烟气污染物一体化脱除技术是国际上烟气净化的发展趋势，它是将单独的脱硫、脱硝和除尘技术有机地组合在一起而形成的一种高效节能的新型环保技术，其具有减少系统复杂性、低成本、更好的运行性能等突出的优点。但是多种污染物一体化脱除技术多处于研究阶段，尚未得到大规模的工业应用。因此开发成本低，具有良好运行性能的多种污染物一体化脱除技术将是未来烟气综合治理技术的发展方向。

7.1 一体化脱硫脱硝技术

一体化脱硫脱硝技术，包括同时脱硫脱硝（simultaneous SO_2/NO_x）技术和联合脱硫脱硝（combined SO_2/NO_x removal）技术两大类。联合脱硫脱硝技术在本质上是在同一装置内将不同的两个工艺流程整合，分别脱除 SO_2 和 NO_x。同时脱硫脱硝技术是在同一装置内通过同一工艺流程内将 SO_2 和 NO_x 同时脱除的技术。同时脱硫脱硝技术按照工艺过程可分为五大类：固体吸附/再生同时脱硫脱硝技术，如活性炭法、CuO 法等；气固催化同时脱硫脱硝技术，如 SNRB（SO_x-NO_x-RO_x-BO_x）法、CFB 工艺等；高能电子活化氧化技术，如电子束照射法（electron beam irradiation，EBA）法、脉冲电晕等离子体法（pulsed corona induced plasma chemical process，PPCP）等；吸收剂喷射同时脱硫脱硝技术，如尿素法、干式一体化 NO_x/SO_2 技术；湿法烟气同时脱硫脱硝技术，如氯酸法、湿式络合吸收工艺等。其中以活性炭加氨和 CuO 为代表的固体吸附再生法、以 SNRB 为代表的催化脱除方法、以 PPCP 为代表的高能电子活化氧化方法，是目前得到公认的具有实际应用价值的一体化脱除技术。

7.1.1　固体吸附再生法

1. 活性炭/活性焦吸附法

主要指碳质材料吸附法，根据吸附材料的不同又可分为活性炭吸附法和活性焦吸附法两种，其脱硫脱硝原理基本相同。在第 5 章烟气脱硫技术中已经介绍过以活性焦为吸附材料脱除烟气中 SO_2 的技术与原理，事实上，活性炭/活性焦也可同时作为 SO_2 和 NO_x 脱除反应的催化剂。在吸附装置中，通过活性炭的吸附和催化作用将 SO_2 转化为硫酸储存于吸附材料的微孔中，NO_x 则与加入的 NH_3 生成 N_2 和 H_2O，最终排入大气。由于该法在脱硫脱硝的过程中还具有以下优点，因而被认为是经济可行的技术：①可以脱除烟气中的 HCl、HF、As 和 Hg 等微量物质；②具有除尘功能且可去除湿法脱硫难以去除的 SO_3；③不耗用水；④无二次污染问题；⑤无吸附剂中毒问题；⑥占地面积小、建设费用低、运行费用低；⑦可以回收高纯度副产品等。该工艺存在的主要问题是：①反应器内必须采取较低的气速；②活性炭易被氧化而失效，并且覆盖在活性炭表面的硫酸会降低其吸附能力；③吸附剂用量多，设备庞大。目前日本、德国等国家已有多项活性炭加氨同时脱硫脱硝的工艺，但国内鲜有工业化应用的报道。

2. CuO 吸附法

1）技术原理

通常采用负载型的 CuO 作为吸附剂，常见的有 CuO/Al_2O_3 和 CuO/SiO_2。CuO 质量分数为 4%~6%，在 300~450℃ 范围内，与烟气中 SO_2 发生反应形成 $CuSO_4$。过程如下：

$$SO_2 + CuO + 1/2\ O_2 \longrightarrow CuSO_4 \tag{7-1}$$

同时，向烟气中喷入适量的 NH_3，在残留 CuO 和 $CuSO_4$ 的催化下，NH_3 与 NO_x 发生反应，NO_x 转化成无害的 N_2 后排向大气。反应过程如下：

$$4NO + 4NH_3 + O_2 \longrightarrow 4N_2 + 6H_2O \tag{7-2}$$

$$2NO_2 + 4NH_3 + O_2 \longrightarrow 3N_2 + 6H_2O \tag{7-3}$$

CuO 吸附法的优点是在同时脱硫脱硝的过程中不产生固态或液态二次污染，脱硫后烟气无需再热，降低了锅炉排烟温度，且脱硫剂可再生循环利用，副产品为硫磺或硫酸。该工艺的 SO_2 和 NO_x 的脱除效率分别高于 95% 和 90%。

2）工艺流程

图 7-1 是一个典型的 CuO 同时脱硫脱硝工艺流程。

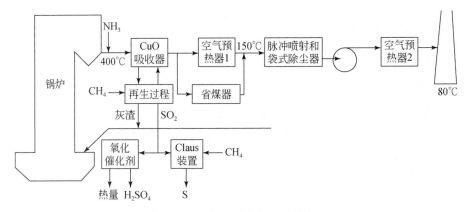

图 7-1　CuO 同时脱硫脱硝工艺流程

由于该工艺的温度要求高，需安装加热装置。整个过程由两部分组成：

（1）在吸附装置中，温度范围处于 300~450℃，吸附剂与 SO_2 反应，生成 $CuSO_4$；由于 CuO 和生成的 $CuSO_4$ 对 NH_3 还原 NO_x 有很高的催化活性，同时进行脱硝反应。

（2）在再生装置中，吸附饱和而生成 $CuSO_4$ 的吸附剂被送至再生装置中进行再生。通常用 H_2 或 CH_4 对 $CuSO_4$ 进行还原，再生过程产生的 SO_2 可通过 Claus 装置进行回收，制取硫酸。而还原得到的金属铜或 Cu_2S 在吸附剂处理装置中用烟气或空气氧化成 CuO，生成的 CuO 再次投入吸附还原的过程中。

该法反应温度要求高，增加了成本及能耗，并且吸附剂的制备成本较高。随着研究的进展，出现了将活性焦/炭（AC）与 CuO 结合的方法。二者结合后可制出活性温度适宜的催化吸附剂，克服了 AC 使用温度偏低和 CuO 活性温度偏高的缺点。

7.1.2　气固催化脱除法

气固催化脱硫脱硝技术的本质是，利用催化反应将污染物转换过程的反应活化能降低，从而促进 SO_2 和 NO_x 的脱除。由 B&W 公司开发的 SNRB 工艺是一种将 SO_2、NO_x 和烟尘三种污染物集中在一个高温布袋除尘器进行处理的新型烟气净化技术。该技术在美国 Ohio Edison's R. E. Burger 电厂示范运行。

1. 技术原理

为保证催化反应所要求的烟气温度范围，装有 SCR 催化剂的高温布袋除尘器位于锅炉尾部烟道的省煤器和空气预热器之间。在省煤器之后的烟道中喷入含钙基或钠基的碱性吸收剂，SO_2 与之反应生成 $CaSO_4$ 或 Na_2SO_4，颗粒态的产物经布袋除尘器过滤截留。NH_3 从布袋除尘器的上游喷入，在布袋除尘器的布袋内包裹的圆柱形整体 SCR 催化剂上，NO_x 与 NH_3 反应生成 N_2 和 H_2O 从而被脱除。

2. 工艺流程

SNRB 的工艺流程如图 7-2 所示。

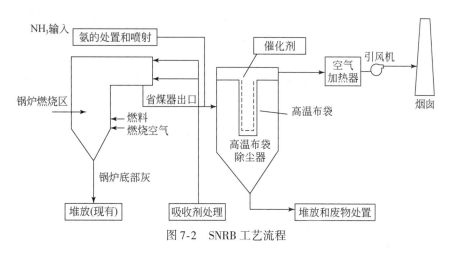

图 7-2　SNRB 工艺流程

省煤器来的高温烟气及喷入的钙基或钠基吸附剂均进入布袋除尘器，烟尘及颗粒态的脱硫产物由高温陶瓷纤维过滤布袋除去。布袋除尘器上游喷入 NH_3，在布袋除尘器内的 SCR 催化剂的作用下，与 NO_x 反应将其脱除。由除尘器出来的烟气通过空气预热器后就可直接排放。因此，在布袋除尘器内发生的过程有：钙基或钠基吸附剂脱除 SO_2 的过程、NO_x 被 NH_3 催化还原脱除的过程，以及布袋除尘器对粉尘的捕集过程。

SNRB 工艺具有三个优点。一是吸收剂利用效率高，当使用商业脱水石灰进行吸收，布袋除尘器运行温度在 430℃ 及以上、Ca/S 大于 1.8 时可以达到 80% 以上的脱硫率，与传统的干式钙基吸收剂喷射工艺相比，钙的利用率高达 40% ~ 45%。二是不产生设备腐蚀，脱硫反应发生在脱硝之前，因此在烟气接触 SCR 催化剂时 SO_2 的量已经大幅减少，因此相应的 SO_3 的量也非常低，引起下游设备由于产生（NH_4）$_2SO_4$ 沉淀导致的结渣和腐蚀的可能性非常小。三是设备投资省，该工艺集脱硫、脱硝和除尘于一体，因此能够减少设备的投资，以及减少占地面积。

然而总体来说，SNRB 工艺的脱硫和脱硝效率比较低，无法应用于脱硫率要求高于 85% 的电厂，只有在脱硫率要求不高时，SNRB 工艺才具有较大的优势。

此外，由于催化反应需要一定的温度条件，通常为 300～500℃，因此布袋除尘器的过滤袋需采用特殊的耐高温陶瓷纤维编织，使得该工艺的成本提高。该工艺产生的废渣较多，这些反应的副产物利用价值不高，也是阻碍该工艺的市场应用的原因。

7.1.3 高能电子活化氧化法

高能电子活化氧化法是利用放电技术的干式烟气净化方法。根据高能电子的产生方法，可分为电子束照射法（EBA）和脉冲电晕等离子法（PPCP）。二者的工作原理相似，其脱硫、脱硝反应分三个过程，这三个过程在反应器内相互重叠，相互影响。

1. 电子束照射法

1）技术原理

EBA 的基本原理是利用高能电子使烟气中的 H_2O、O_2 等分子被激活、电离或裂解，产生氧化性极强的自由基。这些自由基对 SO_2 和 NO_x 进行等离子催化氧化，分别生成 SO_3 和 NO_2 或相应的酸；在有添加剂的情况下，生成相应的盐而沉积下来。主要反应过程如下：

自由基生成：N_2，O_2，$H_2O+e^- \longrightarrow OH^*$，$O^*$，$HO_2^*$，$N^*$ (7-4)

SO_2 氧化并生成 H_2SO_4：

$$SO_2 + 2OH^* \longrightarrow H_2SO_4 \tag{7-5}$$

NO_x 氧化并生成硝酸：

$$NO + O^* \longrightarrow NO_2 \tag{7-6}$$

$$NO_2 + OH^* \longrightarrow HNO_3 \tag{7-7}$$

酸与氨反应生成硫酸铵和硝酸铵：

$$H_2SO_4 + 2NH_3 \longrightarrow (NH_4)_2SO_4 \tag{7-8}$$

$$HNO_3 + NH_3 \longrightarrow NH_4NO_3 \tag{7-9}$$

2）工艺流程

锅炉排出的烟气除尘后进入冷却塔，在冷却塔中被喷雾水冷却到 65～70℃。在烟气进入反应器之前，注入接近化学计量的氨气，进入反应器的烟气受高能电子束照射，烟气中的 N_2、O_2 和 H_2O 等发生辐射反应生成大量激发态的原子、分子等活性物质，将烟气中的 SO_2 和 NO 氧化为高价氧化物。与水蒸气反应生成雾状的硫酸和硝酸，这些酸再与事先注入反应器的氨反应生成硫酸铵和硝酸铵。最后用静电除尘器收集气溶胶形式的硫酸铵和硝酸铵，净化后的烟气经烟囱排放。副产品经造粒处理后可作化肥销售。图 7-3 为电子束法烟气脱硫脱硝工艺流程。

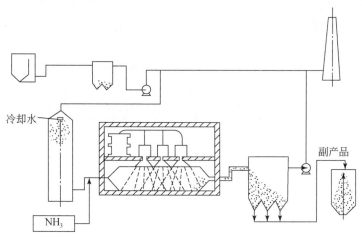

图 7-3　电子束烟气脱硫脱硝工艺流程图

2. 脉冲电晕等离子法

PPCP 属于湿法脱硫技术，是 20 世纪 80 年代日本学者 Masuda 在研究电子束法过程中提出来的。该技术成本较低，无二次污染，可同时实现烟气脱硫脱硝，形成的副产物可回收利用，有较好的应用前景。到目前为止，日本、美国、意大利、韩国、加拿大、俄罗斯等国都对该技术进行了大量的研究。国内从 20 世纪 80 年代后期开始也对其进行了大量的研究，取得了一些研究成果。PPCP 和 EBA 的原理基本一致，差异在于高能电子的来源不同，电子束方法是通过阴极电子发射和外电场加速而获得，而脉冲电晕放电方法是由电晕放电自身产生的。脉冲电晕放电脱硫脱硝有着突出的优点，它能在单一的过程内同时脱除 SO_2 和 NO_x；高能电子由电晕放电自身产生，从而不需昂贵的电子枪，也不需辐射屏蔽，只需对现有的静电除尘器进行适当的改造就即可实现，并可集脱硫脱硝和飞灰收集的功能于一体。最终产品可用作肥料，不产生二次污染。另外，在超窄脉冲作用时间内，电子获得了加速，而对不产生自由基的惯性大的离子没有加速，因此该方法在节能方面有很大的潜力，并且对电站锅炉的安全运行没有影响。

7.1.4　吸收剂喷射脱除法

将碱或尿素等干粉喷入炉膛、烟道或喷雾干式洗涤塔内，在一定条件下能同

时脱除 SO_2 和 NO_x。炉膛石灰（石）/尿素喷射同时脱硫脱硝工艺将炉膛喷钙和 SNCR 结合起来，实现同时脱除烟气中的 SO_2 和 NO_x。喷射浆液由尿素溶液和各种钙基吸收剂组成，总含固量为 30%，pH 为 5~9，与干 $Ca(OH)_2$ 吸收剂喷射方法相比，浆液喷射增强了 SO_2 的脱除，这可能是由于吸收剂磨得更细、更具活性。脱硝效率主要取决于烟气中的 SO_2 和 NO_x 的浓度比、反应温度、吸收剂的粒度和停留时间等。当系统中 SO_2 浓度低时，NO_x 的脱除效率也低。因此，该工艺适用于高硫煤烟气处理。

整体干式 SO_2/NO_x 排放控制工艺采用下置式燃烧器，这些燃烧器通过在缺氧环境下喷入部分煤和空气来抑制 NO_x 的生成。过剩空气的引入是为了完成燃烧过程，以及进一步除去 NO_x。低 NO_x 燃烧器预计可减少 50% 的 NO_x 排放，而且在通入过剩空气后可减少 70% 以上的 NO_x 排放。

7.2　汞的脱除技术

随着环保要求的不断提高，汞也被纳入需要控制排放的火电厂大气污染物中，在《火电厂大气污染物排放标准》（GB 10223—2011）中首次明确规定了汞作为火电厂大气污染物的排放浓度限值、监测和监控要求。

目前全球燃煤大气汞排放控制方法包括节煤与燃煤替代、燃烧前控制、燃烧中控制和燃烧后控制，如图 7-4 所示。

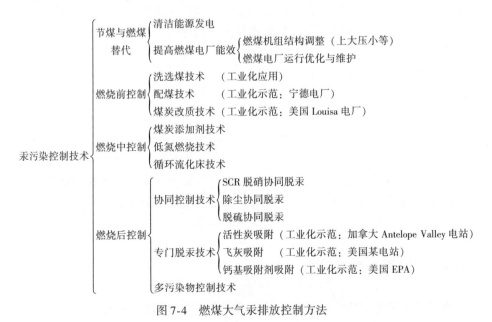

图 7-4　燃煤大气汞排放控制方法

节煤与燃煤替代主要通过减少发电燃煤的使用量来减少总汞排放量。燃烧前脱汞措施主要包括洗煤、配煤及煤炭改质等；燃烧中控制主要通过改变燃烧工况、改进燃烧技术和在炉膛中喷入氧化剂或添加剂实现对汞排放的控制；燃烧后控制技术主要是利用现有污染物控制技术协同脱汞，或利用活性炭、飞灰、钙基吸收剂及一些新型吸收剂等专门的脱汞技术来减少汞的排放，或结合现有设施通过添加氧化剂、吸收剂、稳定剂、结合（螯合）剂的方式脱汞。

7.2.1　节煤与燃煤替代汞污染控制

提高电厂能效与电厂节能密切相关，包括旨在节约燃煤的一些措施，从而减少汞排放，如新燃烧炉、改进的空气预热器、省煤器及燃烧措施，短期循环最小化，气热传送设施表面沉积物最小化，以及空气泄漏最小化等。相关措施的能效提高潜力及其汞减排潜力见表7-1。提高电厂能效不仅能通过节煤减少汞排放，而且能够提高电厂的整体经济性。

表 7-1　电厂常用的提高能效措施及其汞减排潜力

措施	提高能效	汞减排潜力	注释
替换/升级燃烧炉	4% ~5%	近6%	取决于具体位置（翻修能力）
改进省煤炉	排烟温度每降低40 ℉就减少1%的能效流失	与锅炉效率有关	
改进空气预热器	气体温度每降低300 ℉就意味着6%的能效提高		
燃烧调整	一氧化碳从1000~2000至<200ppm 未燃烧碳从20%~30%至10%~15%	近3%	通过参数测定进行手动调试
燃烧优化	0.5%~3.0%	近4%	基于背侧管道
监测仪表与控制	0.5%~3.0%（优化基础上）	达4%	
尽量减少短循环	4%~6%	5%~7%	因具体位置而异
减少热传送表面炉渣和污物	1%~3%	近4%	因具体位置而异；燃料质量、运行条件有很大影响
减少空气泄漏	1.5%~3%	达4%	要求日常维护工艺

7.2.2　燃烧前脱汞

燃烧前脱汞措施主要是采用一些煤处理技术，如传统洗煤、选煤、配煤及煤炭改质等，减少煤中汞含量，其中煤炭洗选是最主要的除汞方式。

传统洗煤方法是将开采的煤，根据不同组分的密度或表面特性的差别，分成有机和矿物组分两类。物理法洗煤通常有一系列工艺步骤，包括减小体积，筛选，将含硫矿物杂质的煤按重力分离，以及脱水和烘干。传统洗煤方法还可将不可燃烧的矿物质夹带的汞分去除。但该方法不能去除煤中与有机碳结合的汞。除汞率介于 3% 至 64%，平均除汞率为 30%。汞去除率的差异与洗煤的工艺和煤体汞的特性有关。为进一步提高除汞效率，可采用天然微生物和温和的化学反应。

选煤原本是为了满足锅炉对煤的发热量、灰含量及硫含量的要求，但它同时也能降低煤中许多重金属的含量，包括汞。由于汞在煤中主要存在于无机矿物特别是黄铁矿中，因此传统的洗煤方法可洗去不燃性矿物原料中的一部分汞，但是不能洗去与煤中有机碳结合的汞。洗煤虽然只是将污染物汞转移到了煤洗废物中，但对于减少大气中的汞还是有积极意义的。

由于烟煤燃烧后产生的氧化汞比次烟煤要多，而烟气脱硫设施的汞捕获效率很大程度上取决于烟气脱硫设施入口处氧化汞的含量，所以可通过配煤来大幅度提高脱汞效率。当烟气脱硫系统上游安装 SCR 脱硝系统时，配煤对脱汞效率的改善效果更为显著。美国某电厂的测试结果表明，次烟煤与烟煤的混合比例为 60:40 时，未设置 SCR 的锅炉与设置了 SCR 的锅炉所生成的氧化汞比例分别是 63% 和 97%，未混合烟煤的次烟煤生成的氧化汞率为 0 ~ 40%，这说明氧化汞的生成量随着烟煤量的增加而增加，而且 SCR 脱硝工艺会进一步提高烟气中氧化汞的含量。

7.2.3　燃烧中脱汞

燃烧中脱汞是通过改变燃烧状况降低烟气中汞浓度，或者通过改变烟气特性从而使烟气中汞形态更容易被后续的烟气净化装置去除。目前，有关燃烧过程中脱汞的研究很少，主要集中于煤基添加剂技术，此外，低氮燃烧、炉膛喷射技术及循环流化床燃烧等针对其他污染物而采用的一些燃烧控制技术对汞的脱除也有积极的作用。

7.2.4　燃烧后脱汞

煤炭燃烧后烟气中汞的存在形式通常有三种：气态氧化汞、气态单质汞和颗粒汞。颗粒态汞与氧化态汞易被除尘器和湿法洗涤系统脱除，而元素态汞不溶于水，难以被现有污染控制装置捕集，成为目前汞污染控制研究的重点。

相比于以活性炭注入技术为代表的专门脱汞技术，利用现有大气污染物控制设备，实现协同效应除汞具有极大的优势。协同脱汞有两个基本模式：一是通过湿法烟气脱硫洗涤器脱除氧化汞，二是通过颗粒物控制设施（静电除尘器或布袋除尘器）脱除颗粒物。协同效应除汞量会随着烟气总汞中氧化汞含量的增加而增加。为提高氧化汞的含量，可以通过添加化学化合物（氧化剂）或催化剂，对汞进行氧化。催化剂可以专门为生成氧化汞而放置在烟气中，或用于其他用途（如控制 NO_x 排放），从而达到协同效应。根据污染物控制装置的不同，汞去除量也各不相同。表 7-2 介绍了现有的不同污染控制设备的除汞效果。

表 7-2　协同效应除汞趋势

现有控制设备	汞捕获质量
低温静电除尘	捕获颗粒物或吸附剂产物，主要针对氧化汞，效果良好。使用烟煤比低质煤的协同除汞效果更好
高温静电除尘	协同除汞效果差，需要特制吸附剂
布袋除尘器	捕获各种形态汞的协同效果良好；布袋除尘器可氧化零价汞
低温静电除尘+湿法烟气脱硫	通常情况下，由于烟气中有溶解氧化汞，因此，使用烟煤的协同除汞效果好，而低质煤效果差，零价汞的释放会降低协同效应水平
高温静电除尘+湿法烟气脱硫	使用烟煤的协同效果一般，低质煤效果差
喷雾干燥吸收+布袋除尘器	使用烟煤的协同效果极佳，低质煤效果较差
布袋除尘器	与低质煤相比，使用烟煤的协同效果良好。零价汞可在布袋除尘器中氧化，并在湿法洗涤中被捕获
选择性催化还原+低温静电除尘	捕获颗粒汞或吸附汞效果良好；使用烟煤比低质煤的协同除汞效果更好
选择性催化还原+高温静电除尘	协同除汞效果差
选择性催化还原+低温静电除尘+湿法烟气脱硫	捕获颗粒汞或吸附汞效果良好；使用烟煤比低质煤的协同除汞效果更好；选择性催化还原通过将零价汞转化成氧化汞，而提高汞的捕获效率
选择性催化还原+喷雾干燥吸收+布袋除尘器	使用烟煤要比低质煤的协同除汞效果更好。烟气中如有氯气，那么选择性催化还原可通过将零价汞转化成氧化汞，而提高汞的捕获效率
选择性催化还原+高温静电除尘+湿法烟气脱硫	通常情况下，低质煤对颗粒汞和总汞的捕获效果差，选择性催化还原促进汞的捕获
选择性催化还原+布袋除尘器+湿法烟气脱硫	通常情况下，各种煤的使用效果都很好。烟气中如有氯气，那么选择性催化还原可通过将零价汞转化成氧化汞，而提高汞的捕获效率

优化协同除汞最重要的一步就是使氧化汞数量最大化。SCR 技术在减少 NO_x 的同时，在一定条件下可促进零价汞氧化生成二价汞。因此从本质上来说，SCR 装置本身并不能除汞，而是增加了湿法烟气脱硫上游氧化汞的量，进而提高湿法烟气脱硫的脱汞效率，从而达到协同脱汞的效果。湿法烟气脱硫系统除汞率可达 90%。选择性催化还原反应可使氧化汞的数量提高到 85%，从而提高湿法烟气脱硫的汞捕获率。在湿法烟气脱硫中，可能会还原氧化汞（再释放）。这可以通过调整洗涤器化学环境而改变。SCR 对元素汞的氧化取决于煤中氯含量、催化剂种类、NH_3 的浓度等因素。在燃用烟煤、无烟煤的电厂发现，应用 SCR 工艺可以使出口烟气中的氧化汞的含量增加 35%。

NO_x 控制策略涉及选择性催化还原的运行参数，包括温度、烟气中 NH_3 的浓度、催化剂床的尺寸及催化剂已使用的年限。因此，优化脱汞的关键是煤炭中氯的含量。如前所述，使用烟煤（80%～90% 的汞是氧化状态），要比次烟煤生成更多的二价汞。关于含汞物质浓度的热化学平衡计算结果表明：在燃用次烟煤时使用选择性催化还原剂将零价汞转化为二价汞受到物质总量平衡因素的影响，而不是动力学因素。因此，要想在燃用低质煤的锅炉中通过使用选择性催化还原将零价汞转化为二价汞，除了需改变 NO_x 的控制参数之外，还必须改变烟气中的化学成分（如烟气中活跃的氯含量），或降低催化剂适合温度，即通过适当的配煤可以优化选择性催化还原的协同脱汞效应。

7.3 协同脱除与超低排放

2013 年国务院和环境保护部发布《大气污染防治行动计划》，浙江浙能电力股份有限公司为了落实这一计划，率先制定了《浙江省大气污染防治行动计划》（2013～2017 年）。按照该计划，浙江省内全面开展燃煤机组烟气超低排放改造工程，2017 年年底前，现有 600MW 及以上燃煤机组基本完成烟气超低排放技术改造，达到燃气轮机组的排放标准要求。2015 年 12 月，环保部等三部委出台《全面实施燃煤电厂超低排放和节能改造工作方案》，要求到 2020 年，全国所有具备改造条件的燃煤电厂力争实现超低排放。

此前，国内火力发电厂现役燃煤机组烟气污染物治理的技术路线基本为单项除污设备治理单项污染物，浙江浙能电力股份有限公司超低排放的总技术路线为多污染物高效协同控制，即"多种污染物高效协同脱除集成技术"，简称"协同脱除"。图 7-5 为浙江浙能电力股份有限公司超低排放的总技术路线图。

在该技术路线中，采用改性蜂窝式脱硝催化剂高效脱除烟气中的 NO_x，同时协同将烟气中的 Hg^0 氧化为 Hg^{2+}，以便将汞在以后的脱硫工艺中脱除。并且，由于

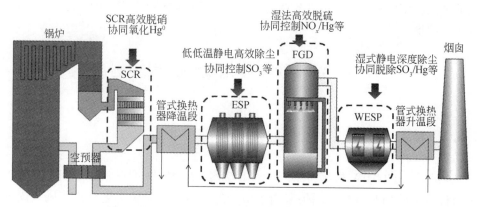

图 7-5　多种污染物高效协同脱除集成技术示意图

V_2O_5 脱硝催化剂对 SO_2 有一定的催化作用，促进 SO_2 向 SO_3 转化，导致 NH_4HSO_4 的生成和空预器的堵塞，适当降低 V_2O_5 的含量，添加有助于抑制 SO_2 氧化的添加剂，如 WO_3，能在保持较高脱硝效率的同时，在一定程度上减少 SO_3 的生成，降低 SO_2/SO_3 转化率。烟气中的 SO_3 在 205℃ 以下时，主要以 H_2SO_4 的微液滴形式存在。其平均颗粒的直径在 $0.4\mu m$ 以下，属于亚微米颗粒范畴。这也是湿法脱硫设备对 SO_3 去除率较低的主要原因。SO_3 的生成过程复杂、影响因素多、性质活泼、烟气成分复杂、检测难度较大。国内已开展了烟气脱硫装置性能测试、SCR 装置性能测试，应用范围广泛，测试中进行了 SO_3 的现场采样、测量工作，目前电厂中测定的方法主要是先从现场收集采样，随后带回实验室进行分析测定，过程较为烦琐。随着环保指标要求越来越严格，烟气中 SO_3 的增多加剧烟囱排烟不透明及腐蚀问题，引起广泛关注，因此燃煤电站 SO_3 的检测工作越来越重要，越来越普遍。对燃煤电站 SO_3 进行快速准确测量是发展的必然趋势，仍需进一步开发可在线实时检测方法及装置。

　　在传统的喷淋吸收塔的基础上加装塔内托盘等烟气均流技术，使得吸收区湍流激烈，达到较高的脱硫效率。在强化脱硫的同时，通过改变除雾器型式、增加除雾器级数，达到大于 50% 的除尘效率。采用低低温除尘技术，配套管式换热器，能够提高除尘效率，同时协同除掉 90% 的 SO_3。脱硫塔后设置湿式电除尘，湿式静电除尘器对亚微米颗粒的高捕获率，对 SO_3 的微液滴起相同作用[7]，因此能够很好地去除 SO_3 及其中的 PM2.5 粒子。日本最早于 1975 年开始在 FGD 后加装 WESP，日本东京电力公司的 Yokosuka 电厂安装湿式电除尘器后，SO_3 在湿式电除尘入口浓度大约为 60ppm，而出口只有约 1ppm，说明 SO_3 基本被清除[8]。湿式电除尘器有效解决 SCR 后 SO_3 浓度增高引起的湿法脱硫烟囱冒蓝烟/黄烟的问题，而烟囱前设管式 GGH，将烟囱出口的烟温抬升至 70℃ 以上，消除烟囱冒白烟的现象。该技术路线在浙江省的超低排放改造中取得了预期的成效，在全国范围内得到推广。

7.4 污染物一体化脱除工程实例

7.4.1 概况

某电厂 2×300MW 机组，采用 SG-1060/17.5-M802 型亚临界中间再热、单锅筒自然循环 CFB 锅炉。锅炉采用集中下降管、平衡通风、绝热式旋风气固分离器、风水冷渣器和滚筒冷渣器相结合，后烟井内布置对流受热面，再热器采用外置床调省蒸汽温度为主，事故喷水装置调温为辅。机组采用直接空冷，每台机组配备 1 台 BMCR 工况下为 1060t/h 的亚临界锅炉。设计和校核煤种以煤矸石、煤泥、风氧化煤、洗中煤等劣质燃料为主，混合燃料的发热量低于 3000kcal/kg，含硫量为 0.7% ~ 1.2%。

原有的污染物控制装置满足《火电厂大气污染物排放标准》（GB 13223—2011）的排放要求。脱硫装置采用炉内喷钙干法脱硫，无炉后烟气脱硫装置，SO_2 排放浓度小于 200mg/Nm^3。脱硝装置采用炉内 SNCR 脱硝，NO_x 排放浓度稳定在 80 ~ 120mg/Nm^3。除尘装置采用布袋除尘器，除尘器出口烟尘浓度小于 30mg/Nm^3。该电厂燃用低热值燃煤，执行所在省份超低排放标准，即 NO_x、SO_2 和烟尘排放浓度分别为 50mg/Nm^3、35mg/Nm^3 和 10mg/Nm^3。原有污染物控制设备不满足该超低排放标准要求，因此须进行烟气污染物一体化脱除改造。烟气污染物一体化脱除技术是针对整个系统的优化、整合技术，宜统筹规划。最大限度的利用成熟技术，并拓展利用其他行业的相关技术，对燃烧、NO_x、SO_2、烟尘及 Hg 综合治理，达到超低排放标准。

7.4.2 工艺流程

超低排放工艺流程如图 7-6 所示。

在原有的炉内干法脱硫的基础上增加炉后的石灰石-石膏湿法脱硫，保留原有 SNCR，在炉后增加 SCR，优化原有布袋除尘器，以实现超低排放要求。烟气经过炉内依次脱硫、脱硝后，进入改造后新增的 SCR 脱硝系统进行深度脱硝，同时在高温 SCR 催化剂上零价汞被氧化成二价汞，有利于在湿法脱硫中被除去。脱硝后的烟气进入空预器，温度降低至 140℃ 左右后进入改造后的袋式除尘器进

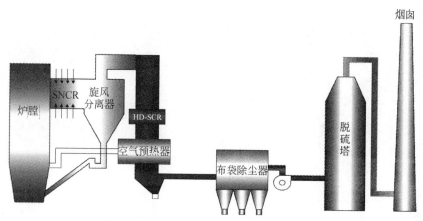

图 7-6　某 2×300MW 循环流化床锅炉超低排放主要技术路线

行除尘，布袋除尘器出口烟尘排放 ≤10mg/Nm³，同时，布袋除尘器对烟气中的 Hg^P 协同脱除。随后进入石灰石-石膏湿法脱硫塔，脱硫塔经过优化结构和改善除雾器除雾除尘性能等一系列除尘脱硫一体化改造，出口 SO_2 排放浓度小于 35mg/Nm³、烟尘浓度小于 10mg/Nm³、雾滴浓度小于 30mg/Nm³，并且通过调整脱硫系统运行参数改善 FGD 的协同脱汞效果，最终满足超低排放要求，由烟囱排放。

7.4.3　系统组成及设备

1. 脱硫系统

1）炉内喷钙脱硫

为提高脱硫系统的脱硫效率和运行稳定性，采用脱硫剂多点、多途径的加入方式，炉内脱硫系统主要包括石灰石粉制备系统、炉前物料输送系统和炉前脱硫控制系统。

（1）石灰石粉制备系统。该厂的脱硫剂制备系统采用了三级破碎系统，如图 7-7 所示。第一级颚式破碎机将将大块石灰石破碎，破碎后的石灰石由皮带输送至第二级圆锥式破碎机破碎，再通过皮带输送机输送到石灰石缓冲仓，缓冲仓落下的石灰石通过皮带进入柱式磨粉机进行第三级破碎至 1mm 左右，石灰石从柱式磨粉机出来经过孔径为 16 目（筛孔径为 1mm）的钢丝滚动筛，小于 1mm 的石灰石细颗粒通过筛网成为合格的石灰石产品，筛上的剩余石灰石颗粒通过刮板机再循环送入柱式磨粉机进行破碎。

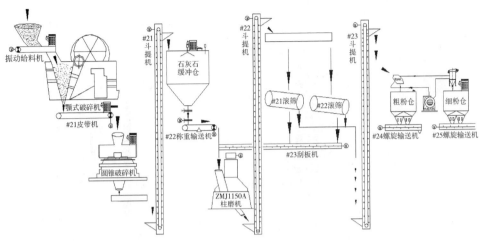

图 7-7　某 2×300MW CFB 锅炉石灰石制备系统示意图

（2）炉前物料输送系统。炉前物料输送系统采用机械输送的方式，相比气力输送的方式，运行更稳定可靠，调节更迅速。该系统包括原料仓、称重式皮带输送机、斗式提升机、两台 FU 链式输送机、两台锁气给料机，如图 7-8 所示。

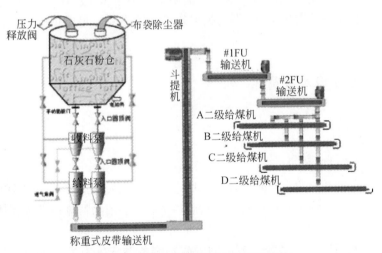

图 7-8　炉前物料输送系统工艺流程图

石灰石粉提前与燃料进行良好的混合后，再进入炉膛，石灰石在炉内得到预热，其分布特性和脱硫特性均得到显著提高，有利于提高石灰石利用率，从而降低石灰石消耗量，具有明显的节能效果。

（3）炉前脱硫控制系统。炉前脱硫控制系统本质属于鲁棒控制系统。该鲁棒控制系统将锅炉前的石灰石仓下的石灰石粉过称从皮带机、斗提机、FU 刮板机送入输煤机，石灰石粉与燃料混合后同时进入锅炉炉膛燃烧、脱硫，根据二氧化硫的排放值调节石灰石粉皮带输送机改变给料量。

炉前物料鲁棒控制系统工艺流程如图 7-9 所示。

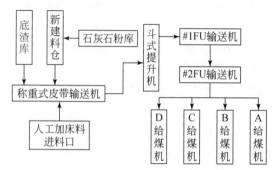

图 7-9　炉前物料鲁棒控制系统工艺流程图

炉前物料鲁棒控制系统原理方框图如图 7-10 所示。

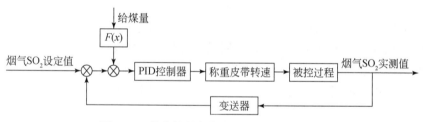

图 7-10　炉前物料鲁棒控制系统原理方框图

根据排放要求，给定 SO_2 含量设定值，通过检测尾部烟道 SO_2 含量，经变送器送到 DCS 中，与烟气 SO_2 含量设定值求偏差，偏差信号经过 PID 控制器运算后给出控制指令，控制石灰石粉称重皮带转速，改变进入炉膛的石灰石粉量，从而调节烟气 SO_2 含量达到设定值。此外，控制系统中将给煤量作为前馈，当负荷增加时，给煤量增加，提前给 PID 控制器送入偏差信号，PID 运算后改变石灰石粉称重皮带转速，超前调节烟气 SO_2 含量。由于脱硫系统是一个大迟延过程，增加给煤量前馈，可以达到更好的控制效果。

原有的脱硫系统保证了炉内脱硫剂多点、多途径投入，能够适应燃料来源的不稳定性（尤其是特殊燃料的含硫量），并且有效提高了脱硫剂的利用率。在 300MW 机组上运行正常，系统脱硫率提高到 95% 以上，SO_2 排放浓度低于 200mg/Nm^3。然而随着超低排放的推进，SO_2 排放浓度要求低于 35mg/Nm^3，考虑到干法脱硫效率的局限性，需要在炉后增加二级脱硫系统，经过调研论证，增加石灰石–石膏湿法脱硫工艺。

2）石灰石–石膏湿法脱硫

#1、#2 机组脱硫装置采用一炉一塔，整套系统由以下子系统构成：SO_2 吸收系统、烟气系统、石灰石浆液制备系统、石膏脱水系统、FGD 废水处理系统、事故浆液排放系统、FGD 供水系统。脱硫装置按全烟气脱硫设计，吸收塔出口 SO_2 排放浓度≤35mg/Nm^3。

（1）SO_2 吸收系统。吸收系统由吸收塔（包括壳体、湍流层、喷淋层、管式除尘器）、浆液循环泵、搅拌器及管线等组成。原烟气从吸收塔中部进入，自下而上经过湍流层、喷淋层、管式除尘除雾装置的系列净化处理，最终变为净烟气经烟囱排至大气。

吸收塔本体。采用逆流接触型洗涤喷淋塔，每台炉设置 1 座，吸收区直径13.5m，浆池直径 16m，总高 36.5m，正常操作液位 8m，逆流式喷淋塔为垂直变径钢制容器，内衬玻璃鳞片防腐层。

湍流层。浆液自上而下与自下而上的烟气逆流接触后，汇集在由旋汇耦合器构成的湍流层，在湍流层进入吸收塔的烟气与循环浆液运动形成湍流，二者充分接触，生成的 $CaSO_3$ 向下汇集至吸收塔的下部。

喷淋层。吸收塔设 3 层喷淋层，如图 7-11 所示，预留一层喷淋空间。配有184 个×3 层喷嘴，喷淋系统采用单管配置，设有 3 台浆液循环泵（每层喷淋层配一台浆液循环泵），满足脱硫装置满负荷运行。浆液循环泵开启数量可根据进入烟气脱硫装置的烟气量的大小进行调整。本系统使用由 SiC 制成的旋转空心锥喷嘴和 FRP（玻璃钢）喷淋管道，可以长期运行而无腐蚀、无磨蚀、无石膏结垢及堵塞等问题。

图 7-11　脱硫塔内喷淋示意图

管束式除尘器。吸收塔内设置有管束式除尘器，布置于吸收塔顶部最后一层喷淋层的上部，由多个管束组成。管束式除尘器由分离器、增速器、导流环、汇流环及管束构成，如图 7-12 所示。烟气在一级分离器作用下，使气流高速旋转。

液滴在壁面形成一定厚度的动态液膜，烟气携带的细颗粒灰尘及液滴持续被液膜捕获吸收，连续旋转上升的烟气经增速器调整后，再经二级分离器去除微细颗粒物及液滴。同时在增速器和分离器叶片表面形成较厚的液膜，在高速气流的作用下发生"散水"现象。大量的大液滴从叶片表面被抛洒出来，穿过液滴层的细小液滴被捕获，大液滴变大后被筒壁液膜捕获吸收，达到对细小雾滴的脱除，从而实现烟尘低于 $10mg/Nm^3$ 的超低排放。

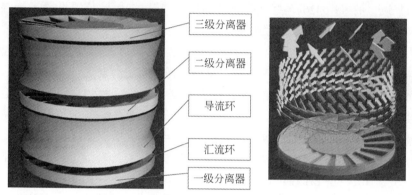

图 7-12 管束式除尘器结构示意图

浆液循环泵。浆液循环泵是将吸收塔浆池内的浆液循环送至各喷淋层的设备，每台浆液循环泵对应一层喷嘴。

（2）氧化空气系统。采用罗茨式风机供应氧化空气，通过氧化风机经由矛状喷射管送入浆池下部，升压 $\Delta P=85KPa$，风压足以克服管道和浆液位差带来的阻力。两套烟气脱硫系统设置 3 台 100% 容量的氧化风机，采用 2 运 1 备的方式。

氧化空气分 4 个支管鼓入，分别装在氧化区四个侧装搅拌器桨叶前方，如图7-13 所示。吸收塔浆液区设置 4 台侧进式搅拌器使浆液池中的固体颗粒始终保持悬浮状态，当一台故障时，仍能保证浆液不发生沉淀现象。

图 7-13 搅拌器桨叶和氧化空气支管

（3）烟气系统。每台炉设置一套独立的烟气系统，烟道系统分为高温段和低温段。

从主机引风机出口起到吸收塔入口烟道为高温段，工作温度为135℃，这段由于烟气温度高，相对湿度低，故采用碳钢材料。吸收塔干湿界面，是指原烟道的末端与吸收塔塔壁交接部位（有斜向下的倾角），此位置是原烟气与吸收塔喷淋浆液首先接触交汇的位置，高温烟气瞬间被喷淋浆液冷却，会吸附和板结部分粉尘和浆液，故采用326c合金钢材料，防磨、防腐蚀。此位置设置了干湿界面冲洗水，定期冲洗避免干湿界面结垢。

从吸收塔出口到净烟道出口为低温段，这段烟道的工作条件是烟气温度50℃，烟气相对湿度大，极易产生冷却结露，故全部进行防腐。

（4）石灰石浆液制备系统。石灰石浆液制备系统流程为：石灰石粉仓—旋转给料阀—称重皮带机—石灰石浆液制备箱—石灰石浆液输送泵—石灰石浆液箱—石灰石浆液泵—石灰石供浆调节阀组—#1、#2吸收塔。通过机组负荷、烟气量、出入口SO_2浓度及浆液pH等参数，调节控制石灰石供浆量，保证污染物达标排放。调节吸收塔pH在4.6～5.6。

（5）事故浆液排放系统。2套脱硫系统共设一个事故浆液箱，事故浆液箱参数为$\Phi12m\times14.5m$，其有效容积为单台吸收塔检修排空时的浆液量。事故浆液箱中的浆液可作为FGD重新启动时的石膏晶种。

（6）石膏脱水系统。本期工程设置两套石膏脱水系统，其中包括2台石膏旋流器、2台真空皮带脱水机及其附属的滤布滤饼冲洗设备及汽水分离器、2台真空泵、1座石膏储存车间、1座脱水滤液水箱、2台脱水滤液泵、1台废水旋流器、2台废水给料泵及各池、箱的搅拌器等。

本套石膏脱水系统共设2台石膏旋流器，石膏旋流器能保证在不同负荷条件下，通过控制旋流子的个数，满足入口浆液流量和压力或浆液浓度变化（浆液浓度15%、20%、25%和30%）时，稳定运行且没有性能的降低。每台旋流器对应1台真空皮带脱水机。真空皮带脱水机的出力按2台机组最大连续工况下石膏总产量的100%设计，每台皮带脱水机配置1台水环式真空泵。

吸收塔浆池内浓度约为15%的石膏浆液由石膏排出泵输送至石膏旋流器进行一级脱水。离开旋流器底流浆液固体含量为40%～50%。底流浆液流至对应真空皮带脱水系统，滤布皮带下方真空管路抽取的滤液输送至滤液箱，一部分经过2台滤液泵打至吸收塔或石灰石制备箱。一部分经过2台废水旋流器给料泵打至废水旋流器。石膏旋流器顶部溢流直接通过管路返回吸收塔。2套脱硫系统共设1个脱水滤液箱，1台废水旋流器，废水旋流器的底流直接返回滤液箱，废水旋流器溢流进入脱硫废水处理系统。

脱水后的石膏饼其成品含水率小于12%，从真空皮带脱水机头部落至石膏库。

石膏浆液排出泵每座吸收塔设置2台，1运1备。其作用是将吸收塔内的石膏浆液排至石膏旋流器，同时也作吸收塔检修或事故时塔内浆液的排空设备。

2. 脱硝系统

采用炉内低氮燃烧优化+SNCR+SCR联合技术脱除 NO_x。在原有干态氨法SNCR系统的基础上新增液态氨直接喷射系统，形成多点喷射，此外，采用优化调整喷枪布置位置、优化空气与氨气混合比例等一系列措施，提高现有SNCR系统的脱硝效率。增加SCR脱硝催化剂，主要作用是吸收SNCR脱硝系统逃逸的氨，提高整体效率的同时降低氨逃逸，减轻空预器堵塞。通过3项技术的结合，确保 NO_x 排放浓度小于 $50mg/Nm^3$。整体脱硝工艺流程如图7-14所示。

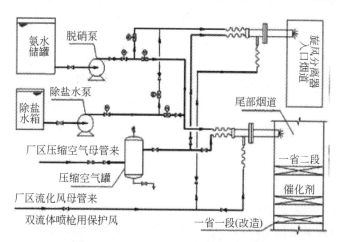

图7-14　SNCR-SCR联合脱硝工艺流程

1）炉内低氮燃烧优化

充分利用循环流化床技术低 NO_x 燃烧特性，通过减少炉内喷钙，优化一、二次风配比等一系列措施减少 NO_x 生成量。炉内低氮燃烧优化，通过强化分级燃烧，同时在炉内三维方向中均匀布氧和补充燃烧所需的合理氧量以维持稳定的燃烧。调整一、二次风配比，适当增强稀相区氧化氛围，将密相区还原氛围下新增的可燃物燃尽确保锅炉热效率，均匀布氧减少局部不稳定燃烧造成的局部高温区而导致的热力型 NO_x 的产生。

2）SNCR喷氨脱硝

该厂采用干态氨法SNCR脱硝装置，降低系统投资及存储纯氨的危险性，减少尿素 SNCR 脱硝系统的复杂性等。系统工艺流程如图 7-15 所示。

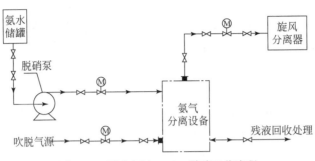

图 7-15　干态氨法 SNCR 脱硝工艺流程

　　还原剂氨水经脱硝泵输送至氨气分离设备，在超重力氨气分离设备内利用吹脱气源与氨水在逆流过程中的吹脱、携带作用，氨水中氨气被气源携带后经风管路输送至 CFB 锅炉各旋风分离器入口烟道处参加 SNCR 脱硝反应，将 NO_x 转变为氮气和水。脱硝喷射装置布置在锅炉各旋风分离器入口烟道处，每个旋风分离器上纵向布置四个喷枪。该工艺系统主要包括还原剂储存系统、还原剂配送系统、还原剂吹脱混合系统、还原剂计量系统、还原剂喷射系统等。

　　（1）还原剂储存系统。该脱硝项目中所用的还原剂为液态氨水，通过氨水罐车运送，利用氨水卸载泵将氨水由罐车输送至氨水储罐内。氨水储罐与其他设备、厂房等留有一定的安全防火防爆距离，并在适当位置设置了灭火器，设有接地装置。氨水存储、供应系统相关管道、阀门、法兰、仪表、泵等设备选择满足抗腐蚀要求。氨水泄漏处及氨罐区域装有氨气泄漏检测报警系统；氨水存储和供应系统配有良好的控制系统。

　　本项目的氨水储存系统为共用系统，同一个氨水储罐，体积 $100m^3$，可满足 4 台机组 5 天的正常用量。还原剂储罐为防腐钢罐，罐顶设有呼吸阀，可根据还原剂储罐内的压力自行动作。

　　（2）还原剂配送系统。还原剂配送系统为独立系统，两机组各设立独自的还原剂配送装置，互不干扰；各机组的还原剂配送系统主要通过一台脱硝泵将还原剂输送至还原剂吹脱混合系统中，将还原剂氨水中的氨气吹脱至气相中。

　　（3）还原剂吹脱混合系统。还原剂吹脱混合系统主要是利用"超重力旋转填料床"这一专利产品的吹脱作用，将还原剂氨水中的氨气吹脱至气相中；气源取自空气，采用流化风母管供气，气相中氨气均匀混合，这一环节主要是将液态还原剂变为干态还原剂的过程；含氨气源再利用气源本身的压头将其送至旋风分离器入口处进行烟气脱硝。

　　（4）还原剂计量系统。还原剂计量系统包括还原剂输送流量及含氨气源总量测量系统，并根据烟气中 NO_x 的浓度、锅炉负荷、燃料量的变化自动调节还原剂的输送流量。

每台锅炉的 SNCR 系统均设置有三套计量装置，其中计量装置 1 通过电磁流量计准确计量进入超重力旋转填料床的氨水流量，即原始还原剂喷射量；计量装置 2 通过超重力选装填料床后的双文丘里风量计准确计量含氨气源总量；计量装置 3 通过超重力旋转填料床回流氨水管路上浓度计监测吹脱后回流氨水的浓度。根据锅炉负荷、燃料、燃烧方式、NO_x 水平、脱硝效率等参数的变化，手动调节吹脱气量，自动调节还原剂喷射量。

（5）还原剂喷射系统。还原剂喷射系统用于将还原剂以一定的角度、速度喷入旋风分离器入口处，参与脱硝化学反应。还原剂喷射系统主要是设置在机组四个旋风分离器入口处的末端还原剂喷射装置，每台机组还原剂喷射口总数为 16 个，每个旋风分离器入口设置 4 个喷射口；还原剂喷射装置采用该厂自主研发的倾斜式还原剂喷射装置，避免了还原剂在高温、高粉尘环境中的堵塞和磨损等问题。

（6）自动控制过程。脱硝泵出口氨水流量的控制。根据机组实际运行中产生的 NO_x 含量的大小来调整脱硝泵出口脱硝氨水的流量，脱硝泵出口氨水的流量主要是通过调整脱硝泵变频电机的转速高低来改变其流量的大小，进而改变进入超重力旋转填料床内脱硝氨水的流量。

当被监测机组气体中氮氧化物的排放浓度大于 $200mg/Nm^3$ 时，需要加大进入超重力旋转填料床内脱硝氨水的流量，这个过程中需要增加脱硝泵变频电机的转速，增大脱硝泵出口的脱硝氨水流量，以增大超重力机出口气体中氨气所占百分数，但氨气最大份额不能大于 10%，否则会出现氨气爆炸的危险；反之，当被监测机组烟气中氮氧化物的排放浓度小于 $200mg/Nm^3$ 时，需要减少进入超重力旋转填料床内脱硝氨水的流量，降低脱硝泵变频电机的转速，减少脱硝泵出口的脱硝氨水流量，以减小超重力机出口气体中氨气所占百分数。

流化风来气量的控制。一般情况下流化风管路的来气量是保持不变的，风量最大为 $40\,000m^3/h$，一般选用 $30\,000m^3/h$ 左右。通过调整流化风管路上的电动圆风调门来控制进入超重力旋转填料床内气量的大小，调整超重力旋转填料床的气液比，控制其吹脱效率。

当烟气中排放的氮氧化物含量较低无需脱硝时，可切断脱硝泵，停止脱硝氨水的输送，为保证旋风分离器进口处内外温差引起的不良影响，需要一直连续地向旋风分离器内通入气体，可减小流化风管路上调门的开度，调整进入旋风分离器的气量。若无需脱除烟气中的氮氧化物，仅需向旋风分离器内通入气体时，超重力旋转填料床可不停止运行，直接切断脱硝泵的工作，切断脱硝氨水输送；也可停止超重力旋转填料床的运行，开启气源旁路手动门和电动门，气体仅通过旁路进入旋风分离器内，当超重力机故障维修时，同样使气体可走气源旁路。

超重力旋转填料床出口氨气浓度的控制。超重力旋转填料床出口气体中氨气浓度大小的控制主要是通过加入超重力旋转填料床内的气量和脱硝氨水量来调整的，一般情况下气量保持不变，仅需调整脱硝泵出口的脱硝氨水的流量来改变超重力旋转填料床出口气体中氨气的百分含量。

超重力旋转填料床出口气体中氨气浓度是通过物料反算推出的，即通过氨水浓度计监测的超重力旋转填料床回流氨水的浓度及加入的脱硝氨水量和浓度反算得出超重力旋转填料床出口气体中氨气浓度的大小。需要设定一个保护，当超重力旋转填料床出口气体中氨气的浓度大于 10% 时，需要降低进入超重力旋转填料床的脱硝用氨水量或增大气量，以保证机组的安全运行。

超重力旋转填料床内液位的控制。超重力旋转填料床内液位的控制是通过超重力旋转填料床回流氨水管路上的电动调门的开度大小的改变来实现的。当超重力旋转填料床内液位降低时，需将超重力旋转填料床回流氨水管路上的电动调门开度关小，降低回流氨水管路上的流速；反之，当超重力旋转填料床内液位较高时，需要将超重力旋转填料床回流氨水管路上的电动调门开度调大，增大回流氨水管路上的流速，使超重力旋转填料床内液位保持在安全范围内。对于超重力旋转填料床内具体要求的液位需要根据设备实际而定。

3）SCR 脱硝

根据尾部烟道截面结构，设置板式催化剂模块尺寸。SCR 补喷氨的方式采用与 SNCR 阶段一致的喷枪形式，烟道左右两侧各布置 5 支喷枪。采用声波吹灰器对 SCR 催化剂进行吹灰。

催化剂模块设计有效防止烟气短路的密封系统，密封装置的寿命不低于催化剂的寿命。催化剂采用模块化设计以减少更换催化剂的时间。催化剂满足烟气温度不高于 400℃ 的情况下长期运行，同时催化剂能承受运行温度 420℃ 不少于 5h 的考验，而不产生任何损坏。催化剂相关技术数据列于表 7-3。

表 7-3　催化剂技术数据表

序号	名称	单位	数据
1	催化剂类型		平板式
2	催化剂节距	mm	7
3	模块尺寸	mm	1881W×948D×1695H
4	每台反应器催化剂体积	m³	109

续表

序号	名称	单位	数据
5	两台反应器催化剂体积	m³	218
6	面积流速 AV	m/h（S. T. P. 湿）	9. 2
7	空间流速 SV	1/h（S. T. P. 湿）	2750
8	催化剂单体质量	kg	1270

加装催化剂投运后，NO_x脱除率不小于 92. 3%，氨的逃逸率不大于 3ppm，SO_2/SO_3转化率小于 1%。从脱硝系统入口到出口之间的系统压力损失不大于 1000Pa（设计煤种，100% BMCR 工况，并考虑催化剂层投运后增加的阻力）。

3. 除尘系统

除尘系统采用 F51880 型分室定位反吹袋式除尘器，经过多年运行效率基本保持原有设计水平，其主要技术参数见表 7-4。

表 7-4　布袋除尘器技术参数

序号	项目	单位	参数
1	除尘器型号		FMFBD-51 880
2	处理烟气量	m³/h	2 489 329
3	设计除尘效率	%	99. 95
4	总有效过滤面积	m²	51 880
5	入口温度	℃	149. 2
6	入口浓度	g/Nm³	64. 96
7	出口浓度	mg/Nm³	<30
8	设备运行阻力	Pa	700
9	本体漏风率	%	≤1. 5
10	每台除尘器列数	列	3
11	每台除尘器通道数	个	5
12	滤袋材料		PPS 滤料
13	滤袋规格	mm	500×60×8800
14	滤袋数量	条	5520
15	除尘器过滤风速	m/min	0. 8
16	滤袋的清灰方式		分室定位反吹

续表

序号	项目		单位	参数
17	清灰气体	压力	MPa	0.003
18		气量	m³/min	500
19	清灰喷吹时间		s	15
20	清灰喷吹间隔		s	>7200
21	保护层材料			岩棉
22	外形尺寸（长×宽）		mm	22 840×39 400

布袋除尘器入口浓度小于 $64.96g/Nm^3$，除尘效率高于 99.95%，出口浓度小于 $30mg/Nm^3$。

对目前应用较广泛的电袋复合除尘器、旋转电极除尘器和低低温电除尘器等除尘设备进行了综合考量，但基于改造工期及改造难度等实际问题，最终该工程采取了可行性相对较高的一系列技术改造：对原有布袋除尘器进行高效覆膜滤料、降低过滤风速、查漏堵漏、取消除尘器旁路等。经过改造后布袋除尘器出口排放浓度小于 $10mg/Nm^3$，结合脱硫除尘一体化技术，实现烟尘浓度小于 $10mg/Nm^3$。

7.4.4　实施效果

对原有布袋除尘器进行改造，使布袋除尘器出口排放浓度小于 $10mg/Nm^3$。通过增加石灰石-石膏湿法脱硫工艺，并对塔内结构精细化设计，提高脱硫除尘除雾协同脱除效率，使烟囱出口 SO_2 排放浓度小于 $35mg/Nm^3$、雾滴浓度小于 $30mg/Nm^3$ 和烟尘浓度小于 $10mg/Nm^3$。通过加装 SCR 催化剂，并且对炉内低氮燃烧和 SNCR 控制系统的优化，提高系统稳定性，降低氨逃逸量，使总体脱硝效率大于 75%，烟气中 NO_x 排放浓度确保小于 $50mg/Nm^3$。

此外，通过调整脱硫系统运行参数可以改善湿法脱硫塔的协同脱汞效果，并在布袋除尘器中脱除 Hg^p。烟气余热利用使烟气温度降低，提升布袋除尘器的除尘效率，对单质汞和 SO_3 的捕集能力增强，最终减少单质汞和 SO_3 排放。目前该烟气污染物一体化脱除系统运行良好。

复习思考题

1. 一体化脱硫脱硝有哪些技术？其中哪些是具有实际应用价值的？
2. 燃煤大气汞排放控制方法包括哪些？分别包含哪些具体技术？
3. 何谓超低排放？谈一谈你对通过协同脱除实现超低排放的想法？

第8章 烟气在线监测系统

烟气在线监测系统，也称烟气在线连续监测系统（continuous emission monitoring system，CEMS）。该系统实现对大气污染源排放的颗粒物浓度和气态污染物浓度，以及排放总量进行连续监测的目的，同时将监测的数据和信息传送到环保相关部门，使企业和单位履行遵守环保法规的义务。如脱硫、脱硝和除尘等环保设备和装置，也需要依靠监测系统的数据进行监控和管理，以提高效率。

8.1 CEMS 的组成和描述

在线监测系统：一套完整的在线监测系统主要包括气态污染物监测子系统、颗粒物监测子系统、烟气排放参数监测子系统和数据采集和处理子系统（图8-1）。

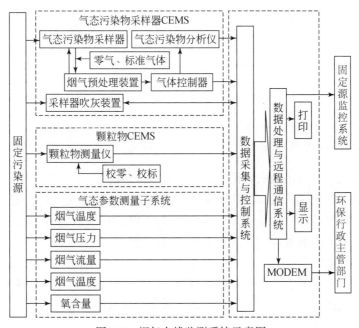

图 8-1 烟气在线监测系统示意图

气态污染物监测子系统：测量烟气排放中的 NO_x、SO_2 等气态形式存在的污染物。

颗粒物监测子系统：测量烟气排放中的烟尘浓度。

烟气排放参数监测子系统：对排放烟气的温度、压力、湿度、含氧量等参数进行检测，将污染物的浓度转换为标准干烟气状态和规定过剩空气系数下的浓度，符合环保计量的要求及污染物排放量的计算。

数据采集和处理子系统：采集与处理、显示、存储、打印、传输等。

8.1.1 气态污染物的取样技术

一般而言，气态污染物的取样方法分为三种：直接抽取法、稀释抽取法和直接测量法。直接抽取法可分为前处理方式和后处理方式两种，稀释抽取法可分为烟道内稀释和烟道外稀释，直接测量法可分为内置式测量和外置式测量（图 8-2）。

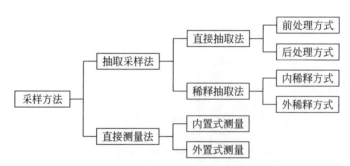

图 8-2　气态污染物 CEMS 取样方法分类

1. 直接抽取法取样技术

直接抽取法是直接抽取烟道中的样气进行分析的方法，由于各种分析仪对样品气体的洁净程度要求较高，所以采用直接抽取法对烟道气体进行连续监测，必须配有一套烟气处理系统，系统中对样品气的处理占了较大的比例，按照样气处理的地点，可分为前处理方式和后处理方式两种。

1）前处理方式

在气体进入分析仪前进行处理，目的是降低烟气温度低于环境温度并除湿以冷却和干燥气体。直接在探头后处理的方式我们称为前处理方式，其流程图如图 8-3 所示。

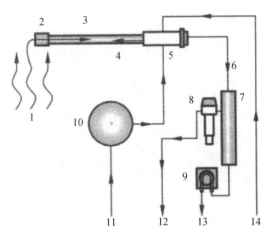

图 8-3 采用直接抽取法–前处理气体流程图

1. 烟气；2. 探头前置过滤器；3. 探头管；4. 热反吹气流；5. 热过滤器；6. 热过滤样品气体；
7. 冷却器；8. 湿度传感器；9. 蠕动泵；10. 反吹储气罐；11. 压缩空气；12. 气体至分析仪；
13. 排放冷凝水；14. 校准气体

在探头上应用制冷技术或化学反应除水术除去烟气中的水分，使采样气体成为干烟气，优点是不需要加热采样管，但对处理系统进行维护时不太方便；且即使采样气体是干烟气，传输距离太远仍然会使样品气体的浓度发生变化，造成测量误差。

2）后处理方式

后处理方式是在分析仪前对样气进行预处理，系统虽然便于检查处理，但必须对整个采样管进行加热，保持适当的温度。气体传输途中环境温度远远低于采样气体温度，会造成传输管道结露而损失 SO_2、NO_x，并腐蚀管道，所以要对采样探头、烟尘过滤器和传输管路加热。加热采样的目的是保证采样气体在流动过程中能保持一个稳定的温度，并且保证在流动过程中不会因传输管道温度低于采样气体露点温度而结露，进一步水解 SO_2、NO_x 而给测量带来误差。

样品气体经抽取、调节处理后，能更灵活地选择分析仪。按干基烟气计算排放量或测量多种污染物时，通常选择这种方法，抽取系统并不复杂，出现问题时，也易于维护，系统的组件易于改进或更换，能更好地适应工程的变化。

采用后处理方式的主要工作流程为：含尘烟气被抽入烟气采样器，烟气采样器中有烟尘过滤装置及加热装置，滤过烟尘颗粒物的样品气经加热保温的传送管，进入第一级汽水分离器，对水汽进行粗滤，对颗粒物进行细过滤。然后对其进行冷凝，冷凝过程中对水进行了分离，然后样品气进入第二级汽水分离器，经再次过滤后，已满足仪器对样品气的要求，进入分析仪（图 8-4）。

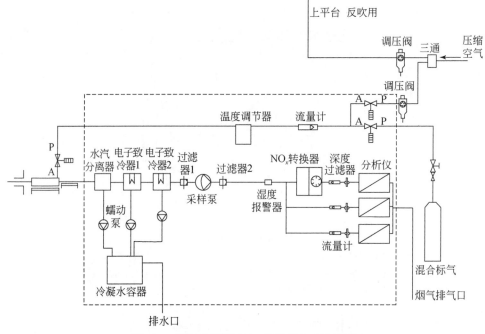

图 8-4　采用直接抽取法–后处理方式流程图

虚线内为机柜

2. 直接抽取法的基本组件

直接抽取法的基本组件分为采样探头、采样伴热管、除湿系统、采样泵、细过滤器、氮氧化物转换器、气体分析仪等。

1）采样探头

由于烟气中含有大量的颗粒物、水分和腐蚀性气体，会导致探头被烟气中的颗粒物堵塞，特别是含湿量较高时，水蒸气可能冷凝，与颗粒物形成的块状物易于堵塞装有过滤器的采样探头，为了减少堵塞，可在探头的一端安装过滤器，同时将过滤器进行加热，以防止水气冷凝溶解水溶性气体和形成块状物堵塞过滤器，为防止烟尘在采样探头处堆积，可在烟气采样器加装反吹功能。

采样探头的过滤器由烧结不锈钢或多孔陶瓷材料制成，防止颗粒物进入采样管，烧结金属由微米粒径的金属颗粒物在高温、高压下压缩而成。金属形成的孔隙度与压力有关。对于任何一个完好的抽取系统，都可能会出现堵塞过滤器的问题，为了减少堵塞，采用高压气体，与抽取气体的流向相反的方向反吹过滤器。使用反吹系统时，必须注意，防止反吹气体冷却探头，造成酸雾和其他气体冷凝。

2）采样伴热管

样品气体进入探头后再通过采样管把它送至分析仪。当测量易溶于水和可冷凝的气体（NO_2、HCl 和挥发性有机物）时应加热输送的气体，加热温度应等于或高于烟气温度。最常见的方法是用加热的采样管输送气体至除湿系统，在除湿系统降低烟气的温度并除去烟气中的水分。

3. 除湿系统

热烟气在进入采样泵前，通常要除去湿气，以防水蒸气和酸雾容易在未加热的泵上冷凝并腐蚀内部器件。许多除湿系统实际将烟气温度降低到露点以下。冷凝方法一般分为机械压缩制冷器和电子冷凝器。

1）机械压缩制冷器

机械压缩制冷器的制冷原理和冰箱制冷一样（图 8-5），有压缩泵和加快热散发的散热片。制冷系统是由放在制冷系统的制冷液体（液体可以是水、非结冰的溶液或在某些情况下可以是空气）中的聚偏氟乙烯、玻璃或不锈钢螺旋管组成。为防止螺旋管中的水结冰，温度不得低于 1℃，出口气体的温度通常控制在 1～3℃。冷凝水经收集，用蠕动泵定期或连续地排除。

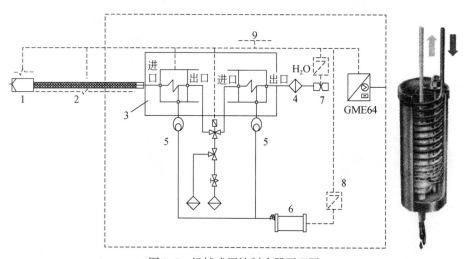

图 8-5　机械式压缩制冷器原理图

1. 探头；2. 测量气体管路；3. 气体调节器；4. 过滤器；5. 排水泵；6. 集水器；7. 温度传感器；
8. 冷凝水检测器；9. 控制单元

2）电子冷凝器

1834 年，法国科学家珀尔帖（Peltier）发现了一种效应，在两个不同导体组成的回路中通电时，一个接头吸热，另一个接头放热，这就是所谓的珀尔帖效应。

　　电子冷凝器正是利用这种原理进行制冷的。调节电压和电流时可以精确控制温度。改变输入直流电源的电流强度，就可以调整制冷或制热的功率。

　　3）采样泵

　　采样泵是抽取系统的重要组件之一，用以将样品气体从烟道输送到分析仪，泵的能力应满足分析仪对抽气量的要求，不漏气，不会因润滑油而被污染。能满足上述条件的泵：隔膜泵和射流泵，它们在排放源监测中应用最为普遍。

　　（1）隔膜泵。隔膜泵是无油泵，避免了油蒸气污染的问题，隔膜泵的工作原理是机械冲程活塞或由连接棒移动活塞（图8-6）。隔膜为圆形，由软金属片、特氟龙、聚氨酯和其他合成橡胶制成。隔膜往复运动，短脉冲方式移动气体，当样气隔膜上升，气流从下通过吸气阀进入泵的内腔；当隔膜被推下时，吸气阀关闭同时排气阀打开，气体进入采样管。因为只有泵腔、隔膜和阀与气体接触，故被气体污染的可能性将减至最小。

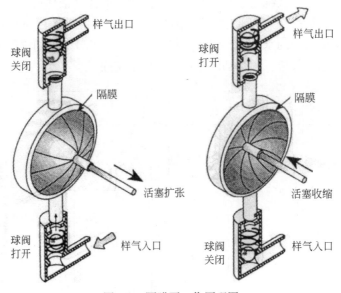

图8-6　隔膜泵工作原理图

　　（2）射流泵。射流泵也称喷射泵或空气吸入器，是利用采样系统抽真空，产生伯努利（Bernoulli）效应，空气射流时压力较正常流动时压力降低，当压降低于烟道或管道压力时，迫使样品气体通过采样管（图8-7）。喷射速度增加，真空度也会增加，常将经过滤的工厂压缩空气或压编钢瓶气作为高速气体。射流泵的设计比较简单，可作为探头内过滤器的一部分或安装在烟道外。射流泵抽取烟气通过安装在烟道外加热机箱中的内过滤器，通常再用一台隔膜泵，把经过滤的样品气体抽入分析仪中；多余的样品气体进入射流泵与压缩空气混合返回到烟道或管道。

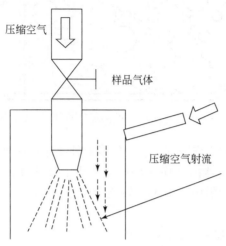

图 8-7　射流泵工作原理图

（3）细过滤器。粗过滤器除去样气中的大颗粒物，由于气体分析仪几乎要求完全除去 $0.5\mu m$ 以上的颗粒物，所以要用细过滤器，放置在分析仪的前面。细过滤器分为两种：表面过滤器和深度过滤器。

（4）表面过滤器。表面过滤器可以是除去一定粒径颗粒物的滤纸。为使气体通过，滤纸是多孔的。微孔的大小能阻止细颗粒物穿过的块状烧结滤料也用于制造过滤器，可滤去更细的颗粒物（图 8-8）。

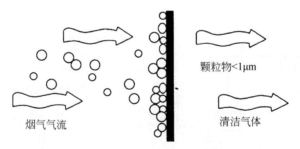

图 8-8　表面过滤器过滤烟气中颗粒物示意图

（5）深度过滤器。深度过滤器是由全部滤料过滤颗粒物，特别适用于过滤干气和含有气溶胶湿气中的颗粒物（图 8-9）。

（6）氮氧化物转换器。样气中存在的氮氧化物，常具有 NO、NO_2、N_2O_4 等多种形态，其中除 NO 外，其他形态的极不稳定，可相互转化。分析 NO_x 总量是有意义的，只有将 NO_x 转化为 NO 才可对仪器进行标定和测量。

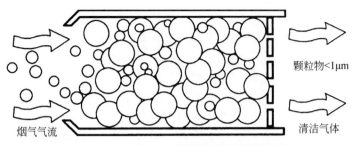

图 8-9　深度过滤器过滤烟气中颗粒物示意图

氮氧化物转换器的工作原理是：在转换器外部通过加热器加热，使转换器内部温度达到气体与转换器内转换介质催化物质工作条件，样气从转换器一端进入，在转换器内通过吸附作用将 NO_x 转化为成分稳定的 NO，而催化剂不参与化学反应。

一般氮氧化物转换器的转换效率>99%，加热温度>180℃。采用不锈钢材质和聚四氟乙烯隔热管可使其工作寿命大为增加。

8.1.2　稀释抽取法取样技术

稀释系统采用独特的现场样品预处理的气体采集方式。在采样探头顶部，通过一个音速小孔进行采样，并用干燥的仪表空气在探头内部进行稀释（稀释抽取法取样分析流程如图 8-10 所示）。样气进入分析仪之前不需要除湿处理，因为样气经过稀释后（稀释比通常选择在 25：1~250：1），有效地降低了样

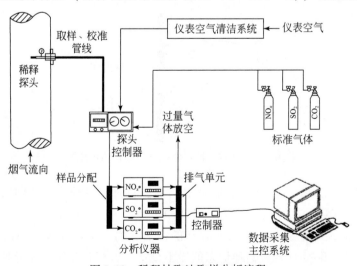

图 8-10　稀释抽取法取样分析流程

品的露点温度，使之低于安装地的环境最低温度，从而避免了样气在环境温度下产生的结露现象；另外，样气经过稀释仍为带湿气体，测量过程是典型的湿法测量。

由于稀释探头采样不需要除湿设备，因而无需增加购置除湿设备的成本及其维护费用。稀释法可以彻底避免样气在采样管线中冷凝结水，故无需加热气体传输管线。

稀释法提供带湿样品气测量数值和带湿烟气流量值，无需为排放量计算提供额外的湿度计。

1. 稀释比 α

$$\alpha = (Q_1 + Q_2) / Q_2 \tag{8-1}$$

式中，Q_1 是稀释气流量，L/min；Q_2 是样气流量，L/min。Q_1 值可以由操作者调节，稀释比可以在一定范围内改变。将经稀释的样品 $(Q_1 + Q_2)$ 经采样管线送至烟气检测仪。

采样系统的稀释比必须满足两个标准：

第一，使用的监测仪的测量范围应与实际抽取的样气的预计浓度（稀释后）一致。例如，预计烟气中 SO_2 最大浓度为 500ppm。SO_2 监测仪的测量范围为 0 ~ 10ppm。因此稀释比 500：10 = 50：1。稀释比应保证在最低环境温度下采样管线不会结露。

第二，选择的稀释比必须保证在安装地区可能出现的最低环境温度下在样品管路中不会发生冷凝，如热湿的饱和烟气应当选择高的稀释比。

2. 稀释原理

音速临界小孔采取耐热玻璃和陶瓷材质，小孔前端由石英过滤棉过滤，并经过陶瓷孔板到达小孔。小孔的长度远远小于孔径，当小孔两端的压力差大于0.46倍以上时，气体流经小孔的速度与小孔两端的压力变化基本无关，而只取决于气体分子流经小孔时的振动速度，即产生恒流。

实验室的实验表明：当稀释探头的真空度大于 13mmHg（约合 44kPa）时，在绝大多数烟道条件下都能满足音速小孔的恒流条件。

3. 采样探头

1）烟道内稀释采样探头

在稀释探头处把烟气稀释到露点低于采样地区最低环境温度，CEMS 就可以不用加热采样管，从而简化了气体传输系统。

采样探头所有暴露在烟气中的部分，需选择耐热耐蚀的铝铬镍合金 lnconel 600，镍基铝合金 Hastelloy C276 或不锈钢 304pyrex 玻璃等材料，以避免探头在烟气中被腐蚀。

稀释探头采样流量通常为 $50cm^3/min$，而非稀释探头采样流量大约是 $3500cm^3/min$，因而稀释法探头滤尘负荷更小，更不容易发生探头过滤器堵塞，维护周期长，维护费用低。

2）烟道外稀释采样探头（图 8-11）

在烟道外用临界限流孔稀释气体。外稀释系统可能比内稀释系统更容易维护。然而，由于流速低的缘故及从探头端部输送样品到临界限流孔需要的时间较长，外部稀释系统的响应时间稍慢些。

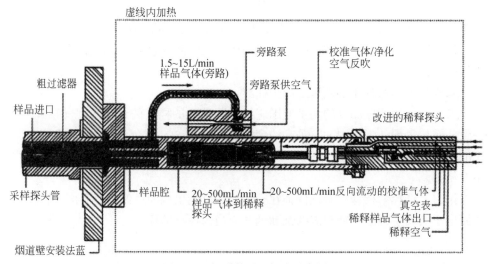

图 8-11　烟道外稀释探头示意图

该稀释系统用射流泵从烟道内抽取样气。样气一般的流速通过一个管状内过滤器并被过滤，在该处除去颗粒物和气溶胶。一根小毛细管作为临界限流孔控制样气流速，然后样气与进入射流泵的清洁空气混合进入分析仪器。

烟道外稀释系统与烟道内稀释探头相比较有几个优点：它们的加热烟道内稀释探头更容易保持稳定的温度；应用于监控净化装置时可能更容易解决经常遇到的水滴和气溶胶冷凝的问题；当烟道外系统的探头和烟道成一定倾斜角度时，水滴能够返回烟道；在样气进入稀释系统前，能够先将样品送给氧分析仪器。

4. 采样管线

由于稀释样品的露点低而无须跟踪加热，所以连接采样探头和分析仪器的采样管线是无须加热型的。

稀释系统的采样管线由四根聚四氟乙烯管组成，其中两根分别用于往采探头输送校准气和稀释空气，一根用于往各种分析仪器输送稀释后的烟气样品，另一根用于探头部分的真空度监测。所有采样管线除真空管线外都是正压，从而避免了由气体泄漏所引入的误差。

5. 稀释空气净化系统（图 8-12）

稀释抽取探头系统需要的稀释空气必须是清洁的、无油的、没有颗粒物和被测气体的，不能引起明显的测量误差。因此需要另外的清洁空气系统。

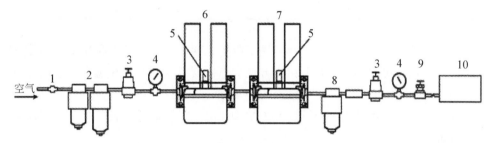

图 8-12　稀释空气净化系统示意图

1. 关闭阀；2. 油凝结进口空气过滤器；3. 压力调节器；4. 压力表；5. 湿度指示器；6. 无热干燥器；
7. CO_2 吸附器；8. 5μm 出口空气过滤器；9. 调节阀；10. 探头控制面板

8.1.3　直接测量法

直接测量法是在没有改变烟气的组成并在颗粒物存在或渗透过滤除去颗粒物的条件下直接测量气体浓度的系统。

直接测量式 CEMS 一般有以下两类：一类传感器安装在探头端部，探头直接插入烟道，使用电化学或光电传感器，测量较小范围内污染物浓度（相当于点测量，如氧化锆法测量烟气含氧量）。另一类传感器和探头直接安装在烟道或管道上，传感器发射一束光穿过烟道，利用烟气的特征吸收光谱进行分析测量，可以归为线测量。

根据探头的构造不同，直接测量式 CEMS 可以分为内置式和外置式；根据光线是否两次穿过被测烟气可分为双光程和单光程；有采用探头和光谱仪紧凑相连的一体式结构，也有将探头和光谱仪分开的分体式结构，探头和光谱仪之间采用光纤进行光信号传输。其比较如表 8-1 所示。

表 8-1　内置式、外置式探头比较

比较内容	优点	缺点	适用场合
内置式	单端安装，安装调试简单；只需一个平台；振动对测量的影响小；可以通过改变测量路径的长度来实现对不同浓度污染物的测量	内置式探头在有水滴的场合易受污染	火力发电厂、水泥厂等
外置式	光学镜片全部在烟囱（道）外，不易受污染	两端安装，需要两个平台，安装调试相对复杂；受振动的影响较大；在污染物浓度高，烟道（囱）直径大的场合不适用	金属冶炼厂、硫酸厂、垃圾焚烧等

国内直接测量式 CEMS 几乎都采用了内置式探头结构，探头和光谱仪一体化设计方式，仪器更紧凑，安装调试更方便，下面就以采用 DOAS 技术的直接测量式 CEMS 进行介绍。

监测仪器主要包括光学系统、机械结构、电子学测量和控制系统、吹扫保护系统等部分。

1. 光学系统

光学系统主要由发射和接收两大部分组成，包括光源、透镜、角反射器、狭缝和多道光谱仪等。光源发出的光经过透镜直接进入烟道中，通过烟气吸收后经角反射器返回，由狭缝进入光谱仪，由光栅分光，在光栅色散焦平面由二极管阵列探测器（PDA）接收。

1）辐射光源

一个良好的光源要求具备发光强度高、光亮稳定、光谱范围广和使用寿命长等特点。常用的紫外光源有汞灯、紫外线金属卤化物灯、氘灯、氙灯。

汞灯：汞灯的光谱主要是原子的线状光谱，光谱的连续性很差，一般用作波长校准、非分光紫外光度分析等。

紫外线金属卤化物灯：辐射大多数是金属原子光谱的特征谱线。

氘灯：氘灯在 200~400nm 的紫外区域有连续的紫外辐射。

氙灯：氙灯是辐射 180~500nm 波长的连续紫外光源。

综合以上的紫外光源，如氘灯、氙灯等具有连续光谱的紫外光源是紫外分光光谱仪的理想光源。尤其是脉冲氙灯，其脉冲式工作模式更是让其在寿命上遥遥领先。

2）光谱仪

光谱仪主要作用就是分光，将包含多种波长的复合光以波长进行分解，然后从探测器上得出以波长为坐标排列的不同波长的光强分布。

光谱仪按分光原理及分光元件的类别可以分为干涉光谱仪、棱镜光谱仪和光栅光谱仪等。干涉光谱仪采用干涉原理进行分光，具有杂散光低、光能利用率高等优点，但是光路设计复杂。而采用色散分光的光谱仪系统结构相对简单，一般都包括入射狭缝、准直镜、色散元件、聚焦光学系统和探测器。

3）探测器

光电探测器是根据量子效应，如产生由于吸收光子的电子，将所接收到的光信息转变成电信息的元件。其灵敏度本质上随光子能量辐射线的波长而变化。在紫外分光光谱分析中常用的探测器一般为线阵探测器，有 PDA、CCD、CMOS、NMOS 等。

2. 机械结构

机械结构部分包括插入式气体采样管、二极管阵列探测器的线性检测及本底测量装置的机械驱动。考虑到烟道中温度很高，而且有 SO_2 等腐蚀性很强的污染气体，所以气体通道包括测量槽及有关配件均采用不锈钢、透紫外光的石英玻璃材料制作，气体通道上的光学元件和密封元件均耐高温、耐腐蚀。

3. 电子学测量和控制系统

分析仪的各个部件通过电子学测量和控制系统，组合成有机的整体。电子学系统的实现设计微弱信号检测、自动控制、软件工程及电源变换等多项技术。

4. 吹扫保护系统

吹扫保护系统由空气净化装置、吹扫风机、管路、信号检测等部分组成。空气（也有采用压缩空气作为吹扫保护气的）经过净化装置过滤后，被风机加速，通过管路送入测量探头内，保护镜片不被烟气污染。信号检测装置实时监测风机的工作状态，在风机跳闸停运时，提供报警信号提示维护人员进行必要的处理。

3 种取样法的优缺点见表 8-2。

表 8-2　直接抽取法、稀释抽取法和直接测量法的优缺点

比较内容	优点	缺点
直接抽取法	（1）取样过程中不改变气体成分； （2）可同时测量氧含量，无需另外安装氧测量仪器； （3）维护方便，便于校准，便于维修； （4）使用寿命长，使用成本低	（1）取样点离测量系统距离较远，安装成本较高； （2）探头粗过滤器需定期更换

比较内容	优点	缺点
稀释抽取法	（1）由于大比例稀释，样气中粉尘、水分及SO_2等腐蚀性气体的影响极大地降低，对预处理要求很低； （2）样气传送无需伴热	（1）稀释气体必须连续供给，增加了使用成本； （2）稀释气体的杂质要求很低，处理要求高，难度大； （3）校准在探头处进样，校准周期长，校准成本高； （4）稀释比控制难度大，变化会直接影响测量结果
直接测量法	（1）无需取样系统； （2）能快速检测出气态污染物浓度	（1）烟道环境对测量影响很大； （2）测量光路是敞开的，无法在线校准，测量误差较大； （3）需定期清洁光学镜片，维护工作量大

8.2　气态污染物的分析技术

气态污染物在不同的取样方式下对应不同的分析方法，具体见表8-3。

表 8-3　气态污染物不同取样方式下的分析方法

取样方法	二氧化硫	氮氧化物
直接抽取法	非分散红外法	非分散红外法
	非分散紫外法	
	紫外荧光法	化学发光法
	定电位电解法	定电位电解法
稀释取样法	紫外荧光法	化学荧光法
直接测量法	单波长法	单波长法
	双波长法	双波长法
	差分吸收光谱法	差分吸收光谱法

8.2.1　直接抽取式 CEMS 测量原理

1. 非分散红外法

SO_2、NO_x 等一些气体污染物在光谱范围的一个或多个区域能够吸收光的能量（例如，SO_2 吸收 7300nm 的红外光，280 ~ 320nm 的紫外光，NO 吸收 5300nm

的红外光，185 ~ 225nm 的紫外光）。根据朗伯-比尔定律，能够测量出不同种类污染物的含量。

$$A = In\left(\frac{I_0}{I_1}\right) = aCL \tag{8-2}$$

式中，A 为吸光度；I_0 为发射光强；I_1 为透射光强；a 为吸收系数，与物质的性质、温度、波长等有关；C 为溶液的浓度；L 为光程，即溶液的厚度。

当一束恒定的 7300nm 的红外光通过含有二氧化硫气体的介质时，被二氧化硫吸收，光通量被衰减，通过测出衰减的光通量，即可求出二氧化硫的浓度。

杂原子分子，即含有 2 个或 2 个以上不同原子的分子，在红外光谱区域有独特的吸收特征；而对只含有相同原子的分子，在红外区域不产生特有的振动，因此红外吸收技术不能够测量同原子分子，所以尽管烟气样品中含有高含量的氮或氧，但它们不会影响样品中其他气体的吸收和检测。

非分散红外分析仪主要检测二氧化硫、氮氧化物、一氧化碳、二氧化碳、氯化氢等。

为了克服光源的强度和其他因素的干扰，由光源发出光穿过两个气室：参比气室和样品气室。参比气室充满在仪器使用波长不吸收光的氮气或氩气，当红外光穿过样品气室时，样品中污染物分子将吸收一定量的光。其结果是，光到达样品气室终端时与参比气室的光能比较，光能减少，光能的差用检测器测量（其测量原理图如图 8-13 所示）。由于两个气室透光率得到的检测器信号的比与污染气体的浓度相关，由此可以计算出污染气体的浓度。

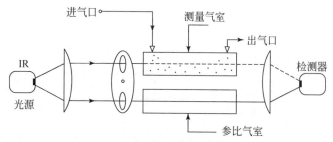

图 8-13　非分散红外光法的测量原理图

光通过参比和测量气室得到的光检测信号的比即透光率，与气体中污染物的浓度相关：

$$T_r = \frac{I}{I_0} = e^{-a(\lambda)cL} \tag{8-3}$$

式中，T_r 为光通过参比和测量气室得到光的检测信号的比，即透光率；I_0 为光通过参比气室后的强度；I 为光通过测量气室后的强度；a（γ）为分子吸收率；c 为污染物浓度；L 为光通过参比气室或测量气室的长度（两个气室的长度相等）。

在参比气室中，c 参比 $=0$，容易得到 I_0，因为：

$$I_{样品} = I_0 e^{-a(\lambda)cL} \tag{8-4}$$

$$I_{参比} = I_0 e^{-a(\lambda)cL} = I_0 e^0 = I_0 \tag{8-5}$$

I_0 为常数，$I_{样品}$ 与测得的透光率和被测定气体的浓度相关。测量方法是比较产生的模拟电信号，即用一个"调制盘"组件防止通过两个气室的红外光同时到达检测器。旋转"调制盘"，使通过参比气室和测量气室的红外光交替地到达检测器，产生的交流信号的大小正比于检测器接收能量的差。

其他气体若吸收与目标气体相同光谱范围的光，则在测量中会引起干扰。水蒸气和 CO_2 在红外区域被强烈地吸收，因此在样品气体进入分析仪前，必须从样品中除去。

2. 非分散紫外法

典型的非分散紫外测量，光谱由汞无极放电灯、空心阴极灯或其他类型的 UV 灯发光。通过样品气室后到达在滤光器转轮上旋转的一组带通滤光器，即参比滤光器和测量滤光器，然后达到光电倍增管，光达到参比滤光器时仅仅允许 578nm 区域的光通过。非分散紫外测量原理如图 8-14 所示。图 8-15 为 SO_2 和 NO_2 的 UV 可见光谱。由图 8-15 可知，SO_2 气体吸收 185～315nm 区域的紫外光，吸收带的中心波长为 285nm，通过测量中心波长的 UV 光，与 578nm 波长的光比较（没有 SO_2 吸收），得到 SO_2 测定结果。

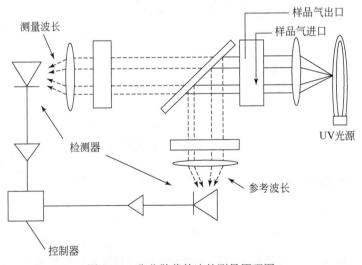

图 8-14　非分散紫外法的测量原理图

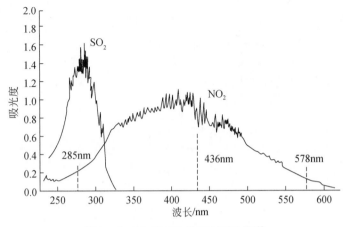

图 8-15　SO₂ 和 NO₂ 的 UV 可见光谱

检测器测得的光强度为 I_0；光到达测量滤光器时允许窄带中心在 285nm 的光通过，检测器测得的光强度为 I。光电倍增管放大信号并由仪器计算系统计算透光率倒数的对数得出正比于 SO₂ 浓度的输出。

$$I_{参比} = I_0 e^{-a(\lambda_{参比})cL} = I_0 e^0 = I_0 \tag{8-6}$$

$$c_{样品} = \frac{1}{aL}\ln\frac{I_{参比}}{I_{样品}} = k\lg\frac{1}{T_r} \tag{8-7}$$

图 8-15 表明 NO₂ 在 578nm 有吸收，NO₂ 在 285nm 也有相等吸收，因此由 NO₂ 吸收引起的干扰可相互抵消而忽略不计。由于燃煤、燃油和废物焚烧源排放气体中 NO₂ 的浓度较低（不高于 NO 浓度的 5%），另外，NO₂ 在 578nm 的吸收率比 SO₂ 在 285nm 的吸收率要小，这种干扰的影响会进一步减少。

3. 紫外荧光法

紫外荧光法测量 SO₂ 的原理是 180 ~ 230nm 附近的紫外光 [主要是（氘灯）或脉冲（氙灯）紫外光源的光] 照射到 SO₂ 气体后，SO₂ 分子吸收紫外光的能量受激发从高能级返回基态时发出荧光，荧光强度的大小反映出 SO₂ 的浓度，当 210nm 的紫外光强恒定时，通过测量荧光强度的大小即可求出被测气体介质中 SO₂ 的含量（图 8-16）。紫外荧光法对 SO₂ 的监测灵敏度很高，可以检测到 ppb 级别的低浓度 SO₂，同时动态范围和线性度也比较好，因此被广泛应用在环境空气质量监测系统中。

SO₂ 在 UV 光谱中对三个区域的光吸收：

（1）340 ~ 390nm，此区域 SO₂ 对紫外光的吸收非常弱，不能产生激发态的 SO₂*，因而不能产生荧光，也就测不出荧光强度。

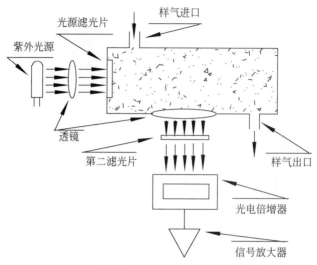

图 8-16 直接抽取式紫外荧光法测量原理图

（2）250~320nm，吸收紫外光较强，但是在这个波长区域，用清洁气体作为稀释气体，稀释后的样气中 N_2 和 O_2 会引起很大的荧光猝灭，同样得不到足够大的荧光强度。

（3）190~230nm，吸收紫外光最强，几乎没有荧光猝灭，因此最适合荧光检测。

$$SO_2 + hv \longrightarrow SO^* \longrightarrow SO_2 + hv_1 \qquad (8\text{-}8)$$
$$210nm \ 激发态 \qquad\qquad 240\sim410nm$$

紫外荧光法应用于监测排放源排放 SO_2 时，应注意 SO_2 荧光猝灭现象。猝灭过程是激发态 SO_2 分子（SO_2^*）以光能释放激发能前把能量传输给猝灭组分，猝灭导致 SO_2^* 发射荧光强度降低。应用最为普通和最好的克服荧光猝灭问题方法是用清洁空气稀释样品气体，烟气经稀释后，背景气体组分的差别减至最小。由稀释探头采样系统与测量环境空气 SO_2 浓度的荧光分析仪器组成的 CEMS，已经广泛地应用于监测排放源排放的 SO_2。

4. 化学发光法

化学发光法是由于化学反应产生的光能发射（图 8-17）。氮氧化物等化合物吸收化学能后，被激发到激发态，再由激发态返回至基态时，以光量子的形式释放能量。测量化学发光强度对物质进行分析测定的方法称为化学发光法。由若干方法可以对 NO_x 进行化学发光测定，最广泛使用的是臭氧的发光反应：

$$NO + O_3 \longrightarrow NO_2^* + O_2 \qquad (8\text{-}9)$$

$$NO_2^* \longrightarrow NO_2 + h\nu \tag{8-10}$$

该反应发射光谱在 $600 \sim 3200nm$ 范围内，最强发光波长为 $1200nm$。

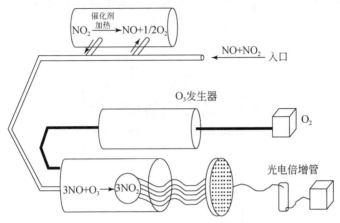

图 8-17　直接抽取式化学发光法测量原理图

化学发光法测量 NO_x 的灵敏度高、选择性好，可以检测到 ppb 级别的低浓度 NO_x，因此在环境监测、生化分析等领域应用广泛。

在化学发光分析仪中，用 UV 光照射石英管中的氧气产生 O_3，提供的 O_3 超过反应需要的 O_3 以确保 NO 完全转换成 NO_2 和稀释测量气体，使存在于样品气体中的其他吸收发射的化学发光辐射的分子，例如，O_2、N_2、CO_2 的熄灭作用减至最小。因为光电倍增管信号正比于 NO 分子数，而不是 NO 浓度，所以必须小心地控制样品的流量。

5. 定电位电解法

定电位电解技术已经应用于排放源排放废气的连续监测，利用这种技术能够监测 SO_2、NO、NO_2、CO、O_2、H_2S、Cl_2、HCN、NH_3 和 HCl 的电化学传感器。

传感器应用了两项基本技术：一是扩散层（典型的选择性渗透膜）允许目标污染物分子扩散到电解液中；另外是气体在工作电极发生氧化反应，在对电极发生还原反应，产生的电流通过外电路成为传感器的输出信号。利用渗透膜，防止传感器电化学池中电解液流出和蒸发，也能利用它的选择性减少干扰组分的影响。因此，应当选择对 SO_2 渗透性好，但对干扰组分渗透性小的高分子膜，如聚乙烯膜、聚氯乙烯膜、聚四氟乙烯树脂膜等。工作电极是产生电解电流的电极，可采用铂电极、金电极、钯电极、铱电极等。对电极与工作电极构成的电路的标准电极，从银或银化合物电极、镍或镍化合物电极、铅或铅化合物电极中选用对电极，使其与工作电极组成最佳的电极对。图 8-18 为定电位电解法测定 SO_2 浓度电化学传感器的工作原理图。如图 8-18 所示，样品气体首先进入传感器气室的上面，目标气体通过选择性渗透膜，扩散到电解液并达到工作电极，在工作电极发生氧化反应产生电荷，产生的电荷移动到对电极，在对电极处发生还原反应，在电阻两端形成电位差，从而形成与污染物浓度相关的电流。

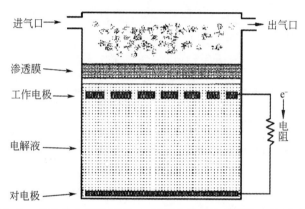

图 8-18　定电位电解法测定 SO_2 浓度电化学传感器的工作原理图

　　当工作电极达到规定的点位时，被电解质吸收的 SO_2 按下式在工作电极产生的氧化反应：

$$SO_2 + 2H_2O \longrightarrow SO_4^{2-} + 4H^+ + 2e^- \qquad E_{298K}^0 = 0.17V \qquad (8-11)$$

式中，E_{298K}^0 是半电池电位。

　　在对电极发生的反应（PbO_2 转化为 $PbSO_4$）：

$$PbO_2 + SO_4^{2-} + 4H^+ + 2e^- \longrightarrow PbSO_4 + 2H_2O \qquad E_{298K}^0 = 1.68V \qquad (8-12)$$

1.68V 的半电池电位大于 SO_2 氧化成 SO_4^{2-} 的 0.17V 电位，所以形成电位差。

　　在一定的温度条件下，工作电极产生的电解电流与 SO_2 的浓度成正比：

$$i = \frac{nFADc}{d} = kc \qquad (8-13)$$

式中，i 为电解电流，A；n 为 1mol 污染物产生的电子数；A 为气体扩散面积，cm^2；F 为法拉第常数（86 500C）；D 为气体扩散系数，cm^2/s；c 为电解液中被氧化气体的浓度，mol/mL；δ 为扩散层的厚度，cm。

8.2.2　稀释抽取式 CEMS 测量原理

1. 紫外荧光法

　　稀释抽取式 SO_2 分析仪基本采用紫外荧光法测定 SO_2 浓度。测试原理如图 8-19

所示。

用波长 $180 \sim 230nm$ 紫外光照射样品，则 SO_2 吸收紫外光被激发至激发态，即

$$SO_2 + h\upsilon_1 \longrightarrow SO_2^* \tag{8-14}$$

激发态 SO_2^* 不稳定，瞬间返回基态，发射出波峰为 330nm 的荧光，即

$$SO_2^* \longrightarrow SO_2 + h\upsilon_2 \tag{8-15}$$

发射荧光强度和 SO_2 浓度成正比，用光电倍增管及电子测量系统测量荧光强度，即可得知 SO_2 的浓度。

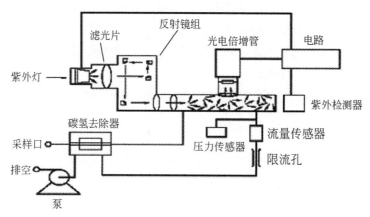

图 8-19 稀释抽取式紫外荧光法测量原理图

2. 化学荧光法

稀释抽取法 NO_x 分析仪采用化学荧光法进行测量。样气经过滤，通过毛细管及模式阀门分别进入 NO_2 转换室和反应室，在此室 NO 与 O_3 反应产生特征荧光，荧光强度与 NO 浓度成正比，从光电倍增管得到荧光强度信号，从而得出 NO_x 浓度。具体反应过程为：

$$NO + O_3 \longrightarrow NO_2^* + O_2 \tag{8-16}$$

$$NO_2^* \longrightarrow NO_2 + h\upsilon \tag{8-17}$$

该反应的发射光谱在 $600 \sim 3200nm$ 范围内，最大发射波长为 1200nm。

$$NO_2 + O \longrightarrow NO + O_2 \tag{8-18}$$

$$O + NO + M \longrightarrow NO_2^* + M \tag{8-19}$$

$$NO_2^* \longrightarrow NO^2 + h\upsilon \tag{8-20}$$

反应发射光谱在 $400 \sim 1400nm$ 范围内，峰值波长为 600nm。

8. 2. 3　直接测量式 CEMS 测量原理

目前直接测量式 CEMS（SO_2、NO_x）从测量原理上可以分为三类：单波长法、双波长法和差分吸收光谱法（DOAS）。

1. 单波长法

单波长法又称为绝对波长法或峰值吸收法，它通常适用于单组分的测量。所谓单组分是指试样中只含有一种被测成分，或者在混合物中待测组分的吸收峰波长并不位于其他共存物质的吸收波长处。在这两种情况下，通常应选择在待测物质的吸收峰波长进行定量测定。一般情况下，短波长处干扰较多，较长波长处，无色物质干扰较少或不干扰。

据朗伯-比尔定律，在最大吸收峰处，气体浓度 c 可由下式来进行计算。

$$c = A/(K \times L) = \left(\ln \frac{I_0}{I_1} \right) /(K \times L) \tag{8-21}$$

在给定波长处，某一物质的 K 值为常数，根据上式，便可由所测得的量计算出该物质的浓度。

单波长测量原理存在以下问题：

（1）粉尘干扰：粉尘导致透过光强变化，使测量结果不准确。

（2）仪器老化：仪器老化导致原始光强变化，使测量结果不准确。

（3）交叉干扰：目前采用单波长原理的仪器基本都是采用滤光片来实现的，一般滤光片的带宽在 20~30nm，探测器测量的是这个波段内光强的积分值。在 CEMS 领域，这个带宽内，一般都会有干扰。干扰导致透过光强变化，使测量结果不准确。

（4）校准周期：仪器老化和光路污染均可导致原始光强变化，因此需要通过频繁的校准来校正。

（5）光路污染：光路污染导致原始光强变化，使测量结果不准确。

2. 双波长法

双波长法是利用选取的两波长处吸收系数差值与吸收度差值的比值来分析计算被测物质的浓度。选取实测吸收曲线上的两个波长和，计算出被测物质吸收度在两波长的差值；然后根据标准吸收曲线上同样的两个波长，计算这两个波长处标准吸收系数的差值。比较吸收系数在两波长的差值和实测吸收度在两波长的差值计算出被测物质的浓度：

$$C = \left[A(\lambda_1) - A(\lambda_2) \right] / \left[\left(K(\lambda_1) - K(\lambda_2) \right) \times L \right]$$

$$= \left[\ln \frac{I_0(\lambda_1)}{I_t(\lambda_1)} - \ln \frac{I_0(\lambda_2)}{I_t(\lambda_2)} \right] / \left[K(\lambda_1) - K(\lambda_2) \right] \times L \qquad (8\text{-}22)$$

从原理而言，双波长法也存在以下问题：

（1）粉尘干扰：粉尘导致透过光强 $I_t(\lambda_1)$ 和 $I_t(\lambda_2)$ 变化，由于是在两个波段，而粉尘散射对光强的衰减在不同波段是不同的，因此会导致 $A(\lambda_1) - A(\lambda_2)$ 和随粉尘浓度变化而变化。

（2）仪器老化：仪器老化导致原始光强 $I_0(\lambda_1)$ 和 $I_0(\lambda_2)$ 变化，同样由于在两个波段原始光强的变化不同，导致 $A(\lambda_1) - A(\lambda_2)$ 随仪器老化而变化。

（3）交叉干扰：目前采用双波长原理的仪表基本都是采用滤光片来实现的，一般滤光片的带宽在 $20 \sim 30$ nm，探测器测量的 $I_t(\lambda_1)$ 和 $I_t(\lambda_2)$ 是光强的积分值，如果其他气体在滤光片的滤波范围内，交叉干扰不可避免。

（4）校准周期：仪器老化和光路污染均可导致原始光强 $I_0(\lambda_1)$ 和 $I_0(\lambda_2)$ 变化，因此需要通过频繁的校准来校正。

（5）光路污染：原因同粉尘干扰，会使测量结果不准确。

3. 紫外吸收光谱法（DOAS）

差分吸收光谱法主要的优点是可以在不受被测对象化学行为干扰的情况下来测量它们的绝对浓度；可以通过分析几种气体在同一波段的重叠吸收光谱，来同时测定几种气体的浓度，其测量原理如图 8-20 所示。

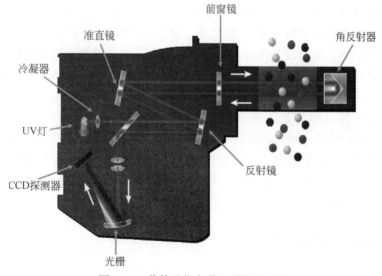

图 8-20　紫外吸收光谱法测量原理图

差分吸收光谱法的基础也是朗伯–比尔定律。

$$I(\lambda) = I_0(\lambda)\exp\left\{-\left[\sum_i n_i\sigma_i(\lambda) + k_R(\lambda) + k_M(\lambda)\right]d\right\} \qquad (8\text{-}23)$$

差分吸收光谱法的测量过程为：紫外光源发出的宽带光谱经石英聚光透镜后通过光分束器，再由反射镜反射到准直透镜，通过前窗镜照射到探头后端的角反射镜上，探头窗镜上装有透光波段 200 ~ 250nm 的紫外滤光片。角反射镜反射光按原光路返回到光分束器上，然后经过准直透镜照射到光谱仪的入射狭缝上，通过光栅色散形成光谱。CCD 探测器将光信号转变为电信号，输出的信号经前置放大器放大后送入高速信号采集 A/D 和 CPU 处理单元；控制处理单元的功能是将该信号数字化并存入存储器，然后由系统总控制单元采用适当的算法对其进行处理得到 SO_2 浓度、NO_x 浓度、烟气温度等信息。在数据分析和处理中采用硬件和软件平均滤波技术，构成了差分吸收光谱测量系统，从而使光源强度随着时间的慢变化不影响测量精度。

由于计算是通过吸收峰来进行的，是由谱线的峰值和谷值来反演出来的，而粉尘只是对整条谱线起着衰减的作用。当然若粉尘密度太大，以至于发出的光回不来了，或衰减至一个极低的水平，那么吸收谱线不能分辨，此时这种方法就不适用了。

8.3　颗粒物在线监测

颗粒物是指燃料和其他物质燃烧、分解及各种物料在处理中所产生的悬浮于烟气中的固体和液体颗粒状物质。一般呈现为多孔的不规则形状，由于燃烧过程和除尘过程的影响，实际的烟尘排放或监测口烟尘颗粒的粒径分布是各有不同的，大多数排放口烟尘颗粒的粒径范围在 0 ~ 20μm。自然状态的颗粒和烟尘颗粒一般都是荷电的，荷电的大小取决于温度、比表面积、含水量及与摩擦碰撞相关的速度等，且与颗粒的物理化学成分及结构相关。

颗粒物监测一般有以下几种类型：浊度法烟尘仪（对穿法、不透明法）、（前、边、后）散射法颗粒物测试仪、光闪烁法颗粒物测试仪、电荷法颗粒物测试仪、β 射线法颗粒物测试仪。目前国内广泛采用的是浊度法颗粒物测试仪和散射法颗粒物测试仪。这两种颗粒物测试仪都是利用颗粒物对光的折射、散射原理，通过光的衰减或散射的强度测量出颗粒物的浓度。

8.3.1　浊度仪烟尘监测仪

浊度法颗粒物自动监测仪的检测原理是基于光通过含有颗粒物和混合气体的

烟气时颗粒物吸收和散射测量光从而减少光的强度，通过测量光的透射率来计算颗粒物的浓度（图 8-21）。浊度仪可以设计成单光程和双光程。单光程测尘仪是光源发射端与接收端位于烟道或烟囱两侧。双光程的仪器在光源发射端与接收端在烟道或烟囱同一侧，由发射/接收装置和反射装置两部分组成。

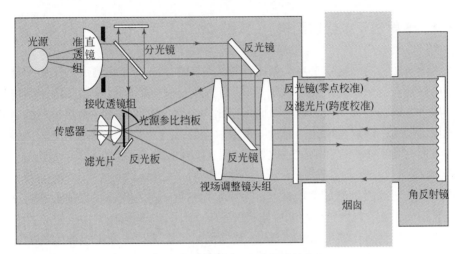

图 8-21　浊度仪法颗粒物光路结构图

浊度仪是基于朗伯-比尔定律而设计的测定烟气中颗粒物浓度的仪器。朗伯-比尔定律表明光通过含有颗粒物的烟气时的透明度与 acL 呈指数下降：

$$T_r = \frac{I}{I_0} = e^{-acL} \tag{8-24}$$

式中，T_r 为光通过烟气的透明度；I_0 为光源入射光强；I 为光通过烟气后的光强；a 为质量消光系数，与颗粒物的粒径，颗粒物的密度及颗粒物的吸收和作为光波函数的散射性质有关（折射系数）；c 为颗粒物浓度；L 为光通过烟气路径的长度。

在颗粒物的特性、粒径分布和工厂运行非常稳定和固定波长的条件下，可认为 a 为常数，对于固定的烟囱或烟道，L 为常数。因此，c 只与 I/I_0 有关。

由图 8-21 可知，光源的光通过准直透镜组准直后分为两部分，一部分直接进入传感器检测光源的输出，另一部分两次通过反光镜进入烟囱测量区，再经过角反射镜后经视场调整镜头组和接收透镜组进入传感器。该结构通过光源参比挡板交替测量信号及跟踪光源的输出变化。反光镜及滤光镜片实现零点及跨度点的校准。该光路结构要求在现场安装调试时要注意烟囱的大小和仪器要求必须匹配，否则信号光无法准确汇聚于传感器。

烟气中的气体组分的干扰通常可忽略不计，但水滴除外。仪器通常不适合在湿法净化设施后测量，除非再加热烟气到高于水的露点温度。

浊度法的误差来源是光学窗口的污染和振动造成光路的漂移，所以浊度仪的窗口必须要用风幕保护。在使用过程中（包括安装开始至拆下烟道的全过程）不能停止风幕。浊度仪法测量烟尘的方法的缺点是灵敏度低。

8.3.2　散射法颗粒物监测仪

光散射颗粒物测定仪是用类似于朗伯-比尔定律而设计的测定烟气中颗粒物浓度的仪器。将一激光束投射入烟道/烟囱，激光束与烟尘颗粒相互作用产生散射，散射光的强弱与烟尘的散射截面成正比，当烟尘浓度升高时，烟尘的散射截面成比例增大，散射光增强，通过测量散射光的强弱，可以得到烟尘中烟尘颗粒物的浓度，其工作流程和测试原理如图 8-22 和图 8-23 所示。

$$T_r = e^{-naQL} \tag{8-25}$$

式中，T_r 为光通过烟气的透明度；n 为颗粒物密度；a 为颗粒物发射面积；Q 为颗粒物消光系数；L 为光通过烟气路径的长度。

大多数光散射仪器用 400～700nm 范围的可见光波长。根据接收器与光源所呈角度的大小可分为前散射、边散射及后散射。前散射测尘仪，接收器与光源呈 ±60°；边散射测尘仪，接收器与光源呈 ±（60°～120°）；后散射测尘仪，接收器与光源呈 ±（120°～180°）。

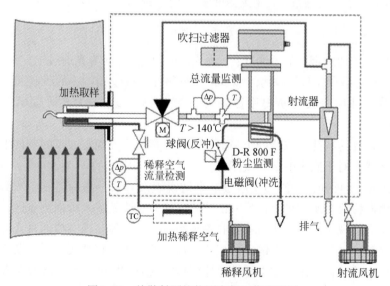

图 8-22　前散射颗粒物测定仪工作流程图

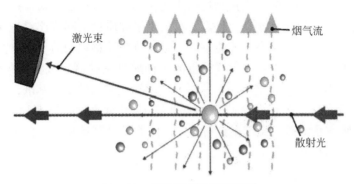

图 8-23 前散射光测量原理图

抽取加热式前向散射颗粒物测定仪可用于测量高温环境中低浓度颗粒物测定仪，采用稀释加热抽取烟气的方式，迅速将湿烟气加热成干烟气配以激光散射颗粒物测定仪进行颗粒物测试。

散射光的强度与颗粒物浓度成比例，因此颗粒物越多，所产生的散射光越强。激光束打在颗粒物上，产生散射光，散射光通过接受透镜及其光纤传递到光敏二极管上进行光电转换，光敏二极管产生电流信号，该电流信号由微处理器进行处理，转换成颗粒物测量信号。

8.3.3 β 射线法颗粒物监测仪

1. β 射线吸收技术

β 射线吸收技术广泛应用于环境空气中颗粒物浓度（$\mu g/m^3$至 mg/m^3）的连续监测，以 $1m^3/h$ 的流量，恒流采样 3h 的方法检出限在 5 ~ $10\mu g/m^3$。通常设计仪器每小时读取一个平均值，即每小时用 β 射线检测一次载有颗粒物的滤纸。

当这种技术测定颗粒物浓度时，为了获得具有代表性的样品和准确的测定结果，仪器采样管前端的采样嘴，必须正对气流的方向以等于烟气的流速采样即等速采样；采用高压气体反吹技术定期反吹皮托管，防止颗粒物沉积在皮托管开口处，确保等速采样；采样系统维持较高的温度或用于干燥、无尘、无油的压缩空气稀释烟气，防止水气和其他气溶胶在滤纸带上冷凝而吸收 β 射线；由于烟气中颗粒物浓度较高，仪器通常设计采样周期的间歇采样方式；提高颗粒物在滤纸上的收集率、准确计量采集气体的体积和稀释比，减少由此而引起的误差。

β 射线吸收测定颗粒物的方法克服了光学方法测定颗粒物受颗粒物的粒径大

小及其分布、颜色的影响，直接测量探头所在烟道或管道截面采样点颗粒物的质量浓度。由于方法属于点测量，仍需要与手工采样质量法同步比对进行，建立方法测定结果之间的相关关系，才能定量测定监测断面颗粒物的平均浓度。

β射线吸收颗粒物浓度测定仪测量的工作原理是检测滤纸在采集颗粒物前、后对β射线的吸收量。仪器按一定的时间周期测量空白滤纸为基准；然后移动滤纸到采样位置采样，采样完毕后返回并按前述相同的时间周期检测。采样前、后，β射线吸收量的差正比于颗粒物质量，仪器通过测量相当于含有已知颗粒物质量的滤纸进行校正（图8-24）。

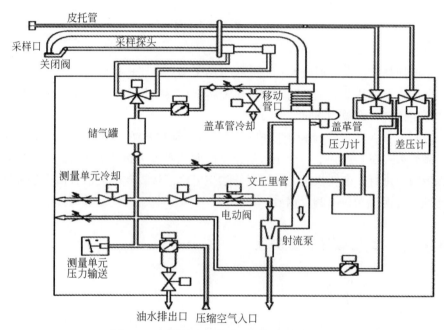

图8-24　β射线法颗粒物监测仪结构示意图

2. 设计原理

使已知体积的烟气通过收集颗粒物的滤纸，由测量吸收的β射线确定颗粒物的质量。测量的经验吸收式为：

$$N = N_0 e^{-km} \tag{8-26}$$

式中，N_0 为单位时间产生的电子数（每秒计数）；N 为在滤纸后面测得单位时间输出的电子数（每秒计数）；k 为单位质量吸收系数，cm^2/mg；m 为β射线照射物质的单位质量，cm^2/mg。

实际上，不需要测定 N_0 和收集颗粒物的面积质量，并由以下步骤去测颗粒物质量浓度。

1）测量空白滤纸

$$N_1 = N_0 e^{-km_0} \tag{8-27}$$

式中，N_1 为在空白滤纸后测得单位时间输出的电子数（每秒计数）；

m_0 为空白滤纸的面积质量，cm^2/mg。

2）测量载有颗粒物的同一张滤纸

$$N_2 = N_0 e^{-k(m_0+\Delta m)} \tag{8-28}$$

式中，N_2 为在载有颗粒物的滤纸后测得单位时间输出的电子数（每秒计数）；Δm 为收集在滤纸上颗粒物的面积质量，cm^2/mg。

联立方程式（8-28）和式（8-29）得到：

$$N_1 = N_2 e^{-k\Delta m} \tag{8-29}$$

或

$$\Delta m = \frac{1}{K} \ln \frac{N_1}{N_2} \tag{8-30}$$

可改写式（8-30）为：

$$c = \frac{S}{QK} \ln \frac{N_1}{N_2} \tag{8-31}$$

式中，c 为颗粒物平均质量浓度，mg/m^3；S 为捕集颗粒物滤纸的表面积，cm^2；Q 为采气量，m^3。

8.4　烟气排放参数监测

8.4.1　氧含量在线监测

在燃烧期间，由于使用了过量的空气导致燃煤锅炉和废弃物焚化炉烟气中出现氧（O_2）。国家要求污染物的排放浓度应为折算浓度，因此必须准确测量烟气中的含氧量。

目前，烟气 CEMS 中常用的氧（O_2）分析仪有氧化锆分析仪、顺磁/热磁氧分析仪和电化学法氧分析仪。

1. 氧化锆分析仪

氧传感器中使用的氧化锆是一种固体电解质，是在纯氧化锆中掺入氧化钇或氧化钙，于高温下烧结成的稳定氧化锆。在 600～700℃时，它是氧离子的良好导体，一般制成管装。其示意图如图 8-25 所示。

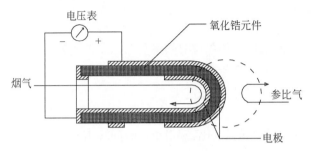

图 8-25　氧化锆分析仪原理示意图

如果在氧化锆管内外两侧涂制铂电极，并对氧化锆管加热，使其内外壁接触氧分压不同的气体，氧化锆就成为一个氧浓差电池，在两个铂电极上发生如下反应：

在空气侧（参比侧）电极上：$O_2 + 4e^- \longrightarrow 2O^{2-}$　　　　　　　　　　　（8-32）

在低氧侧（被测侧）电极上：$2O^{2-} \longrightarrow O_2 + 4e^-$　　　　　　　　　　　（8-33）

即空气中的一个氧分子夺取电极上四个电子而变成两个氧离子，氧离子在氧浓差电池的驱动下，通过氧化锆迁移到低氧侧电极，留给该电极四个电子复原为氧分子，电池处于平均状态时，两电极间电势值 E 恒定不变。

氧电势值 E 符合能斯特方程

$$E = \frac{RT}{4F} \ln\left(\frac{P_A}{P_X}\right) \tag{8-34}$$

式中，R 为摩尔气体常量；F 为法拉第常数；P_X 为被测气体氧浓度百分数；P_A 为参比气体氧浓度百分数。

2. 顺磁/磁压氧分析仪

在不均衡的磁场里如果存在氧气（常磁性气体），氧气会被吸引至磁场强的方向，该部分的压力会上升。将这个压力变化使用载体气体检出至磁场之外，使用电容扩大检测器转化成电信号，载体气体使用大气，不需要使用压缩空气。而且，由于磁场使用交流驱动的电磁石，信号被处理为交流信号，可以得到稳定的测试值。

一般而言，此时的压力上升可以通过以下的公式来表示：

$$\Delta P = \frac{1}{2} H^2 X C \tag{8-35}$$

式中，H 为磁场的强度；X 为常磁性气体（氧气）的磁化率；C 为常磁性气体（氧气）的浓度与载体气体的氧气的浓度差。其示意图如图 8-26 所示。

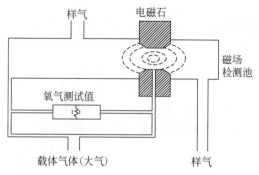

图 8-26　磁压氧分析仪结构示意图

3. 电化学氧含量分析仪

原电池式传感器由两个金属电极、电解质、扩散透气膜和外壳组成，两个金属电极中 Ag 为工作电极，Pb 为对电极。传感器工作时 O_2 通过扩散透气膜进入传感器，在工作电极上发生如下电化学反应：

$$O_2 + 2H_2O + 4e^- \longrightarrow 4OH^- \tag{8-36}$$

同时对电极上发生氧化反应：

$$2Pb + 4OH^- \longrightarrow 2PbO + 2H_2O + 4e^- \tag{8-37}$$

其总反应为：

$$2Pb + O_2 \longrightarrow 2PbO \tag{8-38}$$

此电池反应所产生的电流由下式给出：

$$i = \left(\frac{nFAD}{L}\right) C \tag{8-39}$$

式中，i 为传感器输出电流；n 为反应电子数；F 为法拉第常数；A 为电极有效面积；D 为 O_2 通过扩散透气膜及薄液层的扩散系数；L 为扩散层厚度；C 为 O_2 气体浓度。

当传感器的结构确定后，在一定温度下，n、F、A、D、L 均为常数，则：

$$K = \frac{nFAD}{L} \tag{8-40}$$

得出：

$$i = KC \tag{8-41}$$

即传感器输出电流与 O_2 气体浓度成正比。

8.4.2　其他参数监测

1. 流速

烟气流速是烟气参数的一个重要物理量，其测量精度直接影响污染物排放总量的精度。常用的烟气流速测量方法有 S 形皮托管法和超声波法。

1）皮托管流速

皮托管由两根相同的金属管并联组成，测量端有方向相反的两个开口，一根管面正对气体流动方向测量全压，另一根管平行于气流或背向气流测量静压。皮托管两管连接微压传感器并且连接放大器，测得的压差由微压传感器测得，经放大调制，输出电压与 S 形皮托管测得压差呈比例关系，即

$$P_d = KV_0 \tag{8-42}$$

式中，P_d 为烟气动压；k 为放大器放大倍数；V_0 为传感器输出电压。

测定的烟气流速 v_s 按下式计算：

$$v_s = k_p \sqrt{\frac{2P_d}{\rho_s}} = 128.9 K_p \sqrt{\frac{(273.15 + t_s)P_d}{M_s(B_a + P_a)}} \tag{8-43}$$

式中，v_s 为烟气流速，m/s；K_p 为皮托管修正系数；P_d 为烟气动压，Pa；ρ_s 为烟气密度，kg/m^3；t_s 为烟气温度，℃；M_s 为烟气分子量，kg/kmol；B_a 为大气压力，Pa；P_a 为烟气静压，Pa。

2）超声波法

在流体中设置两个超声波传感器，它们既可发射超声波，又可以接收超声波，一个装在管道的上游，一个装在下游，其距离为 L。如顺流方向的传输时间为 t_1，逆流方向的传输时间为 t_2，流体静止时的超声波传输速度为 c，流体流动速度为 v，则

$$t_1 = L/(c + v)；\quad t_2 = L/(c - v) \tag{8-44}$$

一般说来，流体的流速远小于超声波在流体中的传播速度，则超声波的传输时间差为

$$\Delta t = t_2 - t_1 = 2Lv/(c^2 - v^2) \tag{8-45}$$

可以求出流体的流速为

$$v = c^2 \Delta t / 2L \tag{8-46}$$

2. 温度

烟气温度是烟气重要的状态参数之一，涉及烟气湿度、密度、流速、流量等

几乎所有的计算，是必须测定的重要参数。通常采用热电偶或热电阻原理的温度变送器进行测量。

1）热电偶温度计

将两根不同的金属导线连成一闭路，当两接点处于不同的温度环境时，便产生热电势。两接点的温差越大，热电势越大。如果热电偶一个接点的温度保持恒定（称自由端），则热电偶产生的热电势大小便完全取决于另一个接点的温度（称为工作端）。通过测量热电偶的热电势，就可以得出工作端所处环境的温度。

2）热电阻温度计

铂热电阻性能稳定、重复性好、精度高，在工业用温度传感器中得到了广泛应用。它的测温范围一般为 $-200 \sim 650$℃铂热电阻的阻值与温度之间的关系近似线性，温度上升时，铂电阻的电阻值将增大。

3. 烟气压力

烟气压力是气体在管道中流动时所具有的能量，包括两部分：一部分能量体现在压强大小上，通常称为静压；另一部分体现在流速的大小上，通常称为动压。

静压为作用于管道壁单位面积上的压力，这一压力表明烟道内部压力与大气压力之差。

动压是气体所具有的动能，是使气体流动的压力，它与管道气体流速的平方成正比。由于动压仅作用于气体流动方向，动压恒为正值。静压和动压的代数和称为全压。

全压是气体在管道中流动时具有的总能量，全压和静压一样为相对压力，有正负之分。通常在风机前吸入式管道中，静压为负，动压为正，全压可能为负，也可能为正。在风机后压入式管道中，静压和动压都为正。在烟道系统中，风机后大都串联烟气温度较高的烟囱，在热压作用下，烟囱也产生了很大的抽力，在这种情况下，风机后至烟囱某一断面之间的烟道，静压也多为负值，全压可能为正，也可能为负。

烟气压力的测量一般由皮托管流速测量仪的差压变送器给出，也可单独配套压力变送器测量。

4. 烟气湿度

由于我国在计算污染物浓度和排放量时，实行的是干烟态下的计量标准，所以对于流量、颗粒物浓度、SO_2 浓度、NO_x 浓度、O_2 浓度等数据需要根据测量烟气的湿度进行干烟态的修正。

烟气湿度的测量主要有直接测量法和干湿氧法。

1）直接测量法

采用薄膜电容式传感器和 PT100 电阻组合专门设计的湿度传感器，利用水分的变化和电容变化之间的关系直接测量水气分压，利用 PT100 测量温度，可以准确测量高温烟气的水分含量，并专门根据 CEMS 烟气特点计算出体积百分数。

通常做法是将湿度仪探头直接插入烟道中，探头周围采用特制的过滤器进行保护。但考虑到探头直接暴露在烟道环境中，不易维护，容易腐蚀，设备停运时易造成传感器损坏，一些新的做法使用能够加热的采样探头将烟气从烟道中抽取出来，之后伴热送入放置湿度传感器的测量池，实现分析，全程烟气维持在露点以上，保证湿度不损失。

2）干湿氧法

由 CEMS 系统配置的氧传感器测定烟气除湿前、后的氧含量来计算烟气中的水分，烟气湿度按照以下公式计算：

$$X_{SW} = 1 - X'_{O_2}/X_{O_2} \tag{8-47}$$

式中，X'_{O_2} 为湿烟气中氧的体积百分数，%；X_{O_2} 为干烟气中氧的体积百分数，%。

8.4.3　数据采集处理系统

烟气数据采集处理系统（图 8-27）作为烟气排放连续自动监测系统的核心，用于记录、处理来自 CEMS 分析仪和辅助设备（流速、温度、压力、湿度）的模拟量信号、开关量信号或数字量信号，生成符合管理机构要求的报告并按照国家发布的污染源自动监控系统数据传输标准（HJ/T 212—2005）的要求传输信息。

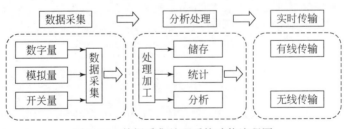

图 8-27　数据采集处理系统功能流程图

1. 数据采集和保存

数据采集与控制系统能显示现场仪器的工作状态、记录和显示监测的模拟量、数字量及开关量信号；能够存储统计数据和报警数据，并且存储器的存储容量要足够大，以满足国家协议数据保存时间的要求，存储的数据要求能够按照国家协议所要求的格式提取出来；数据存储的算法要满足能以较快的速度提取出数据；存储的数据要求和实时上报的数据一致。

数据采集的基本类型分为模拟量、数字量和开关量三种。

模拟量：以连续的电压或者电流变化来表示值的大小。通常会有一个零刻度值和满刻度值，以此来确定一个线性的计算公式。

数字量：使用标准的数字量通信接口和协议进行通信。常用的数字量接口有232接口和485接口。485由232发展而来，其定义了一种平衡通信接口，将传输速率提高到10Mb/s，并允许在一条平衡总线上最多连接32个接收器，并且增加了多点通信能力。通常在要求通信距离为几十米至上千米时，广泛采用RS-485收发器。485和232的比较见表8-4。

表 8-4　485 接口和 232 接口的比较

项目	232	485
信号线	3 线（收、发、地）	2 线（+、-）
工作方式	单端	差分
单线上的驱动器和接收器的总数	1 个驱动器、1 个接收器	32 个驱动器、32 个接收器
电缆最长长度	理论传输距离 13m	理论传输距离 1200m
最大传输速率	20Kb/s	10Mb/s

开关量：在硬件上和模拟量完全相同，在软件上的处理则有所区别，低于门槛电压则表示所采集的量为 0，高于门槛电压则表示所采集的量为 1。开关量用来表明设备是处于开状态还是关状态，在污染源监控上用以检测环保设施是否处于运行状态。

2. 污染物浓度相关计算公式

1）稀释法气态污染物标况浓度计算

采用稀释法采样烟气监测系统测定气态污染物时，按下式换算成干烟气中污染物浓度：

$$C_w = r \times C_i \tag{8-48}$$

式中，C_i 为分析仪输出的标准状态下浓度值；C_w 为 CEMS 测得的湿烟气中被测污染物浓度值，mg/m^3；r 为稀释比。

稀释样气未除湿：

$$C_d = C_w / (1 - X_{sw}) \tag{8-49}$$

式中，C_d 为干烟气中被测污染物浓度值，mg/m^3；X_{sw} 为湿度。

稀释样气被除湿：

$$C_d = C_{md}(1 - X_{sw}/r)/(1 - X_{sw}) \tag{8-50}$$

式中，C_{md} 为 CEMS 测得的干样气中被测污染物的浓度，mg/m³。

2）直抽法气态污染物标况浓度计算

采用直接抽取采样法烟气监测系统测定气态污染物时，按下式换算成干烟气中污染物浓度：

$$C_z = C_n/(1 - X_{sw}) \tag{8-51}$$

式中，C_z 为干烟气中被测污染物浓度值，mg/m³；C_n 为 CEMS 测得的除湿后湿烟气中被测污染物浓度值，mg/m³。

3）标况下氧含量、颗粒物浓度计算

$$B_k = \frac{S_c \times 273 \times (B_a + P_s)}{(273 + T_s) \times 101325 \times (1 - X_{sw})} \tag{8-52}$$

式中，B_k 为标况下该参数含量（氧量或颗粒物）；S_c 为实时监测是烟气中该参数含量（氧量或颗粒物）；T_s 为烟气温度；B_a 为大气压；P_s 为烟气静压。

4）标况烟气流速的计算

皮托管法、热平衡法、超声波法（测速仪安装在矩形烟道或管道）、靶式流量计法按下式计算烟道或管道断面平均流速：

$$\overline{V_s} = K_v \times \overline{V_p} \tag{8-53}$$

式中，K_v 为速度场系数；$\overline{V_p}$ 为测定断面某一固定点或测定线上的湿排气平均流速，m/s；$\overline{V_s}$ 为测定断面的湿排气平均流速，m/s。

超声波测速法（测速仪安装在圆形烟道或管道）按下式计算烟道或管道断面平均流速：

$$\overline{V_s} = \frac{l}{2\cos\alpha}\left(\frac{1}{t_A} - \frac{1}{t_B}\right) \tag{8-54}$$

式中，l 为安装在烟道或管道上两侧 A（接收/发射器）与 B（接收/发射器）间的距离（扣除烟道壁厚），m；a 为烟道或管道中心线与 AB 间的距离 l 的夹角；t_A 为声脉冲从 A 传到 B 的时间（顺气流方向），s；t_B 为声脉冲从 B 传到 A 的时间（逆气流方向），s。

5）标况烟气流量的计算

工况下的湿烟气流量 Q_s 按下式计算：

$$Q_s = 3600 \times F \times \overline{V_s} \tag{8-55}$$

式中，Q_s 为工况下湿烟气流量，m³/h；F 为测定断面的面积，m²。

标准状态下干烟气流量 Q_{sn} 按下式计算：

$$Q_{sn} = Q_s \times \frac{273}{273 + T_s} \times \frac{B_a + P_s}{101325} \times (1 - X_{sw}) \tag{8-56}$$

式中，Q_{sn} 为标准状态下干烟气流量，m^3/h；B_a 为大气压力，Pa；P_s 为烟气静压，Pa；T_s 为烟气温度，$℃$；X_{sw} 为烟气中水分含量体积百分数，%。

6）折算浓度和实测浓度的转换

过量空气系数的计算：

$$\alpha = \frac{21}{21 - X_{O_2}} \tag{8-57}$$

式中，X_{O_2} 为烟气中氧的体积百分数。

颗粒物或气态污染物折算排放浓度按下式计算：

$$C = C' \times \frac{\alpha}{\alpha_s} \tag{8-58}$$

式中，C 为折算成过量空气系数为 α 时的颗粒物或气态污染物排放浓度，mg/m^3；C' 为标准状态下干烟气中气态污染物浓度，mg/m^3；α 为在测点实测的过量空气系数；α_s 为有关排放标准中规定的过量空气系数。

7）ppm 和 mg/m^3 之间的转换

$$SO_2：1ppm = (64/22.4)\,mg/m^3 \tag{8-59}$$

$$NO：1ppm = (30/22.4)\,mg/m^3 \tag{8-60}$$

$$NO_2：1ppm = (46/22.4)\,mg/m^3 \tag{8-61}$$

8）颗粒物或气态污染物排放率

颗粒物或气态污染物排放率按下式计算：

$$G = c' \times Q_{sn} \times 10^{-6} \tag{8-62}$$

式中，G 为颗粒物或气态污染物排放率，kg/h；Q_{sn} 为标准状态下干排烟气量，m^3/h。

9）污染物排放总量

$$G_d = \sum_{i=1}^{24} G_{h_i} \times 10^{-6} \tag{8-63}$$

$$G_m = \sum_{i=1}^{31} G_{mh_i} \times 10^{-6} \tag{8-64}$$

$$G_y = \sum_{i=1}^{365} G_{yd_i} \times 10^{-6} \tag{8-65}$$

式中，G_d 为烟尘或气态污染物日排放量，t/d；G_{h_i} 为该天中第 i 小时烟尘或气态污染物排放量，kg/h；G_m 为烟尘或气态污染物月排放量，t/m；G_{d_i} 为该月中第 i 天烟尘或气态污染物排放量，t/d；G_y 为烟尘或气态污染物年排放量，t/a；G_{d_i} 为

该年中第 i 天烟尘或气态污染物排放量，t/d。

3. 数据的传输

数据的传输指的是数采仪和上位设备进行数据通信。通信的基本类型分有线传输和无线传输，有线传输有宽带方式传输和电话拨号方式传输，无线传输分为 GSM 网络方式传输、GPRS 网络方式传输等。

1）宽带方式传输

在现有 Internet 网络的基础上，通过网卡实现监测子站与中心站的通信，此时，子站和中心站同属于一个网络中，可实现数据库的实时共享和数据传输。其特点是实时性好、稳定性高、通信简单方便。

2）电话拨号方式传输

电话拨号通讯方式是目前使用比较广泛的、也是比较多的一种远程监控通信方式。它是利用现有的有线电话网络，以工业调制解调器（modem）作为工具，分别在中心站和子站安装电话线路和 modem，通过软件拨号程序，在中心站和子站间建立载波通信，实现烟气监测数据的远程传输。这种通信方式安装简便，建设费用低，只需要普通的电话线路就可以，通信费用适中，同普通电话费用，通信速率一般。缺点是在不易安装电话线的地点实现起来困难。

3）GSM 网络方式传输

主要是利用 GSM 网络的短消息通信功能，依托目前的中国移动和中国联通 GSM 网络，在中心站和子站分别安装 GSM modem，通过发送短消息实现烟气监测数据的传输。该通信方式安装方便，配置灵活，无地域限制，适合在野外安装，通信费用低廉，但是该通信方式数据传输量有限。

4）GPRS 网络方式传输

依托中国移动的 GSM 网络，CEMS 现场数据采集系统和环保监控平台都安装 GPRS 数据终端，内装具有私有 APN 的 SIM 卡，采用移动网内固定 IP，建立仿真串口连接通道，中心站软件和采集仪监控程序都选择"串口连接"通信方式，设置好 GPRS 模块后，实现远程通信。该通信方式安装方便，基本无地域限制，适合在野外安装，通信费用不高，实时性好，可满足要求无线且传输数据量大的需求，中心站端需要建立"数据中心"。

8.4.4　氨逃逸在线分析系统

1. 测量方法及测量原理

氨逃逸主要指脱硝过程中，出口烟气中未参与反应的氨（NH_3）。脱硝氨逃逸在线分析系统有化学发光分析法和激光分析法两种。

化学发光分析法：先将 NH_3 转化为 NO，采用化学发光分析法检测 NO 浓度，然后经过差减法计算 NH_3 浓度。

激光法是采用 TDLAS（可调谐二极管激光吸收光谱）技术，避免 NH_3 受烟气中 SO_2、NO_x 等影响，测量 NH_3 浓度的方法（谱线位置如图 8-28 所示），激光法又分为原位激光测量法和激光抽取测量法（图 8-28、图 8-29）。

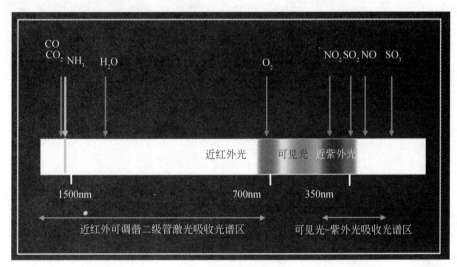

图 8-28　激光法测量烟气中 NH_3 浓度

采用 TDLAS（可调谐二极管激光吸收光谱）技术对 NH_3 浓度直接测量称为原位激光测量法；根据激光插入方式和数量有如下三种方式，如图 8-29 所示。

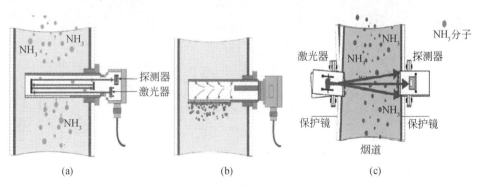

图 8-29　原位激光测量法直接测量 NH_3 浓度

（a）单端插入封闭腔式；（b）自动气体除尘式；（c）对射式

采用 TDLAS（可调谐二极管激光吸收光谱）技术，烟气通过伴热管线抽入外部检测池中，结合多光程反射，实现对 NH₃ 浓度测量称为激光抽取测量法（图 8-30）。

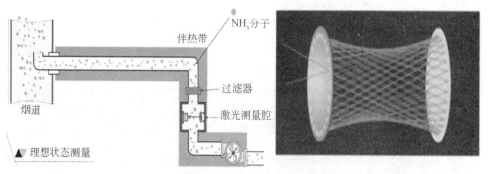

图 8-30　伴热抽取多光程反射

2. 测量方法缺点

测量方法有如下缺点，如图 8-31 所示。

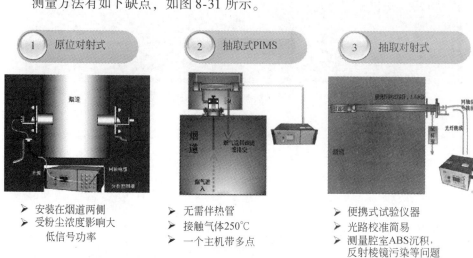

图 8-31　伴热抽取多光程反射

3. DLGA-3000 脱硝氨逃逸在线分析系统

DLGA-3000 脱硝氨逃逸在线分析系统（以下简称 DLGA-3000 分析系统）是为脱硝氨逃逸过程中 NH₃ 测量分析量身定做的一款激光在线分析系统，可对氨逃逸的高温、强腐蚀性的过程环境进行旁路处理，实现对微量氨气的实时在线测量。其系统的构成、测量原理和性能特点如下。

1）系统组成

DLGA-3000 分析系统由预处理单元、分析仪表等构成。预处理单元由采样探头、反吹控制、高温复合加热取样管线、二级处理单元、标定单元、温度控制模块、其他配件等组成。分析仪表由仪表箱单元，高温气体室单元组成（图8-32）。

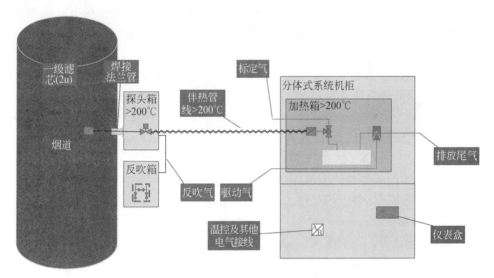

图 8-32　DLGA-3000 分析系统图

2）系统优势

DLGA-3000 分析系统采用可调谐半导体激光吸收光谱（TDLAS）技术。具有如下特点：

（1）采用多次反射样气室，测量精度高，不受背景气体交叉干扰。采用可调谐半导体激光吸收光谱技术进行气体的测量，以红外可调谐激光器作为光源，发射出特定波长激光束，穿过待测气体，通过探测器接收端将光信号转换成电信号，通过分析因被测气体吸收导致的激光光强衰减，实现高灵敏快速精确监测待测气体浓度。由于激光谱宽特别窄（小于 0.0001nm），且只发射待测气体吸收的特定波长，使测量不受测量环境中其他成分的干扰。

（2）全程高温伴热，避免氨气吸附损失。抽取式旁路测量的分析方式采用全程高温伴热（≥180℃），确保无氨气吸附损失

（3）系统无漂移，避免了定期校正需要。DLGA-3000 型 NH_3 分析仪采用波长调制光谱技术，并且进行动态的补偿，实时锁住气体吸收谱线，不受温度、压力及环境变化的影响，不存在漂移现象。

（4）可靠性高，经济运行（易于操作和维护）。分析仪系统无任何运动部

件，极大地增强了可靠性。分析仪采用点阵式液晶屏显示，两级菜单操作，人机交互界面友好，根据界面提示可不需要说明书就能掌握仪器的基本操作。经预处理抽取测量，仪器寿命长，维护方便，运行费用低。

（5）安装调试灵活。分析系统适合安装在不同工业环境下，模块化设计，安装方便，开机预热后便可正常运行，无需进行现场光路调试。

（6）便于维护光学器件。样气室设计，包含维护窗口，可以在不影响光路的情况下，对污染的光学器件进行清洁，无需重新调节光路，让维护更加快速方便。

（7）仪表自检及自恢复功能。软件可以自动探测分析仪的测量异常状态，可以通过自检及自恢复，使分析仪重新恢复最佳测量工作状态。

（8）远程专家技术支持系统。分析仪集成 GPRS 无线网络模块，通过中国移动、中国联通或中国电信网络实现即时技术支持和指导，包括远程调试、诊断、维护。

3）适用工况条件及使用条件

（1）适用工况条件：烟气最大含尘量<200g/m^3；烟气温度：≤450℃；取样点压力：-20 ~ 20kPa。

（2）使用条件：环境温度：-30 ~ 50℃；储存温度：-40 ~ 60℃。

复习思考题

1. 气态污染物连续排放监测系统主要包括哪几部分？
2. 常用气态污染物的取样方法有哪几种？
3. 简述稀释抽取式 CEMS 的测量原理。
4. 常用的颗粒物检测仪有哪些？

参 考 文 献

曹长武. 2011. 燃煤电厂环境保护. 北京：中国标准出版社.

岑可法, 倪明江, 骆仲泱, 等. 1997. 循环流化床锅炉理论设计与运行. 北京：中国电力出版社.

岑可法, 姚强, 骆仲泱, 等. 2002. 高等燃烧学. 杭州：浙江大学出版社.

常鸿雁. 2002. 粉煤成型机理研究. 太原：太原理工大学硕士学位论文.

陈多. 2013. 高频电源在火电厂电除尘上的研究与应用. 广州：华南理工大学硕士学位论文.

陈干锦. 2002. 循环流化床锅炉在我国的发展. 锅炉技术, 33（7）：1-6.

陈敏恒, 丛德滋, 方图南, 等. 2006. 化工原理. 北京：化学工业出版社.

陈文敏, 李文华. 1996. 洁净煤技术基础. 北京：煤炭工业出版社.

陈杏. 2003. 低氮燃烧选择性非催化还原烟气脱硝技术（SNCR）在循环流化床锅炉脱硝工程上的应用. 能源环境保护, 27：33-35.

陈艳容. 2011. 煤矸石和煤层气循环流化床混烧关键影响因素研究. 重庆：重庆大学博士学位论文.

陈焱, 许月阳, 薛建明. 2011. 燃煤烟气中 SO_3 成因、影响及其减排对策. 电力科技与环保, 27（3）：35-37.

陈招妹, 王剑波, 姚宇平, 等. 2013. 湿式电除尘器在燃煤电厂 WFGD 后的应用分析. 第十五届中国科协年会论文集.

代旭东, 徐晓亮, 缪明烽. 2011. 电厂 PM2.5 排放现状与控制技术. 能源环境保护, 25（6）：1-4.

杜雅琴. 2014. 火电厂烟气脱硫脱硝设备及运行. 北京：中国电力出版社.

冯兴华, 王现丽, 时鹏辉. 2008. 介绍一种除尘新技术——荷电水雾除尘器. 电力环境保护,（1）：37-39.

傅维镳. 2003. 煤燃烧理论及其宏观通用规律. 北京：清华大学出版社.

郭彦霞, 张圆圆, 程芳琴. 2014. 煤矸石综合利用的产业化及其展望. 化工学报, 7：2443-2453.

郝吉明. 2010. 大气污染控制工程. 第三版. 北京：高等教育出版社.

郝艳红. 2008. 火电厂环境保护. 北京：中国电力出版社.

何京东. 2006. 煤炭解耦燃烧 NO 抑制机理实验研究. 北京：中国科学院过程工程研究所.

胡瑞金. 2011. 300 MW 燃煤矸石循环流化床锅炉研究. 上海：上海交通大学硕士学位论文.

环境保护标准与技术文件培训系列教材委员会. 2011. 火电厂污染防治技术文件培训教程. 北京：中国环境科学出版社.

姜雨泽, 韩乃民, 王新美. 2010. 燃煤电厂电除尘采用高频电源供电的实验研究. 环境工程学报, 4（9）：2069-2072.

金定强, 舒喜, 申智勇, 等. 2015. 湿式静电除尘器在火电厂大型机组中的应用. 大气污染防治, 3: 65-68.

李奎中, 王伟, 莫建松. 2013. 燃煤电厂 WESP 的应用前景. 广东化工, 40 (11): 54-55.

李青, 潘焰平, 宋淑娜. 2010. 火力发电厂节能减排手册. 北京: 中国电力出版社.

李淑强. 2008. 不同气氛下煤矸石热解特性及热解动力学机理. 重庆: 重庆大学硕士学位论文.

刘传亮. 2007. 循环流化床锅炉强化脱硫技术的研究. 杭州: 浙江大学硕士学位论文.

刘德昌. 1999. 流化床燃烧技术的工业应用. 北京: 中国电力出版社.

刘圣华, 姚明宇, 张宝剑. 2006. 洁净燃烧技术. 北京: 化学工业出版社.

路春美, 王永征. 2001. 煤燃烧理论与技术. 北京: 地震出版社.

牛奔. 2005. 煤矸石热解和燃烧动力学特性及与煤层气循环流化床混烧试验研究. 重庆: 重庆大学硕士学位论文.

潘毅. 2008. MPS 脉冲电源电除尘新技术. 上海电力, (3): 246-248.

羌宁, 季学李, 徐斌, 等. 2015. 大气污染控制工程. 第二版. 北京: 化学工业出版社.

秦光耀. 2014. SNCR 脱硝技术在 480t/h 循环流化床锅炉上的应用. 资源节约与环保, 97: 13-14.

冉景煜, 牛奔, 张力, 等. 2006. 煤矸石综合燃烧性能及其燃烧动力学特性研究. 中国电机工程学报, 15: 58-62.

山西省人民政府. 2013. 山西省低热值煤发电项目核准实施方案.

苏亚欣. 2004. 燃煤氮氧化物排放控制技术. 北京: 化学工业出版社.

睢辉, 张梦泽, 董勇, 等. 2014. 燃煤烟气中单质汞吸附与氧化机理研究进展. 化工进展, 33 (6): 1582-1595.

特纳斯 (美国). 2009. 燃烧学导论: 概念与应用. 北京: 清华大学出版社.

王炯. 2010. 低热值煤层气与煤矸石 CFB 混烧特性数值模拟与试验研究. 重庆: 重庆大学博士学位论文.

王三平, 马红友, 姜凌. 2010. 火电厂循环流化床锅炉炉内脱硫效率影响因素分析. 科技信息, 17: 976-977.

王秀合. 2013. 移动电极静电除尘器结构设计改进. 工业安全与环保, 39 (9): 16-19.

王裕明. 2010. 工业污泥与煤矸石 LCFB 混烧特性数值模拟及试验研究. 重庆: 重庆大学博士学位论文.

西安热工研究院. 2013. 火电厂 SCR 烟气脱硝技术. 北京: 中国电力出版社.

夏怀祥, 段传和. 2012. 选择性催化还原法 (SCR) 烟气脱硝. 北京: 中国电力出版社.

谢克昌. 2012. 煤化工概论. 北京: 化学工业出版社.

徐旭常, 吕俊良, 张海, 等. 2012. 燃烧理论与燃烧设备. 北京: 科技出版社.

徐旭常, 周力行. 2008. 燃烧技术手册. 北京: 化学工业出版社.

徐振刚, 刘随芹. 2001. 型煤技术. 北京: 煤炭工业出版社.

许志华. 1988. 煤炭加工利用概论. 徐州: 中国矿业大学出版社.

殷春肖. 2013. 燃煤电厂 PM2.5 排放特性及污染控制研究. 北京: 华北电力大学硕士学位论文.

原永涛. 2004. 火力发电厂电除尘技术. 北京：化学工业出版社.

曾华庭，杨华，马斌，等. 2004. 湿法烟气脱硫系统的安全性及优化. 北京：中国电力出版社.

张会君，卢徐胜. 2012. 控制 PM2.5 的除尘技术概述. 中国环保产业，3：29-33.

赵毅，薛方明，董丽彦，等. 2013. 燃煤锅炉烟气脱汞技术研究进展. 热力发电，42：9-14.

郑瑛，陈小华，周英彪，等. 2002. CaCO₃ 分解动力学的热重研究. 华中科技大学学报，30 (8)：71-72.

中华人民共和国国家发展和改革委员会. 2006. 国家鼓励的资源综合利用认定管理办法.

中华人民共和国国家发展和改革委员会. 2012. 中国资源综合利用年度报告.

中华人民共和国国家能源局. 2011. 低热值煤发电"十二五"规划.

钟秦. 2002. 燃煤烟气脱硫脱硝技术及工程实例. 北京：化学工业出版社.

周菊华. 2010. 火电厂燃煤机组脱硫脱硝技术. 北京：中国电力出版社.

周萍，宋正华. 2013. 循环流化床锅炉烟气脱硝工艺. 技术与工程应用，09：36-40.

Adánez J, Fierro V, García-Labiano F. 1997. Study of modified calcium hydroxides for enhancing SO_2 removal during sorbent injection in pulverized coal boilers. Fuel, 76：257-265.

Bassilakis R, Zhao Y, Solomon P R, et al. 1993. Sulfur and nitrogen evolution in the Argonne coals：experiment and modeling. Energy and Fuels, 7：710-720.

Bemer D, et al. 2013. Experimental study of granular bed filtration of ultrafine particles emitted by a thermal spraying process. Journal of Aerosol Science, 63 (63)：25-37.

Chang J C, Dong Y, Wang Z Q, et al. 2011. Removal of sulfuric acid aerosol in a wet electrostatic precipitator with single terylene or polypropylene collection electrodes. Journal of Aerosol Science, 42 (8)：544-554.

DB 14/625—2011. 山西省煤粉工业锅炉大气污染物排放.

DL/T 1286—2013. 火电厂烟气脱硝催化剂检测技术规范.

Fujishima H, Nagata C. Experiences of wet type electrostatic precipitator successfully applied for SO_3 mist removal in boilers using high sulfur content fuel. ICESP, 1-12.

GB 1322—2011. 火电厂大气污染物排放标准.

GB 13271—2014. 锅炉大气污染物排放标准.

GB/T 31584—2015. 平板式烟气脱硝催化剂.

GB/T 31587—2015. 蜂窝式烟气脱硝催化剂.

GB/T 31590—2015. 烟气脱硝催化剂化学成分分析方法.

Hsiao T C, Huang S H, Hsu C W, et al. 2015. Effects of the geometric configuration on cyclone performanceJ ournal of Aerosol Science, 86：1-12.

Jan M, Anderlohr C, Rogiers P, et al. 2014. A wet electrostatic precipitator (WESP) as countermeasure to mist formation in amine based carbon capture. International Journal of Greenhouse Gas Control, 31 (31)：175-181.

John P, Joel B. 1994. Natural gas reburn：cost effective NO_x control. Power Engineering, 98 (5)：47-50.

Kwon S B, Sakurai H, Seto T, et al. 2006. Charge neutralization of submicron aerosols using surface discharge microplasma. Journal of Aerosol Science, 37 (4): 483-499.

Lin G U, Tsai C J, Chen S C, et al. 2011. An efficient single-stage wet electrostatic precipitator for fine and nanosized particle control. Aerosol Science and Technology, 44 (1): 38-45.

Lin G Y, Cuc L T, Lu W, et al. 2013. High-efficiency wet electrocyclone for removing fine and nanosized particles. Separation and Purification Technology, 114: 99-107.

Liu Z M, Seong I W. 2006. Recent advances in catalytic deNO$_x$ science and technology. Catalysis Reviews, 48: 43-89.

Ma B, Li X, Xu L, et al. 2006. Investigation on catalyzed combustion of high ash coal by thermogravimetric analysis. Thermochimica Acta, 445: 19-22.

Meng F R, Yu J L, Tahmasebi A, et al. 2013. Pyrolysis and combustion behavior of coal gangue in O$_2$/CO$_2$ and O$_2$/N$_2$ mixtures using thermogravimetric analysis and a drop tube furnace. Energy and Fuels, 27: 2923-2932.

Mereb J B, Wendt J O L. 1994. Air staging and reburning mechanisms for NO$_x$ abatement in a laboratory coal combustor. Fuel, 73 (7): 1020-1026.

Miller J A, Bowan C T. 1989. Mechanism and modeling of nitrogen chemistry in combustion. Progress in Energy and Combustion Science, 15: 287-338.

Miura K. 1995. A new and simple method to estimate f(E) and k_0(E) in the distributed activation energy model from three sets of experimental data. Energy and Fuels, 9: 302-307.

Miura K. 1998. A simple method for estimating f(E) and k_0(E) in the distributed activation energy model. Energy and Fuels, 12: 864-869.

Mo H, Zhu F H, Wang S, et al. 2013. Application of WESP in coal-fired power plants and its effect on emission reduction of PM2.5. Electric Power, 46 (11): 62-65.

Paolo D, Gennaro D, Paolo G. 1992. An investigation of the influence of sodium chloride in the desulphurization process of limestone. Fuel, 71: 831-834.

Ren J, Xie C J, Guo X, et al. 2014. Combustion characteristics of coal gangue under an atmosphere of coal mine methane. Energy and Fuels, 28: 3688-3695.

Schnell M, Cheung C S, Leung C W. 2006. Investigation on the coagulation and deposition of combustion particles in an enclosed chamber with and without stirring. Journal of Aerosol Science, 37 (11): 1581-1595.

Shi X H, Wen W B, Xue Z G, et al. 2014. Study on simultaneous desulfurization and demercurization with CaBr$_2$ in a 300 MW coal-fired power plant. Journal of Chinese Society of Power Engineering, 34 (6): 482-486.

Smoot L D, Hill SC, Xu H. 1998. NO$_x$ control through reburning. Progress in Energy Combustion Science, 24 (5): 385-408.

Soliethoff H, Hein K. 1994. Vebrennungsablauf and Schadst of fentstehung in Der Koh lenstaubfeuerung. Magdeburg: DVV-Kolioquium.

Tree D R, Clark A W. 2000. Advanced reburning measurements of temperature and species in a pulverized coal flame. Fuel, 79 (13): 1687-1695.

Wang P, Luo Z Y, Xu F, et al. 2007. PM2.5 removal from coal fired power plant with combined ESP and pulse charge pretreatment. Acta Scientiae Circumstantiae, 27 (11): 1789-1792.

Wheelock T D. 1979. Chemical Cleaning, Coal Preparation, 4th Edit. New York: AIME.

Williams A, Pourkashanian M, Bysh P, et al. 1994. Modelling of coal combustion in low-NO_x P. f. Flames. Fuel, 73 (7): 1006-1026.

Xiao H M, Ma X Q, Liu K. 2010. Co-combustion kinetics of sewage sludge with coal and coal gangue under different atmospheres. Energy Conversion and Management, 51: 1976-1980.

Yang H M, Pan W P. 2007. Transformation of mercury speciation through the SCR system in power plants. Journal of Environmental Sciences, 19: 181-184.

Yi B J, Zhang L Q, Huang F, et al. 2014. Effect of H_2O on the combustion characteristics of pulverized coal in O_2/CO_2 atmosphere. Applied Energy, 132: 349-357.

Yoon R H. 1991. Advanced Coal Cleaning, Part2, Coal Preparation, 5th Edit. Colorado: AIME.

Yu J L, Meng F R, Li X C, et al. 2012. Power generation from coal gangue in China: current status and development. Advanced Materials Research, 550-553: 443-446.

Zhang J, Zhang Y X, Zheng C H, et al. 2014. Application and experimental investigation of compound additive enhanced wet flue gas desulfurization process. China Environmental Science, 34 (9): 2186-2191.

Zhang Y Y, Guo Y X, Cheng F Q, et al. 2015. Investigation of combustion characteristics and kinetics of coal gangue with different feedstock properties by thermogravimetric analysis. Thermochimica Acta, 614: 137-148.

Zhang Y Y, Li J F, Cheng F Q, et al. 2015. Study of the combustion behavior and kinetics of different types of coal gangue. Combustion, Explosion, and Shock Waves, 51: 670-677.

Zhang Y Y, Zhang Z Z, Zhu M M, et al. 2016. Interactions of coal gangue and pine sawdust during combustion of their blends studied using differential thermogravimetric analysis. Bioresource Technology, 214: 396-403.

Zhou C C, Liu G J, Cheng S W, et al. 2014. Thermochemical and trace element behavior of coal gangue, agricultural biomass and their blends during co-combustion. Bioresource Technology, 166: 243-251.

Zhou C C, Liu G J, Fang T, et al. 2015. Investigation on thermal and trace element characteristics during co-combustion biomass with coal gangue. Bioresource Technology, 175: 454-462.

Zhou C C, Liu G J, Yan Z C, et al. 2012. Transformation behavior of mineral composition and trace elements during coal gangue combustion. Fuel, 97: 644-650.

Zhu H. 2012. NO_x emission calculation and cost-benefit analysis of emission reduction in Shanghai based on energy consumption. Research of Environmental Sciences, 25 (8): 947-952.

附录 固定污染源废气监测技术规范

现行的有关固定污染物废气监测技术规范主要有：HJ/T 387—2007《固定污染源废气监测技术规范》（2008-03-01 实施）、DB37/T 2706—2015《固定污染源废气低浓度排放监测技术规范》。固定污染源废气手工监测方法介绍如下。

监测准备

1. 监测准备

1）监测方案的制订

所监测的排污单位选择：资料收集和现场调查，了解生产工艺，原辅材料的使用，污染物产生和处理情况等。

制定监测方案，内容包括污染源概况、监测内容、监测项目、采样位置、采样频次及采样时间、采样方法和分析测定技术、质量保证措施、生产情况的收集等。

2）监测条件的准备

仪器设备检定和校准。

准备器材、试剂、记录表格。

开设采样孔，设置采样平台。

设置监测工作电源。

被测排污设备运行正常，工况符合要求。

3）对污染源的工况要求

监测现场应有专人监督污染源工况，并详细记录采样周期内原辅材料的用量、产品产量、燃料消耗量等信息。一般情况来说锅炉在设计出力的 70% 以上进行监测，工业炉窑在最大热负荷下监测，饮食业油烟监测应在作业高峰期进行。

2. 采样布设

1）采样位置

一般来说，采样位置包括处理设施前和处理设施后两个位置，前者为了测算产污系数，后者则为了计算处理效率。

采样位置应避开对测试人员操作有危险的场所，必要时应设置采样平台，且应优先选择在垂直管段,应避开烟道弯头和断面急剧变化的部位。采样位置应设置在距弯头、阀门、变径管下游方向不小于 6 倍直径,和距上述部件上游方向不小于 3 倍直径处。

测试现场空间位置有限,很难满足上述要求时,可选择比较适宜的管段采样,但采样断面与弯头等的距离至少是烟道直径的 1.5 倍,并应适当增加测点的数量和采样频次。采样断面的气流速度最好在 5m/s 以上。

对于气态污染物,由于混合比较均匀,其采样位置可不受上述规定限制,但应避开涡流区。

2) 采样孔和采样点

(1) 采样孔。在选定的测定位置上开设采样孔,采样孔的内径应不小于80mm,采样孔管长应不大于 50mm。不使用时应用盖板、管堵或管帽封闭。

对圆形烟道,采样孔应设在包括各测点在内的互相垂直的直径线上。对矩形或方形烟道,采样孔应设在包括各测点在内的延长线上。

排气流量时采样位置要按上述规定选取。

(2) 采样点位置和数目。

圆形烟道:将烟道分成适当数量的等面积同心环,各测点选在各环等面积中心线与呈垂直相交的两条直径线的交点上,其中一条直径线应在预期浓度变化最大的平面内。

对直径小于 0.3m、流速分布比较均匀、对称,并符合上述要求的小烟道,可取烟道中心作为测点。

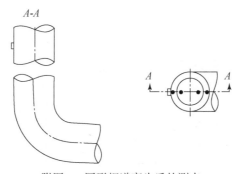

附图 1　圆形烟道弯头后的测点

附表 1　圆形烟道分环及测点数的确定

烟道直径	等面积环数	测量直径数	测点数
<0.3	—	—	1
0.3~0.6	1~2	1~2	2~8

续表

烟道直径	等面积环数	测量直径数	测点数
0.6 ~ 1.0	2 ~ 3	1 ~ 2	4 ~ 12
1.0 ~ 2.0	3 ~ 4	1 ~ 2	6 ~ 16
2.0 ~ 4.0	4 ~ 5	1 ~ 2	8 ~ 20
>4.0	5	1 ~ 2	10 ~ 20

附表2　测点距烟道内壁距离（以烟道直径 D 计）

测点号	环数				
	1	2	3	4	5
1	0.146	0.067	0.044	0.033	0.026
2	0.854	0.250	0.146	0.105	0.082
3		0.750	0.286	0.184	0.146
4		0.833	0.704	0.323	0.226
5			0.854	0.677	0.342
6			0.856	0.806	0.658
7				0.885	0.774
8				0.867	0.854
8					0.818
10					0.874

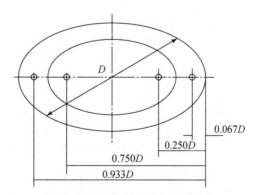

附图2　采样点距烟道内壁近距离

　　矩形和方形烟道：将烟道断面分成适当数量的等面积小块，各小块中心即为测点。原则上测点不超过20个。

烟道断面面积小于 $0.1m^2$，流速分布比较均匀、对称，并符合 5.1.2 节的要求，可取断面中心作为测点。

附表3　矩（方）形烟道的分块和测点数

烟道断面积/m²	等面积小块长边长度/m	测点总数
<0.1	<0.32	1
0.1~0.5	<0.35	1~4
0.5~1.0	<0.50	4~6
1.0~4.0	<0.67	6~8
4.0~8.0	<0.75	8~16
>8.0	<1.0	<20

3. 排气参数的测定

1）排气温度的测定

（1）测量位置和测点同 2.1，一般情况下可在靠近烟道中心的一点测定。

（2）仪器：水银玻璃温度计，热电偶或电阻温度计。

（3）测定步骤：将温度测量单元插入烟道中测点处，封闭测孔，待温度计读数稳定后读数。

2）排气中水分含量的测定

（1）测量位置和测点同 2.1，一般情况下可在靠近烟道中心的一点测定。

（2）干湿球法。原理：使气体在一定的速度下流经干、湿球温度计，根据干、湿球温度计的读数和测点处排气的压力，计算出排气的水分含量。

（3）冷凝法。由烟道中抽取一定体积的排气，使之通过冷凝器，根据冷凝出来的水量，加上从冷凝器排出的饱和气体含有的水蒸汽量，计算排气中的水分含量。

（4）重量法。由烟道中抽取一定体积的排气，使之通过装有吸湿剂的吸湿管，排气中的水分被吸湿剂吸收，根据吸湿管道增重计算排气中的水分含量。

3）排气中 O_2 的测定

（1）测量位置和测点同 2.1，一般情况下可在靠近烟道中心的一点测定。

（2）电化学法。被测气体中的氧气，通过传感器半透膜充分扩散进入铅镍合金-空气电池内。经电化学反应产生电能，其电流大小遵循法拉第定律与参加反应的氧原子摩尔数成正比，放电形成的电流经过负载形成电压，测量负载上的电压大小得到氧含量数值。

仪器：测氧仪，由气泵、流量控制装置、控制电路及显示屏组成。采样管及样气预处理器。

测定步骤：按仪器使用说明书的要求连接气路，并对气路系统进行漏气检查，开启仪器气泵，当仪器自检完毕，表明工作正常后，抽入清洁空气，氧含量应为 21.0%。将采样管插入被测烟道中心处，待氧含量读数稳定后，读取数据。

4）排气流速、流量的测定

（1）测量位置和测点同 2.1、2.2。

（2）原理：排气的流速与其动压的平方根成正比，根据测得某测点处的动压、静压及温度等参数，计算出排气流速。

（3）仪器。标准型皮托管，易堵塞，适用于较清洁排气。

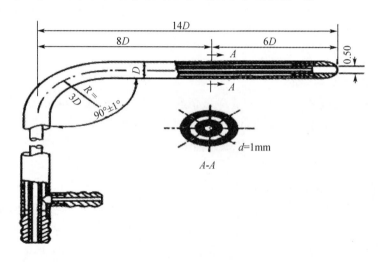

S 型皮托管，测压孔开口较大，不易堵塞。

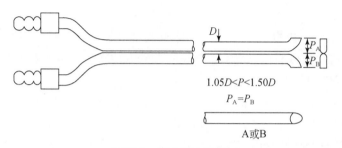

附图 3　标准型皮托管

（4）排气压力测量。

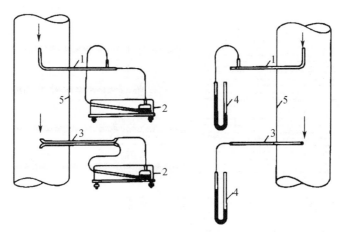

附图 4　动压及静压的测定

1. 标准皮托管；2. 斜管微压计；3. S 型皮托管；4. U 型压力计；5. 烟道

（5）排气流速计算：

$$V_s = 0.076K_p\sqrt{273 + t_s} \times \sqrt{P_d}$$

（6）排气流量计算：

工况下湿排气流量：

$$Q_s = 3600 \times F \times \overline{V_s}$$

标准状态下干排气流量：

$$Q_{sn} = Q_s \times \frac{B_a + P_s}{101300} \times \frac{273}{273 + t_s} \times (1 - X_{sw})$$

4. 颗粒物采样

1）采样位置和采样点

同 2.1、2.2。

2）原理

将烟尘采样管由采样孔插入烟道中，使采样嘴置于测点上，正对气流，按颗粒物等速采样原理，抽取一定量的含尘气体。根据采样管滤筒上所捕集到的颗粒物量和同时抽取的气体量，计算出排气中颗粒物浓度。

3）采样原则

（1）等速采样。颗粒物具有一定的质量，在烟道中由于本身运动的惯性作用，不能完全随气流改变方向，为了从烟道中取得有代表性的烟尘样品，需等速采样，即气体进入采样嘴的速度应与采样点的烟气速度相等，其相对误差应在

10% 以内。气体进入采样嘴的速度大于或小于采样点的烟气速度都将使采样结果产生偏差。

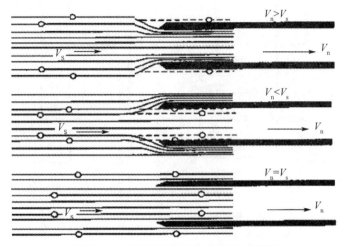

附图 5　在不同采样速度时尘粒运动状况

（2）多点采样。由于颗粒物在烟道中的分布是不均匀的，要取得有代表性的烟尘样品，必须在管道断面按一定的规则多点采样。

4）采样方法

（1）移动采样。用一个滤筒在已确定的采样点上移动采样，各点的采样时间相同，求出采样断面的平均浓度。

（2）定点采样。每个测点上采一个样，求出采样断面的平均浓度，并可了解烟道断面上颗粒物浓度变化情况。

（3）间断采样。对有周期性变化的排放源，根据工况变化及其延续时间，分段采样，然后求出其时间加权平均浓度。

5）维持等速采样的方法

（1）普通型采样管法（预测流速法）。采样前预先测出各采样点处的排气温度、压力、水分含量和气流速度等参数，结合所选用的采样嘴直径，计算出等速采样条件下各采样点所需的采样流量，然后按该流量在各测点采样。

此法适用于工况比较稳定的污染源采样，尤其是在烟道气流速度低、高温、高湿、高粉尘浓度的条件下，均有较好的适应性，并可配用惯性尘粒分级仪测量颗粒物的粒径分级组成。但此法操作和计算比较复杂，不适用于工况变化较大的污染源。

（2）皮托管平行测速采样法。皮托管平行测速采样法与普通型采样管法基本相同，将普通采样管、S 型皮托管和热电偶温度计固定在一起，采样时将三个测头一起插入烟道中同一测点，根据预先测得的排气静压，水分含量和当时测得的测点动压、温度等参数，结合选用的采样嘴直径，由编有程序的计算器及时算出等速采样流量，调节采样流量至所要求的转子流量计读数进行采样。采样流量与计算的等速采样流量之差应在10%以内。

此法的特点是当工况发生变化时，可根据所测得的流速等参数值，及时调节采样流量，保证颗粒物的等速采样条件。

（3）动压平衡型采样管法。动压平衡型采样管法是利用装置在采样管中的孔板在采样抽气时产生的压差和与采样管平行放置的皮托管所测得的气体动压相等来实现等速采样。

此法的特点是当工况发生变化时，它通过双联斜管微压计的指示，可及时调整采样流量，保证等速采样的条件。

6）皮托管平行测速自动烟尘采样仪

仪器的微处理测控系统根据各种传感器检测到的静压、动压、温度及含湿量等参数，计算出烟气流速，等速跟踪流量。测控系统将该流量与流量传感器检测到的流量相比较，计算出相应的控制信号，控制电路调整抽气泵的抽气能力，使实际流量与计算的采样流量相等，保证颗粒物的等速采样条件。

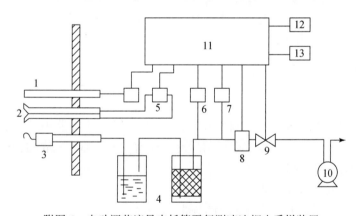

附图6　自动调节流量皮托管平行测速法烟尘采样装置

1. 热电偶或热电阻温度计；2. 皮托管；3. 采样管；4. 除硫干燥器；5. 微压传感器；6. 压力传感器；7. 温度传感器；8. 流量传感器；9. 流量调节装置；10. 抽气泵；11. 微处理系统；12. 微型打印机或接口；13. 显示器

（1）采样前准备工作。滤筒处理和称重：用铅笔将滤筒编号，在105～110℃烘烤1h，取出放入干燥器中冷却至室温，用感量0.1mg天平称量，两次质量之差应不超过0.5mg。

检查所有的测试仪器功能是否正常，干燥器中的硅胶是否失效。

检查系统是否漏气，如发现漏气，应再分段检查，堵漏，直至合格。

（2）采样步骤。仪器连接：用橡胶管将组合采样管的皮托管与主机的相应接嘴连接。将组合采样管的烟尘取样管与缓冲瓶和干燥瓶连接，再与主机的相应接嘴连接。

记下滤筒的编号，将已称重的滤筒装入采样管内，旋紧压盖。

仪器接通电源，输入日期、时间、大气压、管道尺寸等参数。仪器计算出采样点数目和位置，将各采样点的位置在采样管上作出标记。

打开烟道的采样孔，清除孔中的积灰。

将组合采样管插入烟道中，测量各采样点的温度、动压、静压、全压及流速，选取合适的采样嘴。

将含湿量测定装置的抽气管和信号线与主机连接，测定烟气含湿量。

设定每点的采样时间，输入滤筒编号，将组合采样管插入烟道中，密封采样孔。

使采样嘴及皮托管全压测孔正对气流，位于第一个采样点。启动抽气泵，开始采样。一点采样时间结束，仪器自动发出信号，立即将采样管移至第二采样点继续进行采样。依次类推，顺序在各点采样。

采样完毕后，关闭抽气泵，从烟道中小心地取出采样管。

用打印机打印出排气温度、压力、流速、标态烟气量、标态采气体积等参数。

5. 样品分析

采样后的滤筒放入 105℃烘箱中烘烤 1h，取出放入干燥器中冷却至室温，用感量 0.1mg 天平称量至恒重。采样前后滤筒质量之差，即为采取的颗粒物量。

1）气态污染物采样

（1）采样位置和采样点

采样位置：原则上应符合 2.1 的规定。

采样点：由于气态污染物在采样断面内，一般是混合均匀的，可取靠近烟道中心的一点作为采样点。

（2）采样方法

化学法采样。原理：通过采样管将样品抽到装有吸收液的吸收瓶或装有固体吸附剂的吸附管、真空瓶、注射器或气袋中，样品溶液或气态样品经化学分析得出污染物含量。

（3）采样系统

吸收瓶或吸附管采样系统，由采样管、连接导管、吸收瓶或吸附管、流量计量箱和抽气泵等部件组成。

真空瓶或注射器采样系统，由采样管、真空瓶或注射器、洗涤瓶、干燥器和抽气泵等部件组成。

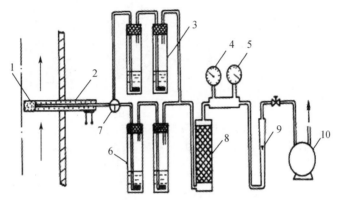

附图 7　烟气采样系统

1. 烟道；2. 加热采样管；3. 旁路吸收瓶；4. 温度计；5. 真空压力表；6. 吸收瓶；
7. 三通阀；8. 干燥器；9. 流量计；10 抽气泵

2）采样前准备工作

配置吸收液，检查并清洗吸收瓶，将准备好的吸收瓶编号。

清洗采样管，更换滤料。

在准备好的吸收瓶中装入规定量的吸收液，其中两个作为旁路吸收瓶使用。

连接采样管、吸收瓶和采样器，连接管应尽可能短。

对采样系统进行漏气试验。

3）采样步骤

接通采样管加热电源，将采样管加热到所需温度。

将采样管插入烟道近中心位置，进口与排气流动方向成直角，堵严采样孔。

用被测排气置换吸收瓶前采样管路内的空气。

接通采样管路，调节采样流量至所需流量，采样期间流量波动应不大于 ±10%。

采样结束，切断采样管至吸收瓶之间气路，防止吸收液倒吸。

采样后再次进行漏气试验，如发现漏气，应重新采样。

采得的样品应妥善保存，尽快分析。

4）仪器直接测试法采样

原理：通过采样管和除湿器，用抽气泵将样气送入分析仪器中，直接指示被测气态污染物的含量。

采样系统由采样管、除湿器、抽气泵、测试仪和校正用气瓶等部分组成。

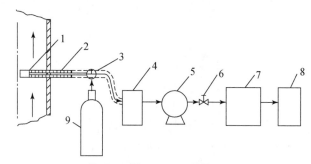

附图8　仪器测试法采样系统

1. 滤料；2. 加热采样管；3. 三通阀；4. 除湿器；5. 抽气泵；6. 调节阀；
7. 分析仪；8. 记录器；9. 标准气体

5）采样频次和采样时间

（1）确定采样频次和采样时间的原则。根据污染源生产设施的运行工况、污染物排放方式及排放规律确定采样频次和采样时间。

根据污染物排放浓度和监测分析方法的最低检出浓度确定采样时间。

（2）采样频次和采样时间。锅炉烟尘和废气中颗粒物采样，须多点采样，原则上每点采样时间不少于 3min，各点采样时间应相等，或每台锅炉测定时所采集样品累计的总采气量不少于 1m³。每次采样，至少采集 3 个样品，连测两天，取平均值。

饮食业油烟监测在油烟排放单位正常作业期间连续采样 5 次，每次 10min。

危险废物焚烧废气监测在焚烧设施于正常状态下运行 1h 后，开始以 1 次/h 的频次采集气样，每次采样时间不得低于 45min，连续三次，分别测定，以平均值作为判定值。

排气筒中废气污染物的采样频次和采样时间，以连续 1h 的采样获取平均值；或在 1h 内，以等时间间隔采集 4 个样品，并计算平均值。每天测 3 次，连测 2 天。

若某排气筒的排放为间歇性排放，排放时间大于 1h，应在排放时段内按上述的要求采样。

若某排气筒的排放为间歇性排放，排放时间小于 1h，应在排放时段内实行连续采样，或在排放时段内以等时间间隔采集 2~4 个样品，并计算平均值。

6）监测分析方法

（1）监测分析方法的选择。固定污染源废气污染物监测分析方法，应按污染物排放标准要求，采用列出的标准测试方法。

对排放标准未列出的污染物和尚未列出测试方法的污染物，其监测分析方法按以下顺序选择：①国家现行的标准测试方法；②行业现行的标准测试方法；③国际现行的标准测试方法；④当没有这些方法时，可选用《空气和废气监测分析方法》（第四版）中的方法。当相应的分析方法有国家标准时，应采用国家标准方法。

（2）二氧化硫的测定。

碘量法（HJ/T 56—2000）。

原理：烟气中的二氧化硫被氨基磺酸铵混合液吸收，用碘标准溶液滴定。按滴定量计算二氧化硫浓度。

仪器：烟气采样器、多孔玻板吸收瓶、棕色酸式滴定管、碘量瓶。

试剂：吸收液（氨基磺酸铵+硫酸铵）、稳定剂、碘标准溶液、淀粉指示剂。

采样：采样管应加热至120℃。用两个75mL多孔玻板吸收瓶串联，每瓶各加入30~40mL吸收液，以0.5L/min流量采样，可用冰浴或冷水浴控制吸收液温度，提高吸收效率。

样品分析：采样后应尽快对样品进行滴定，样品放置时间不应超过1h。计算：

$$c' = \frac{(V - V_0) \times c(1/2 I_2) \times 32.0}{V_{nd}} \times 1000$$

（3）二氧化硫的测定。

定电位电解法（HJ/T 57—2000）。

原理：烟气中的二氧化硫扩散通过传感器渗透膜，进入电解槽，在恒电位工作电极上发生氧化反应，由此产生极限扩散电流，在一定范围内，其电流大小与二氧化硫浓度成正比，在规定的工作条件下，电子转移数、法拉第常数、扩散面积、扩散系数和扩散层厚度均为常数，所以二氧化硫浓度可由极限电流来测定。

仪器：定电位电解法二氧化硫测定仪、带加热和除湿装置的采样管。

试剂：二氧化硫标准气。

采样前准备工作：检查并清洁采样预处理器的烟尘过滤器、气水分离器及输气管路。用标准气对仪器进行校准。

采样步骤：连接采样预处理器与测试仪的气路和电路。

在环境空气中开机自检校准零点。

将采样管插入烟道，堵严采样孔，待仪器读数稳定后，记录（打印）测试数据。

读数完毕从烟道取出采样管，在环境空气中清洗传感器，回零后，进行第二次测试。

测试结束，从烟道取出采样管，在环境空气中清洗传感器，回零后关机。

计算：二氧化硫浓度以 ppm（体积分数）表示时，其浓度 c 可按下式转化为标准状况下干烟气二氧化硫浓度：

$$c'(\text{mg/m}^3) = \frac{64}{22.4} \times c(\text{ppm})$$

（4）氮氧化物的测定。

盐酸萘乙二胺分光光度法（HJ/T 43—1999）。

原理：氮氧化物包括一氧化氮及二氧化氮等。在采样时，气体中的一氧化氮等低价氧化物首先被三氧化铬氧化成二氧化氮，二氧化氮被吸收液吸收后，生成亚硝酸和硝酸，其中亚硝酸与对氨基苯磺酸起重氮化反应，再与盐酸萘乙二胺偶合，呈玫瑰红色，根据颜色深浅，用分光光度法测定。

仪器：烟气采样器、多孔玻板吸收瓶、分光光度计、具塞比色管、双球玻璃管。

试剂：吸收液（对氨基苯磺酸+盐酸萘乙二胺+冰醋酸）、亚硝酸钠标准溶液、三氧化铬。

采样：按顺序串联一个空的多孔玻板吸收瓶，一支氧化管和两个各装 75mL 吸收液的多孔玻板吸收瓶，以 0.05～0.2L/min 流量采样，可用冰浴或冷水浴控制吸收液温度。采气至第二个吸收瓶溶液呈微红色。

样品保存：采集好的样品应置于冰箱内 3～5℃保存，并于 24h 内测定完毕。

样品分析：配置标准色列，在波长 540nm 处，用 1cm 比色皿，以水为参比测定吸光度，绘制校准曲线。

采样后，按绘制标准曲线相同条件测定样品吸光度，并同时测定空白吸收液的吸光度。

计算：

$$\text{NO}_2(\text{mg/m}^3) = \frac{C' \times V_t}{0.72 \times V_{nd}} \times F$$

6. 监测结果表示及计算

颗粒物或气态污染物平均排放速率：

$$G = \bar{C} \times Q_{sn} \times 10^{-6}$$

监测周期内颗粒物或气态污染物排放量：

平均排放速率×生产时间

产排污系数：

颗粒物或气态污染物排放量/产品产量

净化效率:

$$\eta = \frac{G_J - G_C}{G_J} \times 100\% = \frac{Q_J C_J - Q_C C_C}{Q_J C_J} \times 100\%$$

7. 质量保证和质量控制

1) 仪器的检定和校准

计量器具必须按期送计量部门检定,检定合格,取得检定证书后方可用于监测工作。

压力计、流量计等至少半年自行校正一次。

烟气测定仪每3个月至半年校准一次。在使用频率较高的情况下,应增加校准次数。若发现传感器性能明显下降或已失效,必须及时更换传感器,并送计量部门检定。

测氧仪至少每季度检查校验一次。

2) 监测仪器设备的质量检验

对微压计、皮托管和采样系统进行气密性检验。

空白滤筒应检查外表有无裂纹、孔隙或破损。

检查皮托管和采样嘴,变形或损坏者不能使用。

气态污染物采样,要根据被测成分的存在状态和特性,选择合适的采样管、连接管和滤料。

吸收瓶应严密不漏气,多孔筛板吸收瓶鼓泡要均匀,其阻力应在(5±0.7)kPa(0.5L/min)。

使用仪器直接监测污染物时,需要在采样管气体出口处进行除湿和气液分离。

3) 现场监测的质量保证

(1) 排气参数的测定。监测期间应有专人负责监督工况,污染源生产设备、治理设施应处于正常的运行工况。

应仔细清除采样孔短接管内的积灰,再插入测量仪器或采样探头,并严密堵住采样孔周围缝隙以防止漏气。

排气温度测定时,应将温度计的测定端插入管道中心位置,待温度指示值稳定后读数,不允许将温度计抽出管道外读数。

排气水分含量测定时,采样管前端应装有颗粒物过滤器,采样管应有加热保温措施。应对系统的气密性进行检查。对于直径较大的烟道,应将采样管尽量深地插入烟道,减少采样管外露部分,以防水汽在采样管中冷凝,造成测定结果偏低。

排气压力测定时,对皮托管、微压计和系统进行气密性检查。测定时皮托管的全压孔要正对气流方向，偏差不得超过 10°。

（2）颗粒物的采样。采样系统现场连接安装后，应进行气密性检查。

采样嘴应先背向气流方向插入管道，采样时采样嘴必须对准气流方向。采样结束，应先将采样嘴背向气流，迅速抽出管道。防止管道负压将尘粒倒吸。

滤筒在安放和取出采样管时，须使用镊子，不得直接用手接触。滤筒安放要压紧固定，防止漏气；滤筒在取出和运送过程中切不可倒置。

（3）气态污染物的采样。应对废气被测成分的存在状态及特性、可能造成误差的各种因素（吸附、冷凝、挥发等），进行综合考虑，来确定适宜的采样方法。

采样管进气口应靠近管道中心位置，连接气路的软管应尽可能短，必要时要用保温材料保温。

采样系统连接好以后，应进行气密性检查。

用吸收瓶系统采样时，吸收装置应尽可能靠近采样管出口，采样前将吸收瓶前管路内的空气彻底置换；采样结束，应先切断采样管至吸收瓶之间的气路，以防管道负压造成吸收液倒吸。

用碘量法测定烟气二氧化硫，采样必须使用加热采样管（加热温度 120℃），吸收瓶用冰浴或冷水浴控制吸收液温度，以提高吸收效率。

采样结束后，立即封闭样品吸收瓶或吸附管两端，应尽快送实验室进行分析。在样品运送和保存期间，应注意避光和控温。

定电位电解法烟气分析仪测定结束后，应将采样管置于干净的环境空气中，继续抽气吹扫仪器传感器，直至仪器示值回零后再关机。

（4）实验室分析的质量保证。分析仪器必须按期送计量部门检定，检定合格，取得检定证书后方可用于样品分析工作。

试剂和纯水的质量必须符合分析方法的要求。

应使用经国家计量部门授权生产并认可的标准物质进行量值传递。

送实验室的样品应及时分析，否则必须按各项目的要求保存，并在规定的期限内分析完毕。

每批样品至少应做一个全程空白样，实验室内进行质控样、平行样或加标回收样品的测定。